21 世纪全国本科院校电气信息类创新型应用人才培养规划教材

自动控制原理

主　　编　许丽佳
副主编　陈晓燕
参　　编　庞　涛　杨成林　蒋荣华
　　　　　黄诚剔　周　波

U0392742

北京大学出版社
PEKING UNIVERSITY PRESS

内 容 简 介

本书简明扼要地介绍了自动控制的基本理论和研究方法，包括控制系统的数学建模、时域分析、根轨迹绘制、频域分析、控制系统的校正设计，以及离散控制系统的分析。另外，每章还介绍了 MATLAB 在控制系统分析中的应用。

本书精选了一些重要的例题，旨在帮助读者理解和掌握控制系统的基本理论和分析方法。本书叙述精练，深入浅出，举例翔实，适合教学和自学。本书可作为普通高校自动化、机械工程、电气自动化、计算机、通信、测控、农业电气化与自动化、环境工程等相关专业的教材，也可供高职高专院校的相关专业选用。

图书在版编目(CIP)数据

自动控制原理/许丽佳主编. —北京：北京大学出版社，2013.2
(21 世纪全国本科院校电气信息类创新型应用人才培养规划教材)
ISBN 978 - 7 - 301 - 22112 - 9

Ⅰ. ①自… Ⅱ. ①许… Ⅲ. ①自动控制理论—高等学校—教材 Ⅳ. ①TP13

中国版本图书馆 CIP 数据核字(2013)第 026667 号

书　　　　名：自动控制原理
著作责任者：许丽佳　主编
策 划 编 辑：童君鑫
责 任 编 辑：童君鑫　黄　南
标 准 书 号：ISBN 978 - 7 - 301 - 22112 - 9/TP · 1274
出 版 发 行：北京大学出版社
地　　　　址：北京市海淀区成府路 205 号　100871
网　　　　址：http://www.pup.cn　新浪官方微博：@北京大学出版社
电 子 信 箱：pup_6@163.com
电　　　　话：邮购部 62752015　发行部 62750672　编辑部 62750667　出版部 62754962
印 刷 者：北京鑫海金澳胶印有限公司
经 销 者：新华书店
　　　　　　787 毫米×1092 毫米　16 开本　15 印张　340 千字
　　　　　　2013 年 2 月第 1 版　　**2017 年 5 月第 4 次印刷**
定　　　　价：30.00 元

前　　言

本书详细地介绍了经典控制理论的基本理论和分析方法。编者依据多年的教学经验，精选了各章的内容。本书分为七章，以最基本的内容为主线，注重系统性和逻辑性，介绍精练，层次分明，便于读者自学。本书主要内容如下：

第 1 章　绪论。介绍自动控制系统的基本概念、基本组成和分类，并辅之以实例。

第 2 章　控制系统的数学模型。介绍了采用分析法来建立系统的数学模型，对传递函数、结构图的化简、梅森公式等给予了详细的介绍。

第 3 章　控制系统的时域分析法。介绍了控制系统的性能指标、暂态和稳态性能分析、稳态误差的计算等，并重点突出对系统的稳定性、快速性和准确性的讨论与分析。

第 4 章　控制系统的根轨迹分析法。介绍了根轨迹的绘制原则、广义根轨迹和零度根轨迹，并辅以实例介绍了用根轨迹法分析系统的性能。

第 5 章　控制系统的频域分析法。介绍了频率特性的概念、频率特性曲线的绘制方法、频域稳定判据和系统频域性能指标的估算。

第 6 章　控制系统的校正。介绍了目前工程实践中常用的三种校正方法，即串联校正、反馈校正和复合校正。

第 7 章　离散控制系统。介绍了信号的采样与复现、z 变换和脉冲传递函数、离散系统动态和稳态性能的分析。

各章后均附有习题，在学完每章后，读者可通过大量习题的练习进一步巩固所学的内容。

本书第 1、5 章由四川农业大学许丽佳编写，第 2 章由四川农业大学许丽佳、电子科技大学杨成林编写，第 3 章由四川农业大学许丽佳、四川大学蒋荣华编写，第 4 章由四川农业大学庞涛、华侨大学黄诚剔编写，第 6 章由四川农业大学陈晓燕编写，第 7 章由四川农业大学陈晓燕、四川理工学院周波编写。同时，张红美、吴宇、张云等参与了部分章节的编写和校稿，在此表示感谢。全书由许丽佳统稿并定稿。

由于时间有限，加上编者水平所限，书中难免存在一些不足之处，恳请广大读者不吝指正。

编者

2012.11

目 录

第1章

绪　　论

本章学习目标

★ 了解自动控制理论的发展史。
★ 了解自动控制系统的分类。
★ 了解自动控制系统的性能要求。

本章教学要点

知识要点	能力要求	相关知识
自动控制理论的发展史	了解自动控制理论的发展史、特点及功能	自动控制原理的定义、发展、特点及功能
自动控制系统的分类	了解自动控制系统的分类	各种类型的自动控制系统及特点
自动控制系统的性能	了解自动控制系统的性能	自动控制系统三大性能的定义及要求

导入案例

　　自动控制系统的作用是比人干得更快、更好，极大地提高生产力，从自动化生产线上生产的产品质量越来越好，价格越来越低。自动控制系统把人从繁重、危险的工作中解放出来，如矿井掘井、核电站检查、消防救火、无人侦察机、导弹(无人)。自动控制系统完成人无法完成的工作，如管道机器人(各种油管、水管)、水下 6000m 机器人。现在农业也实现自动化了，如播种、管理、收割等全部由机器人完成。自动控制系统还替人完成许多繁琐的日常劳动，如全自动洗衣机、擦玻璃机器人、壁面清洗机器人、汽车加油机器人等。图 1 所示为擦玻璃机器人。

图1 擦玻璃机器人

1.1 概 述

1.1.1 自动控制在国民经济中的作用

自动控制，通常指在无人直接参与的情况下，通过控制器使被控对象或过程自动地按照预定的要求运行。

20世纪中叶以来，随着科技的发展自动控制技术的作用越来越重要，一个国家在自动控制方面的水平，是衡量它的生产技术和科学技术水平先进与否的一项重要标志。目前，自动控制广泛地应用于现代的工业、农业、国防和科学技术领域中。军事领域中，导弹命中目标、飞机驾驶系统、无人机等；航天技术领域中，宇宙飞船登月并返回地球、人造卫星按预定轨迹运行；工业生产中，对压力、温度、湿度、流量、燃料成分比例等参数的控制；现代农业中，自动温控系统、自动灌溉系统等。不仅如此，自动控制技术的应用已经扩展到生物、医学、环境、经济管理和其他许多社会生活领域中，如无人驾驶车、智能家电、机器人等。自动控制已经成为现代社会生活中不可缺少的重要组成部分。

1.1.2 自动控制理论的发展

随着生产的发展，自动控制技术也在不断地发展。计算机的更新换代，更加推动了控制理论不断地向前发展。控制理论的发展过程一般可分为3个阶段。

第一阶段：时间为20世纪40～60年代，称为"经典控制理论"时期。经典控制理论主要是解决单输入单输出问题，主要采用传递函数、频率特性、根轨迹为基础的频域分析方法。此阶段所研究的系统大多是线性定常系统，对非线性系统，分析时采用的相平面法一般也不超过两个变量。经典控制理论能够较好地解决生产过程中的单输入单输出问题。这一时期的主要代表人物有伯德(H. W. Bode)和伊文思(W. R. Evans)。伯德于1945年提出了简便而实用的伯德图法。1948年，伊文思提出了直观而又形象的根轨迹法。

第二阶段：时间为20世纪60～70年代，称为"现代控制理论"时期。这个时期，计算机的飞速发展，推动了空间技术的发展。经典控制理论中的高阶常微分方程可转化为一阶微分方程组，用以描述系统的动态过程，即所谓状态空间法。这种方法可以解决多输入多输出问题，系统既可以是线性的、定常的，也可以是非线性的、时变的。这一时期的主要代表人物有庞特里亚金(Pontry agin)、贝尔曼(Bellman)及卡尔曼(R. E. Kalman)等人。庞特里亚金于1961年发表了极大值原理，贝尔曼在1957年提出了动态规化原则，1959年卡尔曼发表了关于线性滤波器和估计器的论文，即著名的卡尔曼滤波。

第三阶段：时间为20世纪70年代末至今。70年代末，控制理论向着"大系统理论"和"智能控制"方向发展。前者是控制理论在广度上的开拓，后者是控制理论在深度上的挖掘。"大系统理论"是用控制和信息的观点，研究各种大系统的结构方案、总体设计中的分解方法和协调等问题的技术基础理论；"智能控制"是研究与模拟人类智能活动及其控制与信息传递过程的规律，研究具有某些仿人智能的工程控制与信息处理系统。

1.2 基本控制方式

1.2.1 基本概念

控制：使某些物理量按指定的规律变化(包括保持恒定)，以保证生产的安全性、经济性及产品质量等要求的技术手段。

自动控制：应用自动化仪表或控制装置代替人，自动地对机器设备或生产过程进行控制，使之达到预期的状态或性能要求。

系统：为达到某一目的，由相互制约的各个部分按一定规律组成的、具有一定功能的整体。

自动控制系统：指能够对被控对象的工作状态进行自动控制的系统，它一般由控制装置(控制器)和被控对象所组成。

控制装置：指对被控对象起控制作用的设备总体。

被控对象：指要求实现自动控制的机器、设备或生产过程。例如，汽车、飞机、炼钢、化工生产的锅炉等。

自动控制系统的性能在很大程度上取决于系统中的控制器。为了产生控制作用而必须接收的信息，有两个可能的来源：①来自系统外部，即由系统输入端输入的参考输入信号；②来自被控对象的输出端，即反映被控对象的行为或状态的信息。

把从被控对象输出端获得的信息通过中间环节(称为反馈环节)再送回控制器的输入端的过程，称为反馈。传送反馈信息的载体，称为反馈信号。是否采用反馈，对控制系统的各个指标(即稳定性、快速性和准确性)影响很大。因此系统的基本控制方式也按有无反馈分为三大类：开环控制、闭环控制和复合控制。

1.2.2 开环控制

开环控制是一种最简单的控制方式，其特点是在控制器与被控对象之间只有正向控制作用而没有反馈控制作用，即系统的输出量对控制量没有影响。开环控制系统的示意图如图1.1所示。

图 1.1　开环控制系统

1.2.3　闭环控制

闭环控制是指控制装置与被控对象之间既有正向作用，又有反向联系的控制过程，即如果控制器的信息来源中包含有来自被控对象输出的反馈信息，则称为闭环控制系统，或称为反馈控制系统，如图 1.2 所示。

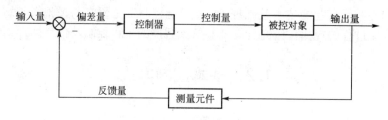

图 1.2　闭环控制系统

在控制系统中，控制装置对被控对象所施加的控制作用，若能取自被控量(输出量)的反馈信息(反馈量)，即根据实际输出来修正控制作用，实现对被控对象进行控制的任务，那么这种控制原理称为反馈控制原理。正是由于引入了反馈信息(反馈量)，使整个控制过程成为闭合的，因此称为闭环控制系统。在此类系统中，其控制作用的基础是被控量(输出量)与给定值之间的偏差，这个偏差是各种实际扰动所导致的，无须区分其中的个别原因。这种闭环系统往往同时能够抵制多种扰动，而且对系统自身元部件参数的波动也不甚敏感。

闭环控制系统是由各种系统部件组成的。一个控制系统包含被控对象和控制装置两个部分。其中，控制装置由具有一定职能的各种基本元件组成。在不同系统中，结构完全不同的元部件都可以具有相同的职能。组成系统的元部件按职能分类主要有以下几种：

测量元件：测量被控制的物理量，如果这个物理量是非电量，一般转换为电量。

给定元件：给出与期望的被控量相对应的系统输入量(即给定值)。

比较元件：把测量元件检测的被控量实际值与系统的给定值进行比较，求出它们之间的偏差。常用的比较元件有差动放大器、机械差动装置和电桥等。

放大元件：将比较元件给出的偏差进行放大，用来推动执行元件去控制被控对象。例如电压偏差信号，可用电子管、晶体管、集成电路、晶闸管等组成的电压放大器和功率放大级给予放大。

执行元件：直接推动被控对象，使其被控量发生变化。用来作为执行元件的有阀、电动机、液压马达等。

校正元件：也称补偿元件，它是结构或参数便于调整的元件，用串联或反馈的方式连接在系统中，以改善系统性能。最简单的校正元件是由电阻、电容组成的无源或有源网络，复杂的则用电子计算机。

图 1.3 所示的框图是一个典型的闭环控制系统的基本组成，图中用"⊗"号代表比较

元件，它将测量元件检测到的被控量与参考量进行比较，"－"号代表两者符号相反，即负反馈；"＋"号代表两者符号相同，即正反馈。信号沿箭头方向从输入端到达输出端的传输通路称前向通路；系统输出量经测量元件反馈到输入端的传输通路称主反馈通路。前向通路与主反馈通路共同构成主回路。此外，还有局部反馈通路以及由它构成的内回路。

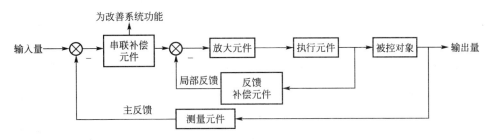

图 1.3 闭环系统的一般组成

包含一个主反馈通路的系统称单回路系统；有两个或两个以上反馈通路的系统称多回路系统。例如，在日常生活中经常遇到的抽水马桶(见图 1.4)，就是一个典型的闭环控制系统。先检测偏差，然后进行调节，使偏差逐渐减小，最后直至消除偏差。

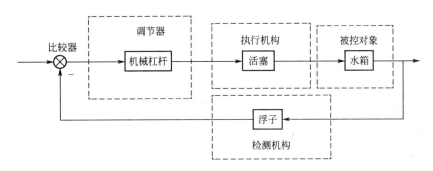

图 1.4 抽水马桶原理框图

1.2.4 复合控制方式

对主要的扰动，采用适当的补偿装置实现按扰动原则控制，同时，组成闭环反馈控制实现按偏差原则控制，以消除其他扰动带来的偏差。这样按偏差原则和按扰动原则结合起来构成的系统，称为复合控制系统，它兼有两者的优点，可以构成精度很高的控制系统。

1.3 自动控制系统的分类

自动控制系统有多种分类方法。例如，按控制方式可分为开环控制、反馈控制、复合控制等；按元件类型可分为机械系统、电气系统、机电系统、液压系统、气动系统、生物系统等；按系统功用可分为温度控制系统、压力控制系统、位置控制系统等；按系统性能可分为线性系统和非线性系统、连续系统和离散系统、定常系统和时变系统、确定性系统和不确定性系统等；按给定值变化规律又可分为恒值控制系统、随动控制系统和程序控制系统等。一般地，为了全面反映自动控制系统的特点，常常将上述各种分类方法组合应用。

1. 线性系统与非线性系统

线性系统是指组成系统的元器件的静态特性为直线，该系统的输入与输出关系可以用线性微分方程或线性差分方程来描述。线性系统的主要特点是具有叠加性和齐次性，系统的时间响应特性与初始状态无关。线性系统可以用线性微分方程式描述，其一般形式为

$$a_0 \frac{d^n}{dt^n}c(t) + a_1 \frac{d^{n-1}}{dt^{n-1}}c(t) + \cdots + a_{n-1}\frac{d}{dt}c(t) + a_n c(t)$$

$$= b_0 \frac{d^m}{dt^m}r(t) + b_1 \frac{d^{m-1}}{dt^{m-1}}r(t) + \cdots + b_{m-1}\frac{d}{dt}r(t) + b_m r(t)$$

式中，$c(t)$ 是被控量；$r(t)$ 是系统输入量。系数 a_0, a_1, $\cdots$, a_n, b_1, b_2, $\cdots$, b_m 是常数时，称为定常系统；系数 a_0, a_1, $\cdots$, a_n, b_1, b_2, $\cdots$, b_m 随时间变化时，称为时变系统。线性定常连续系统按其输入量的变化规律不同又可分为恒值控制系统、随动系统和程序控制系统。

1）恒值控制系统

这类控制系统的参数量是一个常值，要求被控量也等于一个常值。如温度控制系统、压力控制系统、液位控制系统等均为恒值控制系统。在工业控制中，如果被控量是温度、流量、压力、液位等生产过程参量时，这种控制系统则称为过程控制系统，它们大多数都属于恒值控制系统。

2）随动系统

这类控制系统的参据量是预先未知的随时间任意变化的函数，要求被控量以尽可能小的误差跟随参据量的变化，故又称为跟踪系统。示例中的函数记录仪便是典型的随动系统。在随动系统中，如果被控量是机械位置或其导数时，这类系统称之为伺服系统。

3）程序控制系统

这类控制系统的参据量是按预定规律随时间变化的函数，要求被控量迅速、准确地加以复现。机械加工使用的数字程序控制机床便是一例。

程序控制系统和随动系统的参据量都是时间函数，不同之处在于前者是已知的时间函数，后者则是未知的任意时间函数，而恒值控制系统也可视为程序控制系统的特例。

非线性系统是指组成系统的元器件中有一个以上具有非直线的静态特性的系统，只能用非线性微分方程描述，不满足叠加原理。非线性方程的特点是系数与变量有关，或者方程中含有变量及其导数的高次幂或乘积项，例如

$$y''(t) + y(t)y'(t) + y^2(t) = r(t)$$

严格地说，实际物理系统中都含有程度不同的非线性元部件，如放大器和电磁元件的饱和特性，运动部件的死区、间隙和摩擦特性等。由于非线性方程在数学处理上较困难，目前对不同类型的非线性控制系统的研究还没有统一的方法。但对于非线性程度不太严重的元部件，可采用在一定范围内线性化的方法，从而将非线性控制系统近似为线性控制系统。

2. 连续系统和离散系统

连续系统是指系统内各处的信号都是以连续的模拟量传递的系统。其输入-输出之间的关系可以用微分方程来描述。离散系统是指系统一处或多处的信号以脉冲序列或数码形式传递的系统。

$$a_0 c(k+n) + a_1 c(k+n-1) + \cdots a_{n-1} c(k+1) + a_n c(k)$$
$$= b_0 r(k+m) + b_1 r(k+m-1) + \cdots + b_{m-1} r(k+1) + b_m r(k)$$

式中，$m \leqslant n$，n 为差分方程的次数；a_0，a_1，$\cdots$，a_n，b_0，b_1，b_2，$\cdots$，b_m 为常系数；$r(k)$，$c(k)$ 分别为输入和输出采样序列。

工业计算机控制系统就是典型的离散系统，如炉温微机控制系统等。

3. 单输入—输出系统与多输入—输出系统

单输入-单输出系统的输入量和输出量个数只有一个，也称为单变量系统，系统结构较为简单。

多输入-多输出系统的输入量和输出量个数多于一个，也称为多变量系统，系统结构较为复杂。一个输入量对多个输出量有控制作用，同时，一个输出量往往受多个输入量的控制。显然，多变量系统在分析和设计上都远较单变量系统复杂。

4. 确定性系统与不确定性系统

若系统的结构和参数是确定的、预先可知的，系统的输入信号（包括给定输入和扰动）也是确定的，则可用解析式或图表确切地表示，这种系统称为确定系统。

若系统本身的结构和参数不确定或作用于系统的输入信号不确定时，则称这种系统为不确定系统。

5. 集中参数系统与分布参数系统

用常微分方程描述的系统称为集中参数系统，不能用常微分方程而必须用偏微分方程描述的系统称为分布参数系统。

1.4 自动控制系统示例

1. 飞机自动驾驶仪系统

飞机自动驾驶仪是一种能保持或改变飞机飞行状态的自动装置。它可以稳定飞行的姿态、高度和航迹，也可以操纵飞机爬高、下滑和转弯。飞机与自动驾驶仪组成的自动控制系统称为飞机自动驾驶仪系统。

如同飞行员操纵飞机一样，自动驾驶仪控制飞机的飞行是通过控制飞机的三个操纵面（升降舵、方向舵、副翼）的偏转，改变舵面的空气动力特性，以形成围绕飞机质心的旋转转矩，从而改变飞机的飞行姿态和轨迹。现以比例式自动驾驶仪稳定飞机俯仰角为例，说明其工作原理。

图1.5为飞机自动驾驶仪系统稳定俯仰角的原理示意图。图中，垂直陀螺仪作为测量元件用以测量飞机的俯仰角，当飞机以给定俯仰角水平飞行时，陀螺仪的电位器没有电压输出；如果飞机受到扰动，使俯仰角向下偏离期望值，陀螺仪的电位器输出与俯仰角偏差成正比的信号，经放大器放大后驱动舵机，一方面推动升降舵面向上偏转，产生使飞机抬头的转矩，以减小俯仰角偏差；同时还带动反馈电位器滑臂，输出与偏角成正比的电压并反馈到输入端。随着俯仰角偏差的减小，陀螺仪电位器的输出信号越来越小，舵偏角也随之减小，直到俯仰角回到期望值，这时舵机也恢复到原来状态。

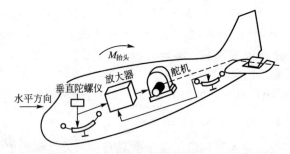

图 1.5 飞机自动驾驶仪系统稳定俯仰角原理图

图 1.6 是飞机自动驾驶仪系统稳定俯仰角的系统框图。图中，飞机是被控对象，俯仰角是被控量，放大器、舵机、垂直陀螺仪、反馈电位器等是控制装置，即自动驾驶仪。参考量是给定的常值俯仰角，控制系统的任务就是在任何扰动(如阵风或气流冲击)作用下，始终保持飞机以给定俯仰角飞行。

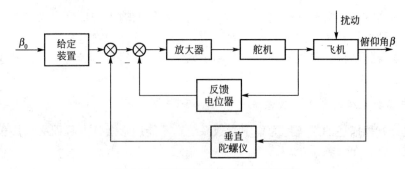

图 1.6 稳定俯仰角的控制系统框图

2. 锅炉液位控制系统

锅炉是电厂和化工厂里常见的生产蒸汽的设备。为了保证锅炉正常运行，需要维持锅炉的液位为正常标准值。锅炉液位过低，易烧干锅而发生严重事故；锅炉液位过高，则易使蒸汽带水并有溢出危险。因此，必须通过调节器严格控制锅炉液位的高低，以保证锅炉正常安全地运行。常见的锅炉液位控制系统如图 1.7 所示。

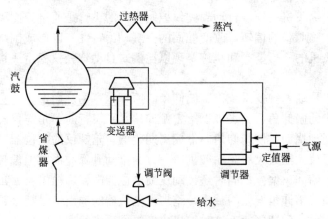

图 1.7 锅炉液位控制系统示意图

当蒸汽的耗汽量与锅炉进水量相等时，液位保持为正常标准值。当锅炉的给水量不变，而蒸汽负荷突然增加或减少时，液位就会下降或上升；或者，当蒸汽负荷不变，而给水管道水压发生变化时，引起锅炉液位发生变化。不论出现哪种情况，只要实际液位高度与给定液位之间出现了偏差，调节器均应立即进行控制，去开大或关小给水阀门，使液位回复到给定值。

　　图1.8是锅炉液位控制系统框图。图中，锅炉为被控对象，其输出为被控参数液位，作用于锅炉上的扰动是指给水压力变化或蒸汽负荷变化等产生的内外扰动；测量变送器为差压变送器，用来测量锅炉液位，并转变为一定的信号输至调节器；调节器是锅炉液位控制系统中的控制器，有电动、气动等形式，在调节器内将测量液位与给定液位进行比较计算偏差值，然后根据偏差情况按一定的控制规律发出相应的控制信号去推动调节阀动作；调节阀为执行元件，根据控制信号对锅炉的进水量进行调节，阀门的运动取决于阀门的特性。若采用电动调节器，则调节器与气动调节阀之间应有电-气转换器。气动调节阀的气动阀门分为气开与气关两种。气开阀指当调节器输出增加时，阀门开大；气关阀指当调节器输出增加时，阀门反而关小。为了保证安全生产，蒸汽锅炉的给水调节阀一般采用气关阀，一旦发生断气现象，阀门保持打开位置，以保证汽鼓不致烧干损坏。

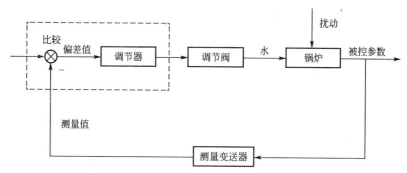

图1.8　锅炉液位控制系统框图

3. 火炮随动系统

　　在闭环控制系统中，如果参考输入信号（即给定值）为一任意时间函数，其变化规律无法预先予以确定，则承受这类输入信号的闭环控制系统称为随动系统。火炮随动系统的任务是控制火炮跟踪敌机，以便适时开炮击中目标，其原理图如图1.9所示。

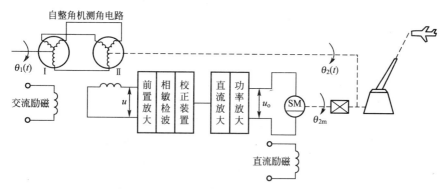

图1.9　火炮随动系统原理线路图

在图 1.9 中，自整角发送机 I 转轴的位置由指挥仪来控制，此轴为系统的输入轴。当炮瞄雷达已搜索到目标，且目标已进入火炮射程之内时，天线随动系统将进入自动跟踪工作状态。这时安装在天线轴上的数据传递系统不断地把目标的方位角（即俯仰角）数据传递给指挥仪。指挥仪根据当时气候条件、炮弹在空中飞行的弹道、目标在空中移动的速度、高度等数据，计算出为了使炮弹与目标在空中相遇的火炮炮口的方位角（即俯仰角）应有的数值 $\theta_1(t)$，这个 $\theta_1(t)$ 就是火炮随动系统的参考输入信号。自整角接收机 II 的转子轴与火炮同轴相联，此轴为系统的输出轴，这一对自整角机测量出系统的输入轴与输出轴之间的角差并转换成相应的电压，其输出电压的大小由角差的大小决定，而输出电压的相位由角差的符号决定，即

$$u = K_1(\theta_1 - \theta_2) = K_1 \Delta\theta$$

式中，K_1 为自整角机的传递系数，量纲为 V/(°)。

图 1.9 中的直流伺服电动机是系统的执行元件，由功率放大器的输出信号 u_0 来控制。直流电机的转轴经减速器带动被控对象（即火炮）。

下面说明随动系统的工作原理。

假设随动系统处于平衡状态，即 $\theta_1 = \theta_2 = 0$，$u = 0$，$u_0 = 0$，直流伺服电动机不动，火炮也不动。

若自整角机的转子顺时针转过 10°，则角差 $\Delta\theta = 10°$ 使得 $u \neq 0$，此信号经相敏检波变成直流信号，并经功率放大使其具有足够的功率去驱动直流伺服电动机，该电动机经减速器带动火炮顺时针旋转，由于电动机与火炮同轴相联，所以接收机转子也顺时针转 10°。当火炮轴转过 10° 使得 $\theta_1 = \theta_2 = 0$ 即 $\Delta\theta = 0$，$u = 0$，则电动机及火炮停止转动。说明火炮已瞄准好目标，下令发炮即可击中目标。

若自整角机的转子连续转动，则火炮也跟着转子按相同方向连续转动。这样，火炮的轴就始终跟随自整角机的轴转动，从而实现被控制量 $\theta_2(t)$ 始终自动而准确地复现输入量 $\theta_1(t)$ 的规律，即控制火炮自动地跟踪敌机。这里需要两套相同的随动系统分别控制火炮的方位角和俯仰角，火炮随动系统框图如图 1.10 所示。

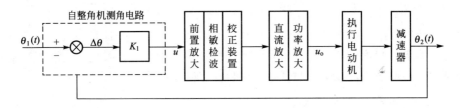

图 1.10 火炮随动系统框图

1.5 自动控制系统的性能要求

自动控制是使一个或一些被控制的物理量按照另一个物理量即控制量的变化而变化或保持恒定，一般地说如何使控制量按照给定量的变化规律变化，就是一个控制系统要解决的基本问题。根据系统的不同，其设计要求也不尽相同，但是从定性的角度讲，有三个基本要求：稳定性、准确性和快速性。稳定性指被控制信号能跟踪已变化的输入信号，从一

种状态到另一种状态，如果能做到，就认为该系统是稳定的，这是对反馈控制系统提出的最基本要求。准确性指在给定输入信号作用下，当系统达到稳态后，其稳态输出与参考输入所要求的期望输出之差，称为给定稳态误差。显然，这种误差越小，表示系统的输出跟随参考输入的精度越高。快速性指对过渡过程的形式和快慢提出要求，一般称为动态性能。

1. 稳定性

稳定性是保证控制系统正常工作的先决条件。一个稳定的控制系统，其被控量偏离期望值的初始偏差应随时间的增长逐渐减小或趋于零。具体来说，对于稳定的恒值控制系统，被控量因扰动而偏离期望值后，经过一个过渡过程时间，被控量应恢复到原来的期望值状态；对于稳定的随动系统，被控量应能始终跟踪期望值的变化。反之，不稳定的控制系统，其被控量偏离期望值的初始偏差将随时间的增长而发散，故不稳定的控制系统无法实现预定的控制任务。

系统的稳定性是由系统结构所决定的，与外界因素无关。这是因为控制系统中一般含有储能元件或惯性元件，如绕组的电感、电枢转动惯量、电炉热容量、物体质量等，储能元件的能量不可能突变，因此当系统受到扰动或有输入量时，控制过程不会立即完成，而是有一定的延缓，这就使得被控量恢复期望值有一个时间过程，称为过渡过程。例如，在反馈控制系统中，由于被控对象的惯性，会使控制动作不能瞬时纠正被控量的偏差；控制装置的惯性则会使偏差信号不能及时完全转化为控制动作。这样，在控制过程中，当被控量已经回到期望值而使偏差为零时，执行机构本应立即停止工作，但由于控制装置的惯性，控制动作仍继续向原来方向进行，致使被控量超过期望值又产生符号相反的偏差，导致执行机构向相反方向动作，以减小这个新的偏差；另一方面，当控制动作已经到位时，又由于被控对象的惯性，偏差并未减小为零，因而执行机构继续向原来方向运动，使被控量又产生符号相反的偏差；如此反复进行，致使被控量在期望值附近来回摆动，过渡过程呈现振荡形式。如果这个振荡过程是逐渐减弱的，系统最后可以达到平衡状态，控制目的得以实现，则称为稳定系统；反之，如果振荡过程逐步增强，系统被控量将失控，则称为不稳定系统。

2. 快速性

为了很好完成控制任务，控制系统仅仅满足稳定性要求是不够的，还必须对过渡过程的形式和快慢提出要求。表征系统从一个稳态过渡到另一个稳态的过渡过程的指标称为动态特性，也称为暂态特性。其过程包括单调过程、衰减振荡过程、持续振荡过程、发散振荡过程。系统的动态特性指标通常有延迟时间、上升时间、峰值时间、调节时间、超调量和振荡次数。对控制系统过渡过程的时间(即调节时间，表征系统快速性)和最大振荡幅度(即超调量)一般都有具体要求。

3. 准确性

稳态过程是在参考输入信号作用下，当时间趋于无穷时，系统输出量的表现方式。稳态过程中表现出的系统的有关稳态误差的信息用稳态特性来表示，即准确性。准确性用稳态误差来表示。理想情况下，当过渡过程结束后，被控量达到的稳态值(即平衡状态)应与期望值一致。但实际上，由于系统结构，外作用形式以及摩擦、间隙等非线性因素的影响，被控量的稳态值与期望值之间会有误差存在，称为稳态误差。显然，这种误差越小，表示系统的输出跟随参考输入的精度越高。稳态误差是衡量控制系统控制精度的重要标志，在技术指标中一般都有具体要求。

同一个系统，上述三项性能指标之间往往是相互制约的。提高过程的快速性，可能会引起系统强烈振荡；改善了平稳性，控制过程又可能很迟缓，甚至使最终精度也很差。分析和解决这些矛盾，将是本课程讨论的重要内容。

习　　题

1-1　日常生活中有许多开环和闭环控制系统，试举几个具体例子，说明它们的工作原理。

1-2　回答下列问题：

(1) 自动控制系统一般包括哪几个部分？论述各部分的职能。

(2) 比较开环控制系统和闭环控制系统的特点。

(3) 比较恒值系统和随动系统的特点。

(4) 用框图说明反馈控制系统的组成、特点和工作原理。

1-3　简述用开环控制十字路口交通信号灯的过程。如何用闭环控制来改进它？

1-4　某热水箱温度控制系统，使用时流出热水，同时补充等量冷水。试借助草图解释控制系统的操作原理以及水温的变化过程。为什么不能使用简单的开环控制系统来代替它？

1-5　家用电器中，洗衣机一般是开环控制还是闭环控制？一般的电冰箱或窗式空调器是开环控制还是闭环控制，它是一个线性控制系统还是一个非线性控制系统？

1-6　试判断下列微分方程中哪些是线性的，哪些是非线性的？

(1) $\dfrac{\mathrm{d}^2 y}{\mathrm{d}t^2} + \dfrac{1}{2y}\dfrac{\mathrm{d}y}{\mathrm{d}t} + 6 = 0$

(2) $5\dfrac{\mathrm{d}^2 y}{\mathrm{d}t} = y$

(3) $\dfrac{\mathrm{d}^2 y}{\mathrm{d}t^2} + t\dfrac{\mathrm{d}y}{\mathrm{d}t} + (1-t^2)y = x$

(4) $y = 2\sqrt{x}$

第 2 章

控制系统的数学模型

本章学习目标

★ 了解如何建立控制系统的数学模型。
★ 了解拉普拉斯变换的基本原理。
★ 了解控制系统的传递函数。
★ 了解控制系统的结构图及其化简。
★ 了解信号流图与梅森公式。

本章教学要点

知识要点	能力要求	相关知识
控制系统的数学模型	了解控制系统的数学模型本质、特点及功能	控制系统的数学模型的建立步骤及其分析
拉普拉斯变换	了解拉普拉斯变换的定义、定理及原理	拉普拉斯变换的常用公式、拉普拉斯变换的反变换、微分方程的求解
控制系统的传递函数	了解传递函数的定义及性质	典型环节的传递函数、传递函数的性质、传递函数的求解
结构图化简	了解结构图的绘制及其化简	结构图的绘制、结构框图等效化简过程
信号流图与梅森公式	了解信号流图的绘制和梅森公式的定义	信号流图的绘制、梅森公式的定义及其应用

导入案例

    实际中存在的许多工程控制系统，不管它们是机械的、电动的、气动的、液动的、生物学的还是经济学的，它们的数学模型可能是相同的，也就是说它们具有相同的运动规律，人们在研究这类模型时都将其看作抽象的变量，不管变量用什么符号，它的运动性质是相同的。对这种抽象的数学模型进行研究，其结论自然具有一般性，普遍适用于各类相似的物理系统。图 1 为控制蒸汽机速度的调速器（给定值控制）。

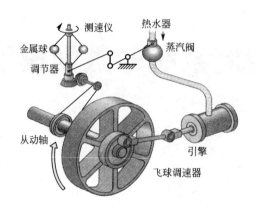

图 1　控制蒸汽机速度的调速器

2.1　控制系统的时域数学模型

2.1.1　控制系统的微分方程

利用控制系统的元件自身的物理规律可以建立描述系统动态特性的微分方程，用解析法列出系统或元件微分方程的一般步骤如下：

（1）根据系统或元件的具体工作情况，确定系统或元件的输入、输出变量。

（2）从输入端开始，按照信号的传递顺序，依据各变量所遵循的物理（或化学）规律，列写出系统各元件的动态方程，一般为微分方程组。

（3）消去中间变量，写出输入、输出变量的微分方程。

（4）将微分方程标准化，即将与输入有关的各项放在等号右侧，与输出有关的各项放在等号左侧，并按照降幂排列，且输出量前面的系数为 1，方程中除了输入量和输出量及其各阶导数之外，其他各量都是系统已知的结构参数。

1. 线性系统微分方程的建立

步骤：

（1）确定系统的输入量（给定量和扰动量）与输出量（被控制量，也称为系统的响应）；

（2）列写系统各部分的微分方程；

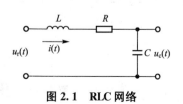

图 2.1　RLC 网络

（3）消去中间变量，求出系统的微分方程。

下面举例说明建立微分方程的步骤和方法。

例 2 - 1　列出图 2.1 所示 RLC 网络的微分方程。

解：（1）明确输入、输出量。网络的输入量为电压 $u_r(t)$，输出量为电压 $u_c(t)$。

（2）列出原始微分方程式。根据电路理论得

$$u_\mathrm{r}(t)=L\frac{\mathrm{d}i(t)}{\mathrm{d}t}+u_\mathrm{c}(t)+Ri(t) \qquad (2-1)$$

而

$$u_\mathrm{c}(t)=\frac{1}{C}\int i(t)\mathrm{d}t \qquad (2-2)$$

式中，$i(t)$为网络电流，是除输入、输出量之外的中间变量。

（3）消去中间变量。

将式(2-2)两边求导，得

$$\frac{\mathrm{d}u_\mathrm{c}(t)}{\mathrm{d}t}=\frac{1}{C}i(t) \quad 或 \quad i(t)=C\frac{\mathrm{d}u_\mathrm{c}(t)}{\mathrm{d}t} \qquad (2-3)$$

将式(2-3)代入式(2-1)整理为

$$LC\frac{\mathrm{d}^2u_\mathrm{c}(t)}{\mathrm{d}t^2}+RC\frac{\mathrm{d}u_\mathrm{c}(t)}{\mathrm{d}t}+u_\mathrm{c}(t)=u_\mathrm{r}(t) \qquad (2-4)$$

显然，这是一个二阶线性微分方程，也就是图2.1所示RLC无源网络的数学模型。

例2-2　列出图2.2所示电枢控制直流电动机的微分方程，要求取电枢电压 $u_\mathrm{a}(t)$(V)为输入量，电动机转速 $\omega_\mathrm{m}(t)$(rad/s)为输出量。图中 $R_\mathrm{a}(\Omega)$、L_a(H)分别是电枢电路的电阻和电感，M_c(N·m)是折合到电动机轴上的总负载转矩。激磁磁通为常值。

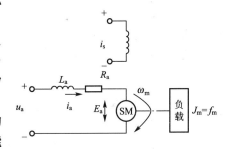

图2.2　电枢控制直流电动机原理图

解：电枢控制直流电动机是控制系统中常用的执行机构或控制对象，其工作实质是将输入的电能转换为机械能，也就是由输入的电枢电压 $u_\mathrm{a}(t)$ 在电枢回路中产生电枢电流 $i_\mathrm{a}(t)$，再由电流 $i_\mathrm{a}(t)$ 与激磁磁通相互作用产生电磁转矩 $M_\mathrm{m}(t)$，从而拖动负载运动。因此直流电动机的运动方程可以由以下三部分组成。

（1）电枢回路电压平衡方程

$$u_\mathrm{a}(t)=L_\mathrm{a}\frac{\mathrm{d}i_\mathrm{a}(t)}{\mathrm{d}t}+R_\mathrm{a}i_\mathrm{a}(t)+E_\mathrm{a} \qquad (2-5)$$

式中，E_a(V)为电枢反电势，它是电枢旋转时产生的反电势，其大小与激磁磁通及转速成正比，方向与电枢电压 $u_\mathrm{a}(t)$ 相反，即 $E_\mathrm{a}=C_\mathrm{e}\omega_\mathrm{m}(t)$(V/rad/s)是反电势系数。

（2）电磁转矩方程

$$M_\mathrm{m}(t)=C_\mathrm{m}i_\mathrm{a}(t) \qquad (2-6)$$

式中，C_m(N·m/A)为电动机转矩系数；$M_\mathrm{m}(t)$(N·m)为电枢电流产生的电磁转矩。

（3）电动机轴上的转矩平衡方程

$$J_\mathrm{m}\frac{\mathrm{d}\omega_\mathrm{m}(t)}{\mathrm{d}t}+f_\mathrm{m}\omega_\mathrm{m}(t)=M_\mathrm{m}(t)-M_\mathrm{c}(t) \qquad (2-7)$$

式中，f_m（N·m/rad/s）为电动机和负载折合到电动机轴上的黏性摩擦系数；J_m（kg·m²）为电动机和负载折合到电动机轴上的转动惯量。

由式（2-5）、式（2-6）和式（2-7）中消去中间变量 $i_a(t)$、E_a 及 $M_m(t)$ 便可得到以 $\omega_m(t)$ 为输出量，以 $u_a(t)$ 为输入量的直流电动机微分方程为

$$L_a J_m \frac{d^2\omega_m(t)}{dt^2} + (L_a f_m + R_a J_m)\frac{d\omega_m(t)}{dt} + (R_a f_m + C_m C_e)\omega_m(t) = C_m u_a(t) - L_a \frac{dM_c(t)}{dt} - R_a M_c(t)$$

$$(2-8)$$

在工程应用中，由于电枢电路电感 L_a 较小，通常忽略不计，因而式（2-8）可简化为

$$T_m \frac{d\omega_m(t)}{dt} + \omega_m(t) = K_m u_a(t) - K_c M_c(t) \tag{2-9}$$

式中，$T_m = R_a J_m/(R_a f_m + C_m C_e)$ 为电动机机电时间常数（s）；$K_m = C_m/(R_a f_m + C_m C_e)$，$K_c = R_a/(R_a f_m + C_m C_e)$ 为电动机传递系数。

如果电枢电阻 R_a 和电动机的转动惯量 J_m 都很小而忽略不计时，式（2-9）还可进一步简化为

$$C_e \omega_m(t) = u_a(t) \tag{2-10}$$

此时，电动机的转速 $\omega_m(t)$ 与电枢电压 $u_a(t)$ 成正比，于是电动机可作为测速发电机使用。

例 2-3 弹簧-质量-阻尼器系统如图 2.3 所示，其中，K 为弹簧的弹性系数，f 为阻尼器的阻尼系数，m 表示小车的质量。如果忽略小车与地面的摩擦，试列写以外力 $F(t)$ 为输入，以位移 $y(t)$ 为输出的系统微分方程。

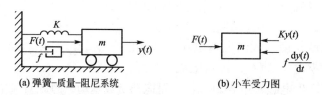

(a) 弹簧-质量-阻尼系统　　　　　(b) 小车受力图

图 2.3　弹簧-质量-阻尼系统及小车受力图

解： 这是一个力学系统，对小车进行隔离体受力分析，如图 2.3 所示。在水平方向应用牛顿第二定律可写出

$$F(t) - f\frac{dy(t)}{dt} - Ky(t) = m\frac{d^2 y(t)}{dt^2} \tag{2-11}$$

若令 $T = \sqrt{\dfrac{m}{K}}$，$\xi = \dfrac{f}{2\sqrt{mK}}$，则可将式（2-11）写成如下标准形式

$$T^2 \frac{d^2 y(t)}{dt^2} + 2\xi T\frac{dy(t)}{dt} + y(t) = \frac{F(t)}{K} \tag{2-12}$$

例 2-4 列出图 2.4 所示速度控制系统的微分方程。

解： 由图 2.4 可知，控制系统的被控对象是电动机（带负载），系统的输出量 ω 是转速，输入量是 u_g，控制系统由给定电位器、运算放大器Ⅰ（含比较作用）、运算放大器Ⅱ

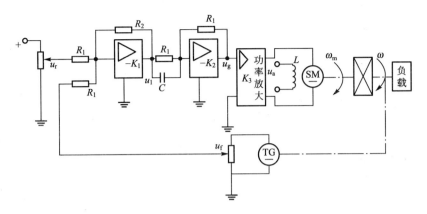

图 2.4　速度控制系统

（含 RC 校正网络）、功率放大器、测速发电机、减速器等部分组成。现分别列出各元部件的微分方程。

（1）运算放大器 I。输入量（即给定电压）u_r 与速度反馈电压 u_f 在此合成产生偏差电压并经放大，即

$$u_1 = K_1(u_r - u_f) \qquad (2-13)$$

式中，$K_1 = R_2/R_1$ 为运算放大器 I 的比例系数。

（2）运算放大器 II。考虑 RC 校正网络，u_g 与 u_1 之间的微分方程为

$$u_g = K_2\left(\tau \frac{\mathrm{d}u_1}{\mathrm{d}t} + u_1\right) \qquad (2-14)$$

式中，$K_2 = R_2/R_1$ 为运算放大器 II 的比例系数；$\tau = RC$ 为微分时间常数。

（3）功率放大器。本系统采用晶闸管整流装置，它包括触发电路和晶闸管主回路。忽略晶闸管控制电路的时间延迟后，其输入输出方程为

$$u_a = K_3 u_g \qquad (2-15)$$

式中，K_3 为比例系数。

（4）直流电动机。直接引用例 2-2 所求得的直流电动机的微分方程式（2-9）为

$$T_m \frac{\mathrm{d}\omega_m(t)}{\mathrm{d}t} + \omega_m(t) = K_m u_a(t) - K_c M_c'(t) \qquad (2-16)$$

式中，T_m、K_m、K_c 及 M_c' 均是考虑齿轮系和负载后，折算到电动机轴上的等效值。

（5）齿轮系。设齿轮系的速比为 i，则电动机转速 ω_m 经齿轮系减速后变为 ω，故有

$$\omega = \frac{1}{i}\omega_m \qquad (2-17)$$

（6）测速发电机。测速发电机的输出电压 u_f 与其转速 ω 成正比，即有

$$u_f = K_t \omega \qquad (2-18)$$

式中，K_t 为测速发电机比例系数（V/rads）。

从上述各方程中消去中间变量，经整理后便得到控制系统的微分方程

$$T_{\mathrm{m}}'\frac{\mathrm{d}\omega}{\mathrm{d}t}+\omega=K_{\mathrm{r}}'\frac{\mathrm{d}u_{\mathrm{r}}}{\mathrm{d}t}+K_{\mathrm{r}}u_{\mathrm{r}}-K_{\mathrm{r}}'M_{\mathrm{c}}'(t) \qquad (2-19)$$

式中，$T_{\mathrm{m}}'=(iT_{\mathrm{m}}+K_1K_2K_3K_{\mathrm{m}}K_{\mathrm{t}}\tau)/(i+K_1K_2K_3K_{\mathrm{m}}K_{\mathrm{t}})$，$K_{\mathrm{c}}'=K_{\mathrm{c}}/(i+K_1K_2K_3K_{\mathrm{m}}K_{\mathrm{t}})$，$K_{\mathrm{r}}'=K_1K_2K_3K_{\mathrm{m}}\tau/(i+K_1K_2K_3K_{\mathrm{m}}K_{\mathrm{t}})$，$K_{\mathrm{r}}=K_1K_2K_3K_{\mathrm{m}}/(i+K_1K_2K_3K_{\mathrm{m}}K_{\mathrm{t}})$。

比较式(2-4)、式(2-8)和式(2-12)后发现，虽然它们所代表的系统的类别、结构完全不同，但表征其运动特征的微分方程式却是相似的。由此可知，尽管环节(或系统)的物理性质不同，它们的数学模型却可以是相似的。利用这个性质，就可以用那些数学模型容易建立，参数调节方便的系统作为模型，代替实际系统从事实验研究。

2.1.2 控制系统的线性近似

大多数物理系统在参数的某些范围内呈现出线性特性，但当对参数范围不加限制时所有的系统几乎都是非线性系统。非线性系统比起线性系统，其分析和设计的过程都要复杂得多，故而，在系统自身特性和对系统的控制精度允许的条件下，把非线性系统近似为线性系统来简化分析和设计过程。

1. 线性系统的基本特性

用线性微分方程描述的元件或系统，称为线性元件或线性系统。线性系统的重要性质是可以应用叠加原理。叠加原理有两重含义，即具有可叠加性和均匀性(或齐次性)。对于线性系统，若系统输入为 $R_1(t)$ 时输出为 $C_1(t)$，系统输入为 $R_2(t)$ 时输出为 $C_2(t)$，则系统输入为 $R_1(t)+R_2(t)$ 时输出为 $C_1(t)+C_2(t)$，线性系统的这个特性称为可加性。若系统输入为 $R_1(t)$ 时输出为 $C_1(t)$，k 为常数，则在系统输入为 $kR_1(t)$ 时输出为 $kC_1(t)$，称为齐次性。可加性和齐次性合称为叠加原理。

叠加定理有两种含义，即具有可叠加性和均匀性(或齐次性)。举例说明如下。

设有线性微分方程为

$$\frac{\mathrm{d}^2c(t)}{\mathrm{d}t^2}+\frac{\mathrm{d}c(t)}{\mathrm{d}t}+c(t)=f(t)$$

当 $f(t)=f_1(t)$ 时，上述方程的解为 $c_1(t)$；当 $f(t)=f_2(t)$ 时，上述方程的解为 $c_2(t)$。如果 $f(t)=f_1(t)+f_2(t)$，容易验证方程的解必为 $c(t)=c_1(t)+c_2(t)$，这就是叠加性。而当 $f(t)=af_1(t)$ 时(a 为常数)，则方程的解必为 $c(t)=ac_1(t)$，这就是均匀性(或齐次性)。线性系统的叠加定理表明，两个外作用同时加于系统所产生的总输出，等于各个外作用单独作用时分别产生的输出之和，且外作用的数值增大若干倍时，其输出也相应增大同样的倍数。因此，对线性系统进行分析和设计时，如果只有几个外作用同时加于系统，则可以将它们分别处理，依次求出各个作用单独加于系统时的输出，然后将它们叠加。线性定常微分方程的求解方法有经典法和拉氏变换法两种，也可借助电子计算机求解。

2. 非线性微分方程的线性化

在建立控制系统的数学模型时，常常会遇到非线性的问题。严格地说，实际物理元件或系统都是非线性的。例如，弹簧的刚度与其形变有关，因此弹簧系数 K 实际上是其位移 x 的函数，并非常值；电阻、电容、电感等参数与周围环境(温度、湿度、压力等)及流经它们的电流有关，也并非常值；电动机本身的摩擦、死区等非线性因素会使其运动方程复杂化而成为非线性方程。对于线性系统的数学模型的求解，可以借用工程数学中的拉氏变换，原则上总能获得较为准确的解答。而对于非线性微分方程则没有通用的解析求解方法，利用计算机可以对具体的非线性问题近似计算出结果，但难以求得各类非线性系统的普遍规律。因此，在理论研究时，考虑到工程实际特点，常常在合理的、可能的条件下将非线性方程近似处理为线性方程，即所谓线性化。

控制系统都有一个额定的工作状态以及与之相对应的工作点。由数学的级数理论可知，若函数在给定区域内有各阶导数存在，便可以在给定工作点的领域将非线性函数展开为泰勒级数。当偏差范围很小时，可以忽略级数展开式中偏差的高次项，从而得到只包含偏差一次项的线性化方程式。这种线性化方法称为小偏差线性化方法。

设连续变化的非线性函数为 $y=f(x)$，如图 2.5 所示。取某平衡状态 A 为工作点，对应有 $y_0=f(x_0)$。当 $x=x_0+\Delta x$ 时，有 $y=y_0+\Delta y$。设函数 $y=f(x)$ 在 (x_0,y_0) 点连续可微，则将它在该点附近用泰勒级数展开为

$$y=f(x)=f(x_0)+\left(\frac{\mathrm{d}f(x)}{\mathrm{d}x}\right)_{x_0}(x-x_0)+\frac{1}{2!}\left(\frac{\mathrm{d}^2 f(x)}{\mathrm{d}x^2}\right)_{x_0}(x-x_0)^2+\cdots$$

当增量 $(x-x_0)$ 很小时，略去其高次幂项，则有

$$y-y_0=f(x)-f(x_0)=\left(\frac{\mathrm{d}f(x)}{\mathrm{d}x}\right)_{x_0}(x-x_0)$$

令 $\Delta y=y-y_0=f(x)-f(x_0)$，$\Delta x=x-x_0$，$K=(\mathrm{d}f(x)/\mathrm{d}x)_{x_0}$，则线性化方程可简记为

$$\Delta y=K\Delta x$$

略去增量符号 Δ，便得到函数在工作点附近的线性化方程为 $y=Kx$。式中，$K=(\mathrm{d}f(x)/\mathrm{d}x)_{x_0}$ 是比例系数，它是函数 $y=f(x)$ 在 A 点附近的切线斜率。

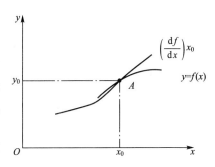

图 2.5 小偏差线性化示意图

例 2-5 铁心线圈电路如图 2.6(a)所示，其磁通 Φ 与线圈中电流 i 之间的关系如图 2.6(b)所示。试列写以 u_r 为输入量，i 为输出量的电路微分方程。

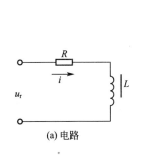

(a) 电路

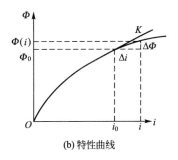

(b) 特性曲线

图 2.6 铁心线圈电路及其特性

解： 设铁心线圈磁通变化时产生的感应电动势为

$$u_\Phi = K_1 \frac{\mathrm{d}\Phi(i)}{\mathrm{d}t}$$

根据基尔霍夫定律可写出电路微分方程为

$$u_r = K_1 \frac{\mathrm{d}\Phi(i)}{\mathrm{d}t} + Ri = K_1 \frac{\mathrm{d}\Phi(i)}{\mathrm{d}i} \frac{\mathrm{d}i}{\mathrm{d}t} + Ri \qquad (2-20)$$

式中，$\mathrm{d}\Phi(i)/\mathrm{d}i$ 为线圈中电流 i 的非线性函数，因此式(2-20)是一个非线性微分方程。

在工程应用中，如果电路的电压和电流只在某平衡点(u_0，i_0)附近作微小变化，则可设 u_r 相对于 u_0 的增量是 Δu_r，i 相对于 i_0 的增量是 Δi，并设 $\Phi(i)$ 在 i_0 的附近连续可微，则将 $\Phi(i)$ 在 i_0 附近用泰勒级数展开为

$$\Phi(i) = \Phi(i_0) + \left(\frac{\mathrm{d}\Phi(i)}{\mathrm{d}i}\right)_{i0} \Delta i + \frac{1}{2!}\left(\frac{\mathrm{d}^2\Phi(i)}{\mathrm{d}i^2}\right)_{i_0} (\Delta i)^2 + \cdots$$

当 Δi 足够小时，略去高阶导数项，可得

$$\Phi(i) - \Phi(i_0) = \left(\frac{\mathrm{d}\Phi(i)}{\mathrm{d}i}\right)_{i0} \Delta i = K\Delta i$$

式中，$K = (\mathrm{d}\Phi(i)/\mathrm{d}i)_{i0}$，令 $\Delta\Phi = \Phi(i) - \Phi(i_0)$，并略去增量符号 Δ，便得到磁通 Φ 与线圈中电流 i 之间的增量线性化方程为

$$\Phi(i) = Ki \qquad (2-21)$$

由式(2-21)可求得 $\mathrm{d}\Phi(i)/\mathrm{d}i = K$，代入式(2-20)中，有

$$K_1 K \frac{\mathrm{d}i}{\mathrm{d}t} + Ri = u_r \qquad (2-22)$$

式(2-22)便是铁心线圈电路在平衡点(u_0，i_0)的增量线性化方程，若平衡点发生变动，则 K 值亦相应改变。

通过上述讨论，应注意以下几点：

(1) 线性化方程中的参数与选择的工作点有关，工作点不同，相应的参数也不同。因此，在进行线性化时，应首先确定工作点。

(2) 当输入量变化范围较大时，用上述方法进行线性化处理势必引起较大的误差。所以，要注意它的条件，包括信号变化的范围。

(3) 若非线性特性是不连续的，处处不能满足展开成为泰勒级数的条件，这时就不能进行线性化处理。这类非线性称为本质非线性，对于这类问题，要用非线性自动控制理论来解决。

2.2 拉普拉斯变换

拉普拉斯变换是一种积分变换，它可将时间域内的微分方程变换为复数域内的代数方程，并在变换时引入了初始条件，可以方便地求解线性定常系统的微分方程；同时，拉普拉斯变换也是建立系统复数域的传递函数的数学基础。

2.2.1 拉普拉斯变换的定义

函数 $f(t)$ 的拉普拉斯变换定义为

$$L[f(t)] = F(s) = \int_0^\infty f(t)\mathrm{e}^{-st}\mathrm{d}t \qquad (2-23)$$

式中，$f(t)$为时间 t 的函数，且当 $t<0$ 时，$f(t)=0$，s 为复变数，L 为运算符号，$F(s)$ 为 $f(t)$ 的拉普拉斯变换。

根据拉普拉斯变换的定义，可以得出如下性质：

(1) 若函数 $f(t)$存在拉普拉斯变换 $F(s)$，那么函数 $Af(t)$ 的拉普拉斯变换为

$$L[Af(t)]=AL[f(t)]=AF(s) \tag{2-24}$$

式中，A 为常数。

(2) 若函数 $f_1(t)$ 和 $f_2(t)$存在拉普拉斯变换 $F_1(s)$ 和 $F_2(s)$，那么函数 $f_1(t)+f_2(t)$的拉普拉斯变换为

$$L[f_1(t)+f_2(t)]=L[f_1(t)]+L[f_2(t)] \tag{2-25}$$

上述两条性质根据拉普拉斯变换的定义进行验证。

下面，通过举例来推导几个经常用到的函数的拉普拉斯变换。

例 2-6 已知阶跃函数 $f(t)$，计算阶跃函数 $f(t)$ 的拉普拉斯变换 $F(s)$。

$$f(t)=\begin{cases} A & t\geqslant0 \\ 0 & t<0 \end{cases} \tag{2-26}$$

式中，A 为常数。

解： 由拉普拉斯变换的定义

$$F(s)=L[f(t)]=\int_0^\infty Ae^{-st}\,dt=\left[-\frac{A}{s}\right]e^{-st}\bigg|_0^\infty=\frac{A}{s} \tag{2-27}$$

说明：在式(2-26)中，当 $A=1$ 时，表示单位阶跃函数，通常写成 $f(t)=1(t)$，单位阶跃函数的拉普拉斯变换就是 $1/s$，即

$$L[1(t)]=\frac{1}{s} \tag{2-28}$$

一般地，式(2-26)所表示的阶跃函数可以写成 $f(t)=A \cdot 1(t)$。

例 2-7 已知正弦函数

$$f(t)=\begin{cases} A\sin\omega t & t\geqslant0 \\ 0 & t<0 \end{cases} \tag{2-29}$$

式中，A、ω 为常数。计算正弦函数 $f(t)$ 的拉普拉斯变换 $F(s)$。

解： 由拉普拉斯变换的定义

$$\begin{aligned} F(s)=L[f(t)]&=\int_0^\infty (A\sin\omega t)e^{-st}\,dt \\ &=\frac{A}{2j}\int_0^\infty (e^{j\omega t}-e^{-j\omega t})e^{-st}\,dt \\ &=\frac{A\omega}{s^2+\omega^2} \end{aligned} \tag{2-30}$$

通过上述例子的学习，利用函数拉普拉斯变换的定义，可以计算出函数的拉普拉斯变换。一般情况下，人们都是通过查拉普拉斯变换对照表得到函数的拉普拉斯变换，用于系统的分析和计算。表 2-1 给出了拉普拉斯变换对照一览表，利用这个表可以直接查出给定时间函数的拉普拉斯变换，或者对应于给定的拉普拉斯变换的时间函数。

表 2-1　拉普拉斯变换对照一览表

序号	$f(t)$	$F(s)$
1	$\delta(t)$	1
2	$1(t)$	$\dfrac{1}{s}$
3	t	$\dfrac{1}{s^2}$
4	e^{-at}	$\dfrac{1}{s+a}$
5	te^{-at}	$\dfrac{1}{(s+a)^2}$
6	$\sin\omega t$	$\dfrac{\omega}{s^2+\omega^2}$
7	$\cos\omega t$	$\dfrac{s}{s^2+\omega^2}$
8	$t^n\,(n=1,2,3\cdots)$	$\dfrac{n!}{s^{n+1}}$
9	$t^n e^{-at}\,(n=1,2,3\cdots)$	$\dfrac{n!}{(s+a)^{n+1}}$
10	$\dfrac{1}{(b-a)}(e^{-at}-e^{-bt})$	$\dfrac{1}{(s+a)(s+b)}$
11	$e^{-at}\sin\omega t$	$\dfrac{\omega}{(s+a)^2+\omega^2}$
12	$e^{-at}\cos\omega t$	$\dfrac{s+a}{(s+a)^2+\omega^2}$
13	$\dfrac{1}{a^2}(at-1+e^{-at})$	$\dfrac{1}{s^2(s+a)}$
14	$\dfrac{\omega_n}{\sqrt{1-\xi^2}}e^{-\xi\omega_n t}\sin(\omega_n\sqrt{1-\xi^2}\,t)$	$\dfrac{\omega_n^2}{s^2+2\xi\omega_n s+\omega_n^2}$

2.2.2　拉普拉斯的常用定理

在线性控制系统的研究中，常常会用到函数的拉普拉斯变换。下面介绍几个在线性控制系统分析和计算中常用的函数和拉普拉斯变换定理。

1. 平移函数

时间函数 $f(t)$ 如图 2.7(a)所示，假设当 $t<0$ 时 $f(t)=0$，那么时间函数 $f(t)$ 的拉普拉斯变换表示为

$$F(s)=L[f(t)]=\int_0^\infty f(t)e^{-st}\mathrm{d}t \qquad (2-31)$$

时间函数 $f(t-a)$，其中 a 为常量，如图 2.7(b) 所示。假设当 $t<a$ 时 $f(t-a)=0$，那么时间函数 $f(t-a)$ 的拉普拉斯变换表示为

$$L[f(t-a)] = \int_0^\infty f(t-a)\mathrm{e}^{-st}\,\mathrm{d}t = \mathrm{e}^{-as}F(s) \qquad (2-32)$$

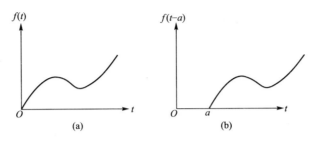

图 2.7 $f(t)$ 和 $f(t-a)$ 的曲线

由图 2.7 可知，时间函数 $f(t)$ 经过 a 的平移后，所得时间函数 $f(t-a)$ 的拉普拉斯变换，相当于时间函数 $f(t)$ 的拉普拉斯变换式 $F(s)$ 与 e^{-as} 相乘。通常把时间函数 $f(t-a)$ 称为平移函数。

一般地，为了清楚地表示当 $t<a$ 时，$f(t-a)=0$ 的关系，平移函数写成 $f(t-a)$，则平移函数的拉普拉斯变换式 (2-32) 写成

$$L[f(t-a)] = \mathrm{e}^{-as}F(s) \qquad (2-33)$$

例 2-8 已知脉动函数

$$f(t) = \begin{cases} A & 0<t<t_0 \\ 0 & t<0, \ t>t_0 \end{cases}$$

其中，A 是常量。计算脉动函数的拉普拉斯变换。

解： 脉动函数 $f(t)$ 可以看作是一个从 $t=0$ 开始的幅度为 A 的阶跃函数，再叠加一个从 $t=t_0$ 开始的幅度为 A 的负的阶跃函数，即

$$f(t) = A \cdot 1(t) - A \cdot 1(t-t_0)$$

那么，$f(t)$ 的拉普拉斯变换为

$$F(s) = L[f(t)] = L[A \cdot 1(t)] - L[A \cdot 1(t-t_0)]$$

$$= \frac{A}{s} - \frac{A}{s}\mathrm{e}^{-st_0}$$

$$= \frac{A}{s}(1-\mathrm{e}^{-st_0})$$

例 2-9 已知脉冲函数

$$f(t) = \begin{cases} \lim_{t_0 \to 0} \dfrac{A}{t_0} & 0<t<t_0 \\ 0 & t<0, \ t>t_0 \end{cases}$$

其中，A 是常量，计算脉冲函数 $f(t)$ 的拉普拉斯变换。

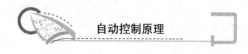

解： 函数是脉动函数的特殊极限情况，由脉冲函数 $f(t)$ 的拉普拉斯变换计算如下

$$F(s)=L[f(t)]=\lim_{t_0\to 0}\frac{A}{t_0 s}(1-e^{-st_0})$$

$$=\lim_{t_0\to 0}\frac{\dfrac{d}{dt_0}[A(1-e^{-st_0})]}{\dfrac{d}{dt_0}(t_0 s)}$$

$$=\frac{As}{s}$$

$$=A$$

脉冲函数的高度是 A/t_0，持续时间是 t_0，在这个脉冲下的面积等于 A。当持续时间 t_0 趋近于零时，高度 A/t_0 就趋近于无穷大，但脉冲下的面积仍然等于 A，故脉冲函数 $f(t)$ 的拉普拉斯变换等于脉冲下的面积 A。说明一个脉冲的大小是用它的面积来度量的。面积等于 1 的脉冲函数称为单位脉冲函数。在 $t=t_0$ 处的单位脉冲函数通常用 $\delta(t-t_0)$ 表示，$\delta(t-t_0)$ 满足下列条件

$$\begin{cases} \delta(t-t_0)=0 & t\neq t_0 \\ \delta(t-t_0)=\infty & t=t_0 \\ \displaystyle\int_0^\infty \delta(t-t_0)dt=1 \end{cases} \tag{2-34}$$

具有无穷大的高度和持续时间为零的脉冲纯属数学上的假设，而不会在物理系统中发生。在实际的系统研究中，如果系统的脉动输入量非常大，而它的持续时间与系统的时间常数相比又非常短的话，那么就可以近似地用一个脉冲函数去代替脉动输入。

2. $f(t)$ 与 e^{-at} 相乘

假设时间函数 $f(t)$ 可以进行拉普拉斯变换，且它的拉普拉斯变换是 $F(s)$，那么 $e^{-at}f(t)$ 的拉普拉斯变换的计算如下：

$$L[e^{-at}f(t)]=\int_0^\infty e^{-at}f(t)e^{-st}dt=F(s+a) \tag{2-35}$$

由式 $(2-35)$ 可以看出，时间函数 $f(t)$ 与 e^{-at} 相乘的积在拉普拉斯变换中，用 $(s+a)$ 去替换 s 的效果，a 是实数或复数。式 $(2-35)$ 给出的关系，对于求 $e^{-st}\sin\omega t$ 和 $e^{-st}\cos\omega t$ 等这类函数的拉普拉斯变换是非常有用的。

例 2-10 已知函数 $e^{-at}\sin\omega t$，计算其拉普拉斯变换。

由式 $(2-30)$ 已知正弦函数 $A\sin\omega t$ 的拉普拉斯变换，当 $A=1$ 时存在

$$L[\sin\omega t]=\frac{\omega}{s^2+\omega^2}=F(s)$$

由式 $(2-35)$，$e^{-at}\sin\omega t$ 的拉普拉斯变换为

$$L[e^{-at}\sin\omega t]=F(s+a)=\frac{\omega}{(s+a)^2+\omega^2}$$

3. 时间比例尺

在分析物理系统时，常常希望一个给定的时间函数标准化或改变时间比例尺。这样，会有类似的数学方程或数学表达式直接适用于不同的系统。

假设将时间函数 $f(t)$ 的 t 变为 t/a，a 是一个正常数，那么时间函数 $f(t)$ 变成为 $f(t/a)$。如果用 $F(s)$ 表示时间函数 $f(t)$ 的拉普拉斯变换，则时间函数 $f(t/a)$ 的拉普拉斯变换为

$$L\left[f\left[\frac{t}{a}\right]\right]=\int_0^\infty f\left[\frac{t}{a}\right]\mathrm{e}^{-st}\mathrm{d}t=aF(as) \tag{2-36}$$

例 2-11　计算函数 $\mathrm{e}^{-0.2t}$ 的拉普拉斯变换。

解： 该题可利用拉普拉斯变换的定义进行求解，此处略。也可利用 $f(t)$ 与 e^{-at} 相乘来求解。设 $f(t)=\mathrm{e}^{-t}$，则 $f(t)$ 的拉普拉斯变换为

$$F(s)=L[f(t)]=L[\mathrm{e}^{-t}]=\frac{1}{s+1}$$

因此

$$L[\mathrm{e}^{-0.2t}]=L\left[f\left[\frac{t}{5}\right]\right]=5F(5s)=\frac{5}{5s+1}=\frac{1}{s+0.2}$$

说明：拉普拉斯变换的积分下限在某些情况下是有所区别的。当函数 $f(t)$ 在 $t=0$ 处包含一个脉冲函数，那么其拉普拉斯变换的积分下限必须明确地指出是 0_+ 或是 0_-。这两种下限的函数 $f(t)$ 的拉普拉斯变换是不相同的。

4. 微分定理

假设时间函数 $f(t)$ 存在拉普拉斯变换为 $F(s)$，且时间函数 $f(t)$ 的一阶导数存在，那么函数 $f(t)$ 的导数的拉普拉斯变换为

$$L\left[\frac{\mathrm{d}}{\mathrm{d}t}f(t)\right]=sF(s)-f(0) \tag{2-37}$$

式中，$f(0)$ 为 $f(t)$ 在 $t=0$ 处的初始值。注意：对于一个给定函数 $f(t)$，$f(0_+)$ 和 $f(0_-)$ 的值可能相等，也可能不相等。

如果函数 $f(t)$ 在 $t=0$ 处有间断点，$f(0_+)$ 和 $f(0_-)$ 之间是有差别的。假若 $f(0_+)\neq f(0_-)$，式(2-37)修正为

$$L_+\left[\frac{\mathrm{d}}{\mathrm{d}t}f(t)\right]=sF(s)-f(0_+) \tag{2-38}$$

$$L_-\left[\frac{\mathrm{d}}{\mathrm{d}t}f(t)\right]=sF(s)-f(0_-) \tag{2-39}$$

同理，当函数 $f(t)$ 的 n 阶导数都存在，经过分析证明，可得到 $f(t)$ 的 n 阶导数的拉普拉斯变换为

$$L\left[\frac{\mathrm{d}^n}{\mathrm{d}t^n}f(t)\right]=s^nF(s)-s^{n-1}f(0)-s^{n-2}f'(0)-\cdots-sf^{(n-2)}(0)-f^{(n-1)}(0) \tag{2-40}$$

式中，$f(0)$，$f'(0)$，$\cdots f^{(n-1)}(0)$ 分别表示 $f(t)$，$\mathrm{d}f(t)/\mathrm{d}t$，$\cdots$，$\mathrm{d}^{n-1}f(t)/\mathrm{d}t^{n-1}$ 在 $t=0$ 处的值。如果在 L_+ 和 L_- 之间存在差别，那么用 $t=0_+$ 或者 $t=0_-$ 代入 $f(t)$，$f'(t)$，$\cdots$，$f^{(n-1)}(t)$。

注意：假若 $f(t)$ 及其导数所有初始值都等于零，即初始条件为零，那么 $f(t)$ 的 n 阶导数的拉普拉斯变换为 $s^nF(s)$。

由式(2-40)可知，当 $n=2$ 时有

$$L\left[\frac{\mathrm{d}^2}{\mathrm{d}t^2}f(t)\right]=s^2F(s)-sf(0)-f'(0) \tag{2-41}$$

当初始条件为零时，式(2-41)写成

$$L\left[\frac{\mathrm{d}^2}{\mathrm{d}t^2}f(t)\right]=s^2F(s) \tag{2-42}$$

下面通过例子来说明微分定理的应用。

例 2-12 已知余弦函数 $A\cos\omega t(t\geqslant 0，A$ 是常量)，计算其拉普拉斯变换。

解： 正弦函数的拉普拉斯变换可以利用拉普拉斯变换的定义直接求出，参见例 2-7。此例可通过例 2-7 的结论，即正弦函数的拉普拉斯变换，利用微分定理来推导出余弦函数的拉普拉斯变换。

由式(2-30)的结论可知

$$F(s)=L[\sin\omega t]=\frac{\omega}{s^2+\omega^2}$$

利用微分定理，余弦函数的拉普拉斯变换计算如下

$$L[A\cos\omega t]=L\left[\frac{\mathrm{d}}{\mathrm{d}t}\left[\frac{A}{\omega}\sin\omega t\right]\right]=\frac{A}{\omega}[sF(s)-f(0)]$$
$$=\frac{A}{\omega}\left[\frac{s\omega}{s^2+\omega^2}-0\right]=\frac{As}{s^2+\omega^2} \tag{2-43}$$

5. 终值定理

若函数 $f(t)$ 及其一阶导数 $\mathrm{d}f(t)/\mathrm{d}t$ 可以进行拉普拉斯变换，$\lim\limits_{t\to\infty}f(t)$ 存在，且除在原点处有唯一的极点外，$sF(s)$ 在包含 $j\omega$ 轴的右半 s 平面内是解析的，则存在

$$\lim_{t\to\infty}f(t)=\lim_{s\to0}sF(s) \tag{2-44}$$

终值定理说明，函数 $f(t)$ 的稳定状态的性质同 $sF(s)$ 在 $s=0$ 的邻域内的性质是一样的。因此，计算 $f(t)$ 在 $t\to\infty$ 处的值，就可以直接根据式(2-44)求得。说明当 $f(t)$ 是正弦函数 $\sin\omega t$ 时，$sF(t)$ 在 $s=\pm j\omega$ 处有极点，并且 $\lim\limits_{t\to\infty}f(t)$ 不存在。因此，对于类似这样的函数，该定理是无效的。如果当 $t\to\infty$ 时，$f(t)\to\infty$，那么 $\lim\limits_{t\to\infty}f(t)$ 不存在，终值定理也不适用于这类情况。对于一个给定的问题，必须确认它对终值定理的所有条件都是满足的，才能运用终值定理。

6. 初值定理

初值定理是终值定理的对偶定理。假设函数 $f(t)$ 及其一阶导数 $\mathrm{d}f(t)/\mathrm{d}t$ 可以进行拉普拉斯变换，而且 $\lim\limits_{s\to\infty}sF(s)$ 存在，那么

$$f(0^+)=\lim_{s\to\infty}sF(s) \tag{2-45}$$

利用初值定理，可以直接由函数 $f(t)$ 的拉普拉斯变换求出 $f(t)$ 在 $t=0^+$ 处的值。在应用初值定理时，对于 $sF(s)$ 的极点的位置没有限制，因此初值定理对于正弦函数是有效的。通常，初值定理和终值定理对方程的解答提供了一个方便的核对方法，并且不需要将函数变换为时间函数，就能预测系统在时域中的性质。

7. 积分定理

假设时间函数 $f(t)$ 可以进行拉普拉斯变换，即拉普拉斯变换为 $F(s)$，且时间函数 $f(t)$ 的一阶积分存在，那么函数 $f(t)$ 的积分的拉普拉斯变换为

$$L\left[\int f(t)\mathrm{d}t\right] = \frac{F(s)}{s} + \frac{f^{-1}(0)}{s} \qquad (2-46)$$

式中，$f^{-1}(0)$ 表示 $\int f(t)\mathrm{d}t$ 在 $t=0$ 处的值。

假如函数 $f(t)$ 在 $t=0$ 处包含一个脉冲函数，而 $f^{-1}(0_+)\neq f^{-1}(0_-)$，此时必须对式(2-46)作如下修正

$$L_+\left[\int f(t)\mathrm{d}t\right] = \frac{F(s)}{s} + \frac{f^{-1}(0_+)}{s} \qquad (2-47)$$

$$L_-\left[\int f(t)\mathrm{d}t\right] = \frac{F(s)}{s} + \frac{f^{-1}(0_-)}{s} \qquad (2-48)$$

由此可知，在时域中的积分转换成了在 s 域中的除法，如果积分的初始值是零，那么 $\int f(t)\mathrm{d}t$ 的拉普拉斯变换就由 $F(s)/s$ 确定。

拉普拉斯变换理论中常用的定理和关系式如表2-2所示，利用此表可以快速查出所需要的关系式，方便计算。

表2-2　拉普拉斯变换常用的定理和关系式

1	$L[Af(t)] = AF(s)$
2	$L[f_1(t) \pm f_2(t)] = F_1(s) \pm F_2(s)$
3	$L_\pm\left[\dfrac{\mathrm{d}}{\mathrm{d}t}f(t)\right] = sF(s) - f(0_\pm)$
4	$L_\pm\left[\dfrac{\mathrm{d}^2}{\mathrm{d}t^2}f(t)\right] = s^2 F^2(s) - sf(0_\pm) - f'(0\pm)$
5	$L_\pm\left[\dfrac{\mathrm{d}^n}{\mathrm{d}t^n}f(t)\right] = s^n F(s) - \displaystyle\sum_{k=1}^{n} s^{n-k} f^{k-1}(0_\pm)$，式子中 $f^{k-1}(t) = \dfrac{\mathrm{d}^{k-1}}{\mathrm{d}t^{k-1}}f(t)$
6	$L_\pm\left[\displaystyle\int f(t)\mathrm{d}t\right] = \dfrac{F(s)}{s} + \dfrac{\left[\int f(t)\mathrm{d}t\right]_{t=0}}{s}$
7	$L[e^{-at} f(t)\mathrm{d}t] = F(s+a)$
8	$L[f(t-a)] = e^{-as} F(s)$
9	$L[tf(t)] = -\dfrac{\mathrm{d}F(s)}{s}$
10	$L\left[\dfrac{1}{t}f(t)\right] = \displaystyle\int_t^\infty F(s)\mathrm{d}s$
11	$L\left[f\left[\dfrac{t}{a}\right]\right] = aF(as)$

2.2.3　拉普拉斯反变换

拉普拉斯反变换是拉普拉斯变换的逆过程，是用复变数表达式来推导其相应的时间函数表达式的数学运算。拉普拉斯反变换的符号是 L^{-1}，表示为

$$L^{-1}[F(s)] = f(t)$$

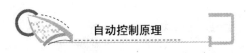

数学上，已知 $F(s)$ 来计算时间函数 $f(t)$ 表达式为

$$f(t) = \frac{1}{2\pi j}\int_{c-j\infty}^{c+j\infty} F(s)e^{st}ds \quad (t>0) \tag{2-49}$$

式中，收敛横坐标 c 是实常数，且选择的值比 $F(s)$ 的所有奇点的实部都要大。于是，积分的路线平行于 $j\omega$ 轴，并且与 $j\omega$ 轴的距离是 c，以及该积分路线位于所有奇点的右面。

式（2-49）的积分计算比较复杂，通常通过查寻拉普拉斯变换表求拉普拉斯反变换，因此拉普拉斯变换式必须符合拉普拉斯变换表中所列的形式。若某变换 $F(s)$ 不能在该表中找到，那么需要把 $F(s)$ 展开为部分分式，使其变成已知的拉普拉斯反变换的简单函数，然后查拉普拉斯变换表得到其拉普拉斯反变换 $f(t)$。求拉普拉斯反变换的简单方法基于这样一个事实：对任何连续的时间函数，它自身和它的拉普拉斯变换之间是一一对应的。

下面介绍求拉普拉斯反变换的常用方法即部分分式展开法。假设函数 $f(t)$ 的拉普拉斯变换为 $F(s)$，且 $F(s)$ 可以分解成下列分量

$$F(s) = F_1(s) + F_2(s) + F_3(s) + \cdots + F_n(s) \tag{2-50}$$

并假定 $F_1(s)$，$F_2(s)$，$\cdots$，$F_n(s)$ 的拉普拉斯反变换容易求得，分别为 $f_1(t)$，$f_2(t)$，$\cdots$，$f_n(t)$，那么

$$\begin{aligned}f(t) &= L^{-1}[F(s)] = L^{-1}[F_1(s)] + L^{-1}[F_2(s)] + \cdots + L^{-1}[F_n(s)]\\ &= f_1(t) + f_2(t) + \cdots + f_n(t)\end{aligned} \tag{2-51}$$

部分分式展开法的优点在于：$F(s)$ 被展开成了部分分式的形式，使 $F(s)$ 的每一项都是简单函数，那么查拉普拉斯变换表或者记住常用函数的拉普拉斯变换，即可方便地求出 $F(s)$ 的拉普拉斯反变换 $f(t)$。

在自动控制理论中，$F(s)$ 常常是如下的形式

$$F(s) = \frac{B(s)}{A(s)} \tag{2-52}$$

或

$$F(s) = \frac{K(s+z_1)(s+z_2)\cdots(s+z_m)}{(s+p_1)(s+p_2)\cdots(s+p_n)} \tag{2-53}$$

在式（2-52）中，$A(s)$ 和 $B(s)$ 是 s 的多项式，且 $B(s)$ 的阶次不高于 $A(s)$ 的阶次；在式（2-53）中，p_1，p_2，$\cdots$，p_n 和 z_1，z_2，$\cdots$，z_m 为实数或复数，且 $s=-p_1$，$s=-p_2$，$\cdots$，$s=-p_n$ 和 $s=-z_1$，$s=-z_2$，$\cdots$，$s=-z_m$ 分别称为 $F(s)$ 的极点和零点。下面分几种情况来介绍求拉普拉斯反变换的部分分式展开法。

1. 有不相同极点的 $F(s)$ 的部分分式展开式

当 $F(s)$ 包含不相同的极点，即 $p_1 \neq p_2 \neq \cdots \neq p_n$ 时，$F(s)$ 总能展开成下面简单的部分分式的和

$$F(s) = \frac{B(s)}{A(s)} = \frac{a_1}{s+p_1} + \frac{a_2}{s+p_2} + \cdots + \frac{a_k}{s+p_k} + \cdots + \frac{a_n}{s+p_n} \tag{2-54}$$

式中，a_k 是常数（$k=1, 2, \cdots, n$），a_k 称为极点 $s=-p_k$ 处的留数。留数 a_k 计算式如下

$$a_k = \left[\frac{B(s)}{A(s)}(s+p_k)\right]_{s=-p_k} \tag{2-55}$$

说明：由于函数 $f(t)$ 是一个时间的实函数，那么假如极点 p_1 和 p_2 是共轭复数，则留数 a_1 和 a_2 也是共轭复数，计算时只需对共轭的 a_1 或 a_2 中的任何一个求值即可。

式(2-54)中展开的部分分式，存在

$$L^{-1}\left[\frac{a_k}{s+p_k}\right]=a_k e^{-p_k t} \tag{2-56}$$

因此得到了 $F(s)$ 的拉普拉斯反变换 $f(t)$，即 $f(t)=L^{-1}[F(s)]$，表示为

$$f(t)=a_1 e^{-p_1 t}+a_2 e^{-p_2 t}+\cdots+a_n e^{-p_n t} \tag{2-57}$$

例 2-13 已知

$$F(s)=\frac{s+3}{(s+1)(s+2)}$$

求 $F(s)$ 的拉普拉斯反变换 $f(t)$。

解： 由已知条件知道，$F(s)$ 具有不相同的极点，根据式(2-54)，它的部分分式展开式为

$$F(s)=\frac{s+3}{(s+1)(s+2)}=\frac{a_1}{s+1}+\frac{a_2}{s+2}$$

利用式(2-55)，求得 a_1 和 a_2 为

$$a_1=\left[\frac{s+3}{(s+1)(s+2)}(s+1)\right]_{s=-1}=2,\quad a_2=\left[\frac{s+3}{(s+1)(s+2)}(s+2)\right]_{s=-2}=-1,$$

于是，查表 2-1 求得

$$f(t)=L^{-1}[F(s)]=L^{-1}\left[\frac{2}{s+1}\right]+L^{-1}\left[\frac{-1}{s+2}\right]=2e^{-t}-e^{-2t}\quad(t\geqslant 0) \tag{2-58}$$

例 2-14 已知

$$F(s)=\frac{s^3+5s^2+9s+7}{(s+1)(s+2)}$$

求 $F(s)$ 的拉普拉斯反变换 $f(t)$。

解： 用分母除分子得到

$$F(s)=s+2+\frac{s+3}{(s+1)(s+2)} \tag{2-59}$$

式中，右边第三项的拉普拉斯反变换如式(2-58)所示，因此只需求式(2-59)中的第一项和第二项的拉普拉斯反变换。查表 2-1、表 2-2，得到单位脉冲函数 $\delta(t)$ 的拉普拉斯变换是 1，而 $\mathrm{d}\delta(t)/\mathrm{d}t$ 的拉普拉斯变换是 s。于是，得到 $F(s)$ 的拉普拉斯反变换如下

$$f(t)=\frac{\mathrm{d}}{\mathrm{d}t}\delta(t)+2\delta(t)+2e^{-t}-e^{-2t}\quad(t\geqslant 0)$$

2. 具有共轭复数极点的 $F(s)$ 的部分分式展开式

当 $F(s)$ 包含共轭复数极点 p_1、p_2 时，$F(s)$ 展开成下面的展开式

$$F(s)=\frac{B(s)}{A(s)}=\frac{a_1 s+a_2}{(s+p_1)(s+p_2)}+\frac{a_3}{s+p_3}+\cdots+\frac{a_k}{s+p_k}+\cdots+\frac{a_n}{s+p_n} \tag{2-60}$$

式中，a_k 是常数（$k=3$，4，$\cdots$，n），a_k 称为极点 $s=-p_k$ 处的留数，留数 a_k 计算由式(2-55)确定。整理得到

$$(a_1 s+a_2)_{s=-p_1}=\left[\frac{B(s)}{A(s)}(s+p_1)(s+p_2)\right]_{s=-p_1} \tag{2-61}$$

由于 p_1 是一个复数值，式(2-61)的两边也都是复数值。使式(2-61)两边的实数部分和虚数部分分别相等，可得到两个方程，根据这两个方程就可以确定 a_1 和 a_2。

3. 具有多重极点的 $F(s)$ 的部分分式展开式

当 $F(s) = B(s)/A(s)$ 包含有多重极点，即在 $A(s) = 0$ 处有 r 个重根 p_1（并假设其余的根是不相同的）时，$A(s)$ 就可写成

$$A(s) = (s+p_1)^r (s+p_{r+1})(s+p_{r+2}) \cdots (s+p_n) \qquad (2\text{-}62)$$

则 $F(s)$ 的部分分式展开式为

$$F(s) = \frac{B(s)}{A(s)} = \frac{b_r}{(s+p_1)^r} + \frac{b_{r-1}}{(s+p_1)^{r-1}} + \cdots + \frac{b_1}{s+p_1} + \frac{a_{r+1}}{s+p_{r+1}} + \frac{a_{r+2}}{s+p_{r+2}} + \cdots + \frac{a_n}{s+p_n}$$

$$(2\text{-}63)$$

式中，b_r，b_{r-1}，$\cdots$，b_1 分别由下列各式给出

$$\begin{cases} b_r = \left[\dfrac{B(s)}{A(s)}(s+p_1)^r \right]_{s=-p_1} \\[2mm] b_{r-1} = \left\{ \dfrac{\mathrm{d}}{\mathrm{d}s}\left[\dfrac{B(s)}{A(s)}(s+p_1)^r \right] \right\}_{s=-p_1} \\[2mm] b_{r-j} = \dfrac{1}{j!}\left\{ \dfrac{\mathrm{d}^j}{\mathrm{d}s^j}\left[\dfrac{B(s)}{A(s)}(s+p_1)^r \right] \right\}_{s=-p_1} \\[2mm] \quad\vdots \\[2mm] b_1 = \dfrac{1}{(r-1)!}\left\{ \dfrac{\mathrm{d}^{r-1}}{\mathrm{d}s^{r-1}}\left[\dfrac{B(s)}{A(s)}(s+p_1)^r \right] \right\}_{s=-p_1} \end{cases} \qquad (2\text{-}64)$$

另外，根据式(2-55)，式(2-63)中的常数 a_{r+1}，a_{r+2}，$\cdots$，a_n 确定如下

$$a_k = \left[\frac{B(s)}{A(s)}(s+p_k) \right]_{s=-p_k} \qquad (k=r+1,\ r+2,\ \cdots,\ n) \qquad (2\text{-}65)$$

故 $F(s)$ 的拉普拉斯反变换为

$$f(t) = L^{-1}[F(s)]$$

$$= \left[\frac{b_r}{(r-1)!}t^{r-1} + \frac{b_{r-1}}{(r-2)!}t^{r-2} + \cdots + b_2 t + b_1 \right]\mathrm{e}^{-p_1 t} + \sum_{i=r+1}^{n} a_i \mathrm{e}^{-p_i t} \qquad (2\text{-}66)$$

2.2.4 微分方程的求解

应用拉普拉斯变换法求解线性微分方程，得到的解是线性微分方程的全解。求微分方程全解的古典方法，需要利用初始条件来求积分常数的值。然而，在应用拉普拉斯变换法的情况下，由于初始条件已自动地包含在微分方程的拉普拉斯变换式中，因此就不需要根据初始条件求积分常数的值了，这样就简化了计算，为求解线性微分方程提供了一个较好的方法。用拉普拉斯变换法求解线性微分方程，通常采取两个步骤：

（1）对线性微分方程中的每一项进行拉普拉斯变换，使线性微分方程变为代数方程，然后整理代数方程，得到有关变量的拉普拉斯变换的表达式。

（2）计算函数的拉普拉斯反变换，这时得到的结果就是微分方程的时间解。

说明：如果线性微分方程所有的初始条件为零，则根据表 2-2 中的拉普拉斯变换的特性，该微分方程的拉普拉斯变换可用 s 代替 $\mathrm{d}/\mathrm{d}t$，s^2 代替 $\mathrm{d}^2/\mathrm{d}t^2$，等等，从而得到其相应的拉普拉斯变换式。下面通过举例来说明。

已知线性微分方程

$$mx''(t)+kx=f(t) \tag{2-67}$$

式中，$f(t)$ 表示作用函数，$x(t)$ 表示响应函数，简写为 x，$f(t)$、$x(t)$ 的拉普拉斯变换分别为 $F(s)$、$X(s)$。对式(2-67)的两边各项进行拉普拉斯变换并整理

$$(ms^2+k)X(s)-msx(0)-mx'(0)=F(s) \tag{2-68}$$

由式(2-68)可得

$$X(s)=\frac{F(s)}{ms^2+k}+\frac{msx(0)+mx'(0)}{ms^2+k} \tag{2-69}$$

式中，右边的第一项表示当初始条件全都为零时微分方程的解(特解)，第二项表示初始条件的影响(补充解)。

求解式(2-69)中 $X(s)$ 的拉普拉斯反变换 $x(t)$，即得微分方程的时间解为

$$x(t)=L^{-1}\left[\frac{F(s)}{ms^2+k}\right]+L^{-1}\left[\frac{msx(0)+mx'(0)}{ms^2+k}\right] \tag{2-70}$$

2.3 控制系统的复数域数学模型

建立控制系统的复数域数学模型是为了对系统的性能进行分析。在给定外作用及初始条件下，求解微分方程就可以得到系统的输出响应，但是若系统的结构改变或某个参数变化时，就要重新列写并求解微分方程，不便于对系统的分析和设计。

拉普拉斯变换(简称拉氏变换)是求解线性微分方程的简捷方法，它将微分方程的求解问题化为代数方程和查表求解的问题，使得计算简便。更重要的是，此方法可把系统的线性微分方程式转换为在复数域的代数形式的数学模型即传递函数。传递函数不仅可以表征系统的动态性能，而且可以用来研究系统的结构或参数变化对系统性能的影响。经典控制理论中广泛应用的频率法和根轨迹法，就是以传递函数为基础建立起来的，传递函数是经典控制理论中最基本和最重要的概念。

2.3.1 传递函数的定义和性质

1. 传递函数的定义

在零初始条件下，系统输出量与输入量的拉氏变换之比称为传递函数。

设线性定常系统由下述 n 阶线性常微分方程描述

$$a_0\frac{\mathrm{d}^n}{\mathrm{d}t^n}c(t)+a_1\frac{\mathrm{d}^{n-1}}{\mathrm{d}t^{n-1}}c(t)+\cdots+a_{n-1}\frac{\mathrm{d}}{\mathrm{d}t}c(t)+a_nc(t)$$

$$=b_0\frac{\mathrm{d}^m}{\mathrm{d}t^m}u(t)+b_1\frac{\mathrm{d}^{m-1}}{\mathrm{d}t^{m-1}}u(t)+\cdots+b_{m-1}\frac{\mathrm{d}}{\mathrm{d}t}u(t)+b_mu(t) \tag{2-71}$$

式中，$c(t)$ 为系统的输出量；$u(t)$ 为系统的输入量；$a_i(i=1,2,\cdots,n)$ 和 $b_j(j=1,2,\cdots,m)$ 是与系统结构和参数有关的常系数。设 $u(t)$ 和 $c(t)$ 及各阶导数在 $t=0$ 时的值均为零，即零初始条件，则对式(2-71)中各项分别求拉氏变换，并令 $C(s)=L[c(t)]$，$U(s)=L[u(t)]$，可得 s 的代数方程为

$$[a_0s^n+a_1s^{n-1}+\cdots+a_{n-1}s+a_n]C(s)=[b_0s^m+b_1s^{m-1}+\cdots+b_{m-1}s+b_m]U(s) \tag{2-72}$$

于是，由定义得系统传递函数为

$$G(s) = \frac{C(s)}{U(S)} = \frac{b_0 s^m + b_1 s^{m-1} + \cdots + b_{m-1}s + b_m}{a_0 s^n + a_1 s^{n-1} + \cdots + a_{n-1}s + a_n} \qquad (2-73)$$

2. 传递函数的性质

传递函数具有以下性质：

（1）传递函数是复变量 s 的有理真分式函数，具有复变函数的所有性质，$m \leqslant n$ 且所有系数均为实数。

（2）传递函数是系统或元件数学模型的另一种形式，是一种用系统参数表示输出量与输入量之间关系的表达式。它只取决于系统或元件的结构和参数，而与输入量的形式无关，也不反映系统内部的任何信息。

（3）传递函数与微分方程有相通性。只要把系统或元件微分方程中各阶导数用相应阶次的变量 s 代替，就很容易求得系统或元件的传递函数。

（4）传递函数 $G(s)$ 的拉氏反变换是脉冲响应 $k(t)$。

$k(t)$ 是系统在单位脉冲 $\delta(t)$ 输入时的输出响应。此时 $U(s) = L[\delta(t)] = 1$，故有 $k(t) = L^{-1}[C(s)] = L^{-1}[G(s)U(s)] = L^{-1}[G(s)]$。

对于简单的系统或元件，首先列出它的输出量与输入量的微分方程，求其在零初始条件下的拉氏变换，然后由输出量与输入量的拉氏变换之比，即可求得系统的传递函数。对于较复杂的系统或元件，可以先将其分解成各局部环节，求得环节的传递函数，然后利用本章所介绍的结构图变换法则，计算系统总的传递函数。

下面举例说明求取简单环节的传递函数的步骤。

例 2-15 图 2.1 所示 RLC 网络的微分方程为

$$LC \frac{\mathrm{d}^2 u_c(t)}{\mathrm{d}t^2} + RC \frac{\mathrm{d}u_c(t)}{\mathrm{d}t} + u_c(t) = u_r(t)$$

当初始条件为零时，拉氏变换为

$$(LCs^2 + RCs + 1)U_c(s) = U_r(s)$$

则传递函数为

$$G(s) = \frac{U_c(s)}{U_r(s)} = \frac{1}{LCs^2 + RCs + 1}$$

2.3.2 典型环节的传递函数

一个物理系统是由许多元件组合而成的。虽然各种元件的具体结构和作用原理是多种多样的，但若抛开其具体结构和物理特点，研究其运动规律和数学模型的共性，就可以划分成为数不多的几种典型环节。这些典型环节是比例环节、微分环节、积分环节、比例微分环节、一阶惯性环节、二阶振荡环节和延迟环节。应该指出，由于典型环节是按数学模型的共性划分的，它和具体元件不一定是一一对应的。换句话说，典型环节只代表一种特定的运动规律，不一定是一种具体的元件。

1. 比例环节

比例环节又称放大环节，其输出量与输入量之间的关系为一种固定的比例关系。这就是说，它的输出量能够无失真、无滞后地按一定的比例复现输入量。比例环节的表达式为

$$c(t) = Ku(t) \qquad (2-74)$$

比例环节的传递函数为

$$G(s) = \frac{C(s)}{U(S)} = K \tag{2-75}$$

在物理系统中无弹性变形的杠杆、非线性和时间常数可以忽略不计的电子放大器、传动链之速比以及测速发电机的电压和转速的关系，都可以认为是比例环节。但是也应指出，完全理想的比例环节在实际中是不存在的。杠杆和传动链中总存在弹性变形，输入信号的频率改变时电子放大器的放大系数也会发生变化，测速发电机电压与转速之间的关系也不完全是线性关系。因此把上述这些环节当作比例环节是一种理想化的方法。在很多情况下这样做既不影响问题的性质，又能使分析过程简化。但一定要注意理想化的条件和适用范围，以免导致错误的结论。

2. 微分环节

微分环节是自动控制系统中经常应用的环节。

(1) 理想微分环节。理想微分环节的特点是在暂态过程中，输出量为输入量的微分，即

$$c(t) = T \frac{\mathrm{d}u(t)}{\mathrm{d}t} \tag{2-76}$$

式中，T 为时间常数。其传递函数为

$$G(s) = \frac{C(s)}{U(s)} = Ts \tag{2-77}$$

图 2.8(c) 所示的测速发电机，当其输入量为转角 φ，输出量为电枢电压 u_c 时，具有微分环节的作用。设测速发电机角速度为 ω，则 $\omega = \frac{\mathrm{d}\varphi}{\mathrm{d}t}$，而测速发电机的输出电压 u_c 与其角速度成正比，则有

$$u_c = K\omega = K \frac{\mathrm{d}\varphi}{\mathrm{d}t} \tag{2-78}$$

由此传递函数为

$$G(s) = \frac{U_c(s)}{\varphi(s)} = Ks \tag{2-79}$$

(2) 实际微分环节。这种理想的微分环节在实际中很难实现。图 2.8(a) 所示的 RC 串联电路是实际中常用的微分环节。

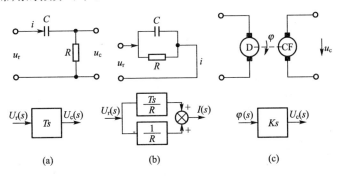

图 2.8 微分环节

图 2.8(a)所示电路的微分方程为

$$\begin{cases} u_r = \dfrac{1}{C}\displaystyle\int i\,\mathrm{d}t + iR \\ u_c = Ri \end{cases} \tag{2-80}$$

消去中间变量得

$$u_r = \frac{1}{RC}\int u_c\,\mathrm{d}t + u_c \tag{2-81}$$

相应的传递函数为

$$G(s) = \frac{U_c(s)}{U_r(s)} = \frac{T_c s}{T_c s + 1} \tag{2-82}$$

式中

$$T_c = RC \tag{2-83}$$

当 $RC \leqslant 1$ 时，则其传递函数可以近似写成

$$G(s) = \frac{U_c(s)}{U_r(s)} = T_c s \tag{2-84}$$

(3) 比例微分环节。图 2.8(b)所示的 RC 电路也是微分环节。它与图 2.8(a)所示的微分电路稍有不同，其输入量为电压 u_r，输出量为回路电流 i。由电路原理知，当输入电压 u_r 发生变化时，有

$$i = C\frac{\mathrm{d}u_r}{\mathrm{d}t} + \frac{u_r}{R} \tag{2-85}$$

因此，该电路的传递函数为

$$G(s) = \frac{I(s)}{U_r(s)} = \frac{1}{R} + \frac{1}{R}Ts \tag{2-86}$$

式中，$T = RC$ 为微分时间常数。具有这种传递函数形式的环节被称为比例微分环节。

3. 积分环节

积分环节的动态方程为

$$\frac{\mathrm{d}c(t)}{\mathrm{d}t} = Ku(t) \tag{2-87}$$

式(2-87)表明，积分环节的输出量与输入量的积分成正比。

对应的传递函数为

$$G(s) = \frac{C(s)}{U(s)} = \frac{K}{s} \tag{2-88}$$

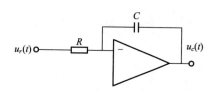
图 2.9 运算放大器电路

对于图 2.9 所示的由运算放大器组成的积分器，其输入电压 $u_r(t)$ 和输出电压 $u_c(t)$ 之间的关系为

$$C\frac{\mathrm{d}u_c(t)}{\mathrm{d}t} = \frac{1}{R}u_r(t) \tag{2-89}$$

对式(2-89)进行拉氏变换，可以求出传递函数为

$$G(s) = \frac{U_c(s)}{U_r(s)} = \frac{1}{RC} \cdot \frac{1}{s} \tag{2-90}$$

4. 一阶惯性环节

自动控制系统中经常包含有这种环节，这种环节具有一个储能元件。一阶惯性环节的微分方程为

$$T\frac{\mathrm{d}c(t)}{\mathrm{d}t}+c(t)=Ku(t) \tag{2-91}$$

其传递函数可以写成如下表达式：

$$G(s)=\frac{C(s)}{U(S)}=\frac{K}{Ts+1} \tag{2-92}$$

式中，K 为比例系数；T 为时间常数。

图 2.10 所示的 RC 电路就是一阶惯性环节。

对于图 2.10 所示的 RC 电路，其输入电压 $u_r(t)$ 和输出电压 $u_c(t)$ 之间的关系为

$$RC\frac{\mathrm{d}u_c(t)}{\mathrm{d}t}+u_c(t)=u_r(t) \tag{2-93}$$

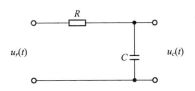

图 2.10 RC 电路

对式（2-93）进行拉氏变换，可以求出传递函数为

$$G(s)=\frac{U_c(s)}{U_r(s)}=\frac{1}{RCs+1} \tag{2-94}$$

5. 二阶振荡环节

二阶振荡环节的微分方程为

$$T^2\frac{\mathrm{d}^2}{\mathrm{d}t^2}c(t)+2\zeta T\frac{\mathrm{d}}{\mathrm{d}t}c(t)+c(t)=Ku(t) \tag{2-95}$$

其传递函数为

$$G(s)=\frac{C(s)}{U(s)}=\frac{K}{T^2s^2+2\zeta Ts+1}=\frac{\omega_n^2}{s^2+2\zeta\omega_n s+\omega_n^2} \tag{2-96}$$

式中，T 为时间常数；ζ 为阻尼系数（阻尼比）；ω_n 为无阻尼自然振荡频率。对于振荡环节，$0\leqslant\zeta<1$。

6. 延迟环节

延迟环节的特点是，其输出信号比输入信号滞后一定的时间。其数学表达式为

$$c(t)=u(t-\tau) \tag{2-97}$$

由拉氏变换的平移定理，可求得输出量在零初始条件下的拉氏变换为

$$C(s)=U(s)\mathrm{e}^{-\tau s} \tag{2-98}$$

故延迟环节的传递函数为

$$G(s)=\frac{C(s)}{U(s)}=\mathrm{e}^{-\tau s} \tag{2-99}$$

在生产实际中，特别是在一些液压、气动或机械传动系统中，都可能遇到时间滞后现象。在计算机控制系统中，由于运算需要时间，也会出现时间延迟。

2.4　控制系统的结构图和信号流图

控制系统的结构图是描述系统各元件之间信号传递关系的数学图形，它表示了系统中各变量之间的因果关系以及对各变量所进行的运算，是控制理论中描述复杂系统的一种简便计算。在系统框图中将方框对应的元部件名称换成其相应的传递函数，并将环节的输入、输出量改用拉氏变换表示后，就转换成了相应的系统结构图。系统结构图不仅能清楚地表明系统的组成和信号的传递方向，而且能清楚地表示系统信号传递过程中的数学关系，它是一种图形化的系统数学模型，在控制理论中应用很广。

控制系统的信号流图与结构图一样，都是描述系统各元件之间信号传递关系的数学图形。对于结构比较复杂的系统，结构图的变换和化简过程往往显得繁琐而费时。与结构图相比，信号流图符号简单，更便于绘制和应用，而且可以利用梅森公式直接求出任意两个变量之间的传递函数。但是，信号流图只适用于线性系统，而结构图不仅适用于线性系统，还可用于非线性系统。

2.4.1　系统结构图及其等效变换

1. 系统结构图

控制系统的结构图由许多对信号进行单向运算的方框和一些信号线组成，它包含如下四种基本单元：

(1) 信号线。信号线是带有箭头的直线，箭头表示信号的流向，在直线旁标记信号的时间函数，如图 2.11(a)所示。

(2) 引出点(或测量点)。引出点表示信号引出或测量的位置。从同一位置引出的信号在数值和性质方面完全相同，如图 2.11(b)所示。

(3) 比较点(或综合点)。比较点表示对两个以上的信号进行加减运算，"＋"号表示信号相加，"－"号表示相减，"＋"号可以省略不写，如图 2.11(c)所示。

(4) 方框(或环节)。方框表示对信号进行的数学变换。方框中写入环节或系统的传递函数，如图 2.11(d)所示。显然，方框的输出量等于方框的输入量与传递函数的乘积，即

$$C(s)=G(s)U(s) \tag{2-100}$$

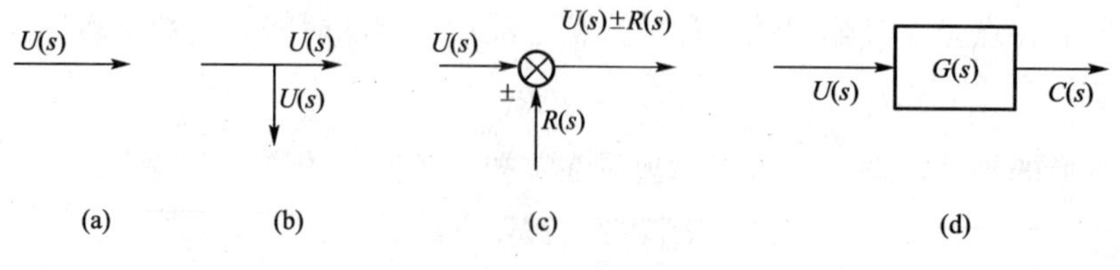

图 2.11　结构图的基本组成单元

绘制系统结构图时，首先分别列出系统各环节的传递函数，并将它们用方框表示；然后，按照信号的传递方向用信号线依次将各方框连接起来便得到系统的结构图。

例 2-16　绘制图 2.4 所示的速度控制系统的结构图。

解：通过分析图 2.4 可知控制系统由给定电位器、运算放大器Ⅰ(含比较作用)、运算

放大器Ⅱ(含 RC 校正网络)、功率放大器、测速发电机、减速器等部分组成。其对应各元件的微分方程在例 2-4 中已求出。

(1) 运算放大器Ⅰ。

$$u_1 = K_1(u_r - u_f) \qquad (2-101)$$

则

$$U_1(s) = K_1(U_r(s) - U_f(s)) \qquad (2-102)$$

(2) 运算放大器Ⅱ。

$$u_g = K_2\left(\tau \frac{\mathrm{d}u_1}{\mathrm{d}t} + u_1\right) \qquad (2-103)$$

其拉氏变换为

$$U_g(s) = K_2(\tau s + 1)U_1(s) \qquad (2-104)$$

(3) 功率放大器。

$$u_a = K_3 u_g \qquad (2-105)$$

即

$$U_a(s) = K_3 U_g(s) \qquad (2-106)$$

(4) 直流电动机。

$$T_m \frac{\mathrm{d}\omega_m(t)}{\mathrm{d}t} + \omega_m(t) = K_m u_a(t) - K_c M_c'(t) \qquad (2-107)$$

则在初始条件为零时的拉氏变换为

$$\omega_m(s) = \frac{K_m}{T_m s + 1}U_a(s) - \frac{K_c}{T_m s + 1}M_c'(s) \qquad (2-108)$$

(5) 齿轮系。

$$\omega = \frac{1}{i}\omega_m \qquad (2-109)$$

于是有

$$\omega(s) = \frac{1}{i}\omega_m(s) \qquad (2-110)$$

(6) 测速发电机。

$$u_f = K_t \omega \qquad (2-111)$$

即

$$U_f(s) = K_t \omega(s) \qquad (2-112)$$

将上面各环节的框图按照信号的传递方向用信号线依次连接起来,就得到速度控制系统的结构图,如图 2.12 所示。

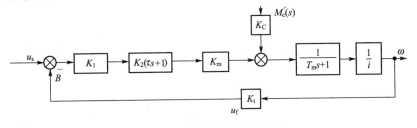

图 2.12 速度控制系统结构图

例 2-17 在图 2.13 中，u_r、u_c 分别是 RC 电路的输入、输出电压，试建立相应的电路结构图。

解：根据基尔霍夫定律，可写出以下方程

$$U_r(s) - U_c(s) = U_1(s)$$

$$I(s) = \frac{U_1(s)}{\dfrac{R_1/(Cs)}{R_1 + 1/(Cs)}} = \frac{1 + R_1 Cs}{R_1} U_1(s)$$

$$U_c(s) = R_2 I(s)$$

根据各方程可绘出相应的子结构图，分别如图 2.14(a)、(b)和(c)所示，按信号的传递顺序，将各子结构图依次连接起来，便得到无源网络的结构图，如图 2.14(d)所示。

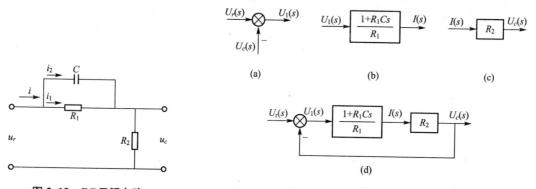

图 2.13　*RC* 无源电路

图 2.14　*RC* 无源电路的结构图

2. 结构图的等效变换和简化

一个复杂的系统结构图，其方框间的连接必然是错综复杂的，当只讨论系统的输入、输出特性，而不考虑其具体结构时，完全可以对其进行必要的变换，使复杂的结构图得以简化。由于方框间的基本连接方式只有串联、并联和反馈连接三种。因此，结构图简化的一般方法是移动引出点或比较点，将串联、并联和反馈连接的方框合并。在简化过程中应遵循变换前后变量关系保持不变的原则。

（1）环节的串联。

环节的串联是很常见的一种结构形式，其特点是，前一个环节的输出信号为后一个环节的输入信号，如图 2.15(a)所示。

由图 2.15 有

$$C(s) = G_2(s)U(s) = G_2(s)G_1(s)R(s) = G(s)R(s) \tag{2-113}$$

式中，$G(s) = G_1(s)G_2(s)$，是串联环节的等效传递函数，可用图 2.15(b)的方框表示。

上述结论可以推广到任意多个环节串联的情况，即环节串联后的总传递函数等于各个串联环节传递函数的乘积。

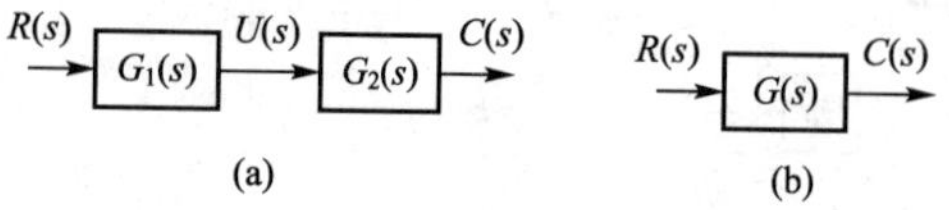

图 2.15　结构图串联连接及其简化

（2）环节的并联。

环节并联的特点是，各环节的输入信号相同，输出信号相加(或相减)，如图 2.16(a)所示。

由图 2.16(a)有

$$C(s)=C_1(s)+C_2(s)=[G_1(s)\pm G_2(s)]R(s)=G(s)R(s) \qquad (2-114)$$

式中，$G(s)=G_1(s)\pm G_2(s)$ 是并联环节的等效传递函数，可用图 2.16(b)的方框表示。

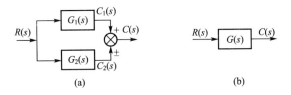

图 2.16 结构图并联连接及其简化

上述结论可以推广到任意个环节并联的情况，即环节并联后的总传递函数等于各个并联环节传递函数之代数和。

（3）环节的反馈连接。

若传递函数分别为 $G(s)$ 和 $H(s)$ 的两个环节如图 2.17(a)形式连接，则称为反馈连接。"＋"号为正反馈，表示输入信号与反馈信号相加，"－"号则表示相减，为负反馈。构成反馈连接后，信号的传递形成了封闭的路线，形成了闭环控制。按照控制信号的传递方向，可将闭环回路分成两个通道，前向通道和反馈通道。前向通道传递正向控制信号，通道中的传递函数称为前向通道传递函数，如图 2.17(a)中的 $G(s)$。反馈通道是把输出信号反馈到输入端，它的传递函数称为反馈通道传递函数，如图 2.17(a)中的 $H(s)$。当 $H(s)=1$ 时，称为单位反馈。

由图 2.17(a)得

$$C(s)=G(s)[R(s)\pm H(s)C(s)] \qquad (2-115)$$

于是有

$$C(s)=\frac{G(s)}{1\mp G(s)H(s)}R(s)=\varPhi(s)R(s) \qquad (2-116)$$

式中，$\varPhi(s)=\dfrac{G(s)}{1\mp G(s)H(s)}$ 称为闭环传递函数，是环节反馈连接的等效传递函数。负号对应正反馈连接，正号对应负反馈连接。式(2-116)可用图 2.17(b)的方框表示。

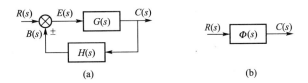

图 2.17 结构图反馈连接及其简化

（4）比较点和引出点的移动。

在系统结构图简化过程中，有时为了便于进行方框的串联、并联或反馈连接的运算，需要移动比较点或引出点的位置，这时应注意保持移动前后信号传递的等效性。

表 2-3 列出了结构图简化(等效变换)的基本规则。利用这些规则可以将比较复杂的系统结构图进行简化。

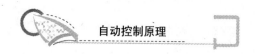

表 2-3　结构图简化(等效变换)的基本规则

变换方式	原结构图	等效结构图	等效运算关系
串联	$R(s) \to \boxed{G_1(s)} \to \boxed{G_2(s)} \to C(s)$	$R(s) \to \boxed{G_1(s)G_2(s)} \to C(s)$	$C(s)=G_1(s)G_2(s)R(s)$
并联	$R(s) \to \boxed{G_1(s)}, \boxed{G_2(s)} \to \otimes^{\pm} \to C(s)$	$R(s) \to \boxed{G_1(s)\pm G_2(s)} \to C(s)$	$C(s)=[G_1(s)\pm G_2(s)]R(s)$
反馈	$R(s)\to\otimes^{\pm}\to\boxed{G(s)}\to C(s),\ \boxed{H(s)}$	$R(s)\to\boxed{\dfrac{G(s)}{1\mp G(s)H(s)}}\to C(s)$	$C(s)=\dfrac{G(s)R(s)}{1\mp G(s)H(s)}$
比较点前移	$R(s)\to\boxed{G(s)}\to\otimes^{\pm}\to C(s),\ Q(s)$	$R(s)\to\otimes^{\pm}\to\boxed{G(s)}\to C(s),\ \boxed{\dfrac{1}{G(s)}}\leftarrow Q(s)$	$C(s)=R(s)G(s)\pm Q(s)$ $=\left[R(s)\pm\dfrac{Q(s)}{G(s)}\right]G(s)$
比较点后移	$R(s)\to\otimes^{\pm}\to\boxed{G(s)}\to C(s),\ Q(s)$	$R(s)\to\boxed{G(s)}\to\otimes^{\pm}\to C(s),\ Q(s)\to\boxed{G(s)}$	$C(s)=[R(s)\pm Q(s)]G(s)$ $=R(s)G(s)\pm Q(s)G(s)$
引出点前移	$R(s)\to\boxed{G(s)}\to C(s),\ C(s)$	$R(s)\to\boxed{G(s)}\to G(s),\ \boxed{G(s)}\to G(s)$	$C(s)=G(s)R(s)$
引出点后移	$R(s)\to\boxed{G(s)}\to C'(s),\ R(s)$	$R(s)\to\boxed{G(s)}\to C'(s),\ \boxed{\dfrac{1}{G(s)}}\to C(s)$	$C(s)=R(s)G(s)\dfrac{1}{G(s)}$ $C'(s)=G(s)R(s)$
比较点与引出点之间的移动	$R_1(s)\to\otimes\to\dfrac{C(s)}{C(s)},\ R_2(s)$	$R_1(s)\to\otimes^{R_2(s)-C(s)}\to\otimes\to C(s),\ R_2(s)$	$C(s)=R_1(s)-R_2(s)$

下面举例说明结构图的等效变换和简化过程。

例 2-18　试求图 2.18 所示多回路系统的闭环传递函数。

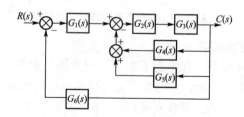

图 2.18　例 2-18 系统的结构图

解： 根据环节串联、并联和反馈连接的规则简化，可以求得

$$\frac{C(s)}{R(s)}=\frac{G_1(s)G_2(s)G_3(s)}{1+G_2(s)G_3(s)[G_4(s)+G_5(s)]+G_1(s)G_2(s)G_3(s)G_6(s)}$$

其步骤如图 2.19 所示。

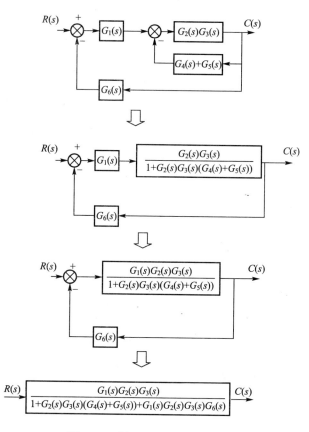

图 2.19 例 2-18 结构图的化简

例 2-19 设多环系统的结构图如图 2.20 所示，试对其进行简化，并求闭环传递函数。

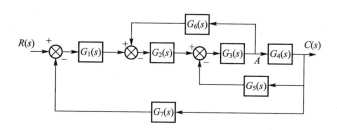

图 2.20 例 2-19 系统结构图

解： 此系统中有两个相互交错的局部反馈，因此在化简时首先应考虑将信号引出点或信号比较点移到适当的位置，将系统结构图变换为无交错反馈的图形，如可将 G_5 输入端

的信号引出点移至 A 点。移动时一定要遵守等效变换的原则。然后利用环节串联和反馈连接的规则进行化简，其步骤如图 2.21 所示。

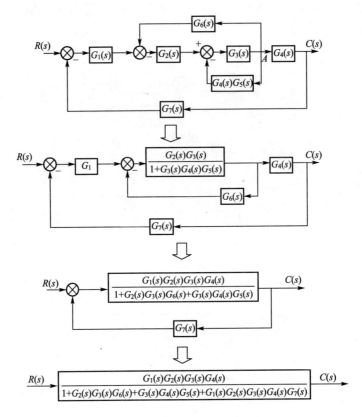

图 2.21　例 2-19 结构图的变换

因此闭环传递函数为

$$\frac{C(s)}{R(s)}=\frac{G_1(s)G_2(s)G_3(s)G_4(s)}{1+G_2(s)G_3(s)G_6(s)+G_3(s)G_4(s)G_5(s)+G_1(s)G_2(s)G_3(s)G_4(s)G_7(s)}$$

3. 系统的传递函数

自动控制系统在工作过程中，经常会受到两类输入信号的作用，一类是给定的有用输入信号 $r(t)$，另一类则是阻碍系统进行正常工作的扰动信号 $n(t)$。闭环控制系统的典型结构如图 2.22 所示。

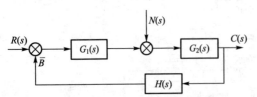

图 2.22　闭环控制系统的典型结构图

研究系统输出量 $c(t)$ 的变化规律，只考虑 $r(t)$ 的作用是不完全的，往往还需要考虑 $n(t)$ 的影响。基于系统分析的需要，下面介绍一些传递函数的概念。

（1）系统开环传递函数。

系统的开环传递函数，是根轨迹法和频率法用于分析系统的主要数学模型。在图 2.22

中，将反馈环节 $H(s)$ 的输出端断开，则前向通道传递函数与反馈通道传递函数的乘积 $G_1(s)G_2(s)H(s)$ 称为系统的开环传递函数。由此可得图 2.22 反馈连接的闭环传递函数 $\Phi(s)$ 可以表示为如下通式：

$$\Phi(s) = \frac{前向通道传递函数}{1 \mp 开环传递函数}$$

（2）$r(t)$ 作用下的系统闭环传递函数。

令 $n(t) = 0$，图 2.22 简化为图 2.23，输出 $c(t)$ 对输入 $r(t)$ 的传递函数为

$$\frac{C(s)}{R(s)} = \Phi(s) = \frac{G_1(s)G_2(s)}{1 + G_1(s)G_2(s)H(s)} \qquad (2-117)$$

称 $\Phi(s)$ 为 $r(t)$ 作用下的系统闭环传递函数。

（3）$n(t)$ 作用下的系统闭环传递函数。

为了研究扰动对系统的影响，需要求出 $c(t)$ 对 $n(t)$ 的传递函数。令 $r(t) = 0$，图 2.22 转化为图 2.24，由该图可得

$$\frac{C(s)}{N(s)} = \Phi_N(s) = \frac{G_2(s)}{1 + G_1(s)G_2(s)H(s)} \qquad (2-118)$$

称 $\Phi_N(s)$ 为 $n(t)$ 作用下的系统闭环传递函数。

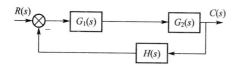

图 2.23 $r(t)$ 作用下的系统结构图　　　　**图 2.24 $n(t)$ 作用下的系统结构图**

（4）系统的总输出。

当给定输入和扰动输入同时作用于系统时，根据线性叠加原理，线性系统的总输出应为各输入信号引起的输出之总和。因此有

$$C(s) = \Phi(s)R(s) + \Phi_N(s)N(s) = \frac{G_1(s)G_2(s)R(s)}{1 + G_1(s)G_2(s)H(s)} + \frac{G_2(s)N(s)}{1 + G_1(s)G_2(s)H(s)}$$

$$(2-119)$$

4. 系统的误差传递函数

误差大小直接反映了系统的控制精度。在此定义误差为给定信号与反馈信号之差，即

$$E(s) = R(s) - B(s) \qquad (2-120)$$

（1）$r(t)$ 作用下系统的给定误差传递函数 $\Phi_{ER}(s)$。

令 $n(t) = 0$，则可由图 2.22 转化得到的图 2.25(a) 求得

$$\frac{E(s)}{R(s)} = \frac{1}{1 + G_1(s)G_2(s)H(s)} = \Phi_{ER}(s) \qquad (2-121)$$

（2）$n(t)$ 作用下系统的扰动误差传递函数 $\Phi_{EN}(s)$。

取 $r(t) = 0$，则可由图 2.25(b) 求得

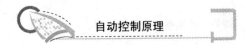

自动控制原理

$$\frac{E(s)}{N(s)}=\frac{-G_2(s)H(s)}{1+G_1(s)G_2(s)H(s)}=\Phi_{EN}(s) \qquad (2-122)$$

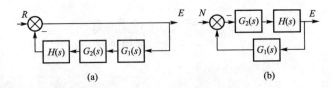

图 2.25 $r(t)$、$n(t)$作用下误差输出的结构图

(3) 系统的总误差。

根据叠加原理，系统的总误差为

$$E(s)=\Phi_{ER}(s)R(s)+\Phi_{EN}(s)N(s)$$

对比上面导出的四个传递函数 $\Phi(s)$、$\Phi_N(s)$、$\Phi_{ER}(s)$ 和 $\Phi_{EN}(s)$ 的表达式，可以看出，表达式虽然各不相同，但其分母却完全相同，均为 $[1+G_1(s)G_2(s)H(s)]$，这是闭环控制系统的本质特征。

2.4.2 控制系统的信号流图和梅森公式

1. 信号流图

信号流图起源于梅森利用图示法来描述一个或一组线性代数方程式，它是由节点和支路组成的一种信号传递网络。图中节点代表方程式中的变量，以小圆圈表示；支路是连接两个节点的定向线段，用支路增益表示方程式中两个变量的因果关系，因此支路相当于乘法器。

简单系统的描述方程为 $x_2=ax_1$，其中 x_1 为输入信号，x_2 为输出信号，a 为两个变量之间的增益。该方程式的信号流图如图 2.26(a)所示。又如一描述系统的方程组为

$$\begin{cases} x_2=ax_1+bx_3+gx_5 \\ x_3=cx_2 \\ x_4=dx_1+ex_3+fx_4 \\ x_5=hx_4 \end{cases}$$

方程组的信号流图如图 2.26(b)所示。

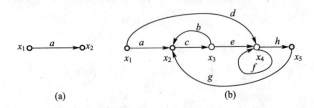

(a)   (b)

图 2.26 系统信号流图

在信号流图中，常使用以下名词术语：

（1）源节点（或输入节点）。只有输出支路而无输入支路的节点称为源节点或输入节点，如图 2.26(a)中的 x_1。它一般表示系统的输入量。

（2）汇点（或输出节点）。只有输入支路的节点称为汇点，如图 2.26(a)中的 x_2。它一般表示系统的输出量。

（3）混合节点。既有输入支路又有输出支路的节点称为混合节点，如图 2.26(b)中的 x_2、x_3、x_4。它一般表示系统的中间变量。

（4）前向通路。信号从输入节点到输出节点传递时，每一个节点只通过一次的通路，称为前向通路。前向通路上各支路增益之乘积，称为前向通路总增益，一般用 p_k 表示。在图 2.26(b)中从源节点到汇点共有两条前向通路，一条是 $x_1 \rightarrow x_2 \rightarrow x_3 \rightarrow x_4 \rightarrow x_5$，其前向通路总增益为 $p_1 = aceh$；另一条是 $x_1 \rightarrow x_4 \rightarrow x_5$，其前向通路总增益为 $p_2 = dh$。

（5）回路。起点和终点在同一节点，而且信号通过每一个节点不多于一次的闭合通路称为单独回路，简称回路。如果从一个节点开始，只经过一个支路又回到该节点的，称为自回路。回路中所有支路增益之乘积称为回路增益，用 L_a 表示。在图 2.26(b)中共有三个回路，一个是起始于节点 x_2，经过节点 x_3，最后回到节点 x_2 的回路，其回路增益为 $L_1 = bc$；第二个是起始于节点 x_2，经过节点 x_3、x_4、x_5，最后又回到节点 x_2 的回路，其回路增益为 $L_2 = cegh$；第三个是起始于节点 x_4 并回到节点 x_4 的自回路，其回路增益为 $L_3 = f$。

（6）不接触回路。若信号流图中有多个回路，而回路之间没有公共节点，这种回路称为不接触回路。在信号流图中可以有两个或两个以上不接触回路。在图 2.26(b)中，有一对不接触回路，即回路 $x_2 \rightarrow x_3 \rightarrow x_2$ 和回路 $x_4 \rightarrow x_4$。

2. 梅森增益公式

当系统信号流图已知时，可以用公式直接求出系统的传递函数，这个公式就是梅森公式。由于信号流图和结构图有着对应的关系，因此梅森公式同样也适用于结构图。

梅森公式给出了系统信号流图中，任意输入节点与输出节点之间的增益，即传递函数。其公式为

$$P = \frac{1}{\Delta} \sum_{k=1}^{n} P_k \Delta_k \qquad (2\text{-}123)$$

式中，n 为从输入节点到输出节点的前向通路的总条数；P_k 为从输入节点到输出节点的第 k 条前向通路总增益；Δ 为特征式，由系统信号流图中各回路增益确定

$$\Delta = 1 - \sum L_a + \sum L_b L_c - \sum L_d L_e L_f + \cdots \qquad (2\text{-}124)$$

式中，$\sum L_a$ 为所有单独回路增益之和；$\sum L_b L_c$ 为所有两两互不接触回路的回路增益乘积之和；$\sum L_d L_e L_f$ 为所有互不接触回路中，每次取其中三个回路增益的乘积之和。Δ_k 为第 k 条前向通路特征式的余因子式，即把特征式 Δ 中与该前向通路相接触回路的回路增益置为零后，所余下的部分。

上述公式中的接触回路是指具有共同节点的回路，反之称为不接触回路。与第 k 条前向通路具有共同节点的回路称为与第 k 条前向通路接触的回路。

根据梅森公式计算系统的传递函数，首要问题是正确识别所有的回路并区分它们是否相互接触，正确识别所规定的输入与输出节点之间的所有前向通路及与其相接触的回路。现举例说明。

例 2-20 某系统的信号流图如图 2.27 所示，试求系统的传递函数。

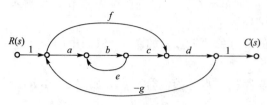

图 2.27 例 2-20 的信号流图

解： 由图 2.27 可知，此系统有两条前向通道 $n=2$，其增益各为 $P_1=abcd$ 和 $P_2=fd$。有三个回路，即 $L_1=be$，$L_2=-abcdg$，$L_3=-fdg$，因此 $\sum L_a=L_1+L_2+L_3$。上述三个回路中只有 L_1 与 L_3 互不接触，L_2 与 L_1 及 L_3 都接触，因此 $\sum L_b L_c=L_1 L_3$。由此得系统的特征式为

$$\Delta = 1-\sum L_a+\sum L_b L_c=1-(L_1+L_2+L_3)+L_1 L_3$$
$$=1-be+abcdg+fdg-befdg$$

由图 2.27 可知，与 P_1 前向通道相接触的回路为 L_1、L_2、L_3，因此在 Δ 中除去 L_1、L_2、L_3 得 P_1 的特征余子式 $\Delta_1=1$。又由图可知，与 P_2 前向通道相接触的回路为 L_2 及 L_3，因此在 Δ 中除去 L_2、L_3 得 P_2 的特征余子式 $\Delta_1=1-L_1=1-be$。由此得系统的传递函数为

$$P = \frac{1}{\Delta}\sum_{k=1}^{2}P_k\Delta_k = \frac{P_1\Delta_1+P_2\Delta_2}{\Delta} = \frac{abcd+fd(1-be)}{1-be+(f+abc-bef)dg}$$

例 2-21 已知系统的信号流图如图 2.28 所示，求系统的传递函数 $\frac{C(s)}{R(s)}$ 和 $\frac{C(s)}{N(s)}$。

解：（1）求传递函数 $\frac{C(s)}{R(s)}$。

由图 2.28 可知，从 r 到 c 有一条前向通道 $n=1$，其增益为 $P_1=ac$。有三个回路，即 $L_1=d$，$L_2=cf$，$L_3=e$，因此 $\sum L_a=L_1+L_2+L_3$。上述三个回路中只有 L_1 与 L_3 互不接触，L_2 与 L_1 及 L_3 都接触，因此 $\sum L_b L_c=L_1 L_3$。由此得系统的特征式为

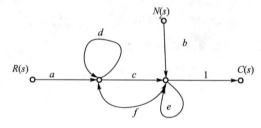

图 2.28 例 2-21 的信号流图

$$\Delta = 1-\sum L_a+\sum L_b L_c=1-(L_1+L_2+L_3)+L_1 L_3$$
$$=1-(d+cf+e)+de$$

由图 2.28 可知，与 P_1 前向通道相接触的回路为 L_1、L_2、L_3，因此在 Δ 中除去 L_1、L_2、L_3 得 P_1 的特征余子式 $\Delta_1=1$。由此得系统的传递函数为

$$P=\frac{P_1\Delta_1}{\Delta}=\frac{ac}{1-(d+cf+e)+de}$$

（2）求传递函数 $\frac{C(s)}{N(s)}$。

由图 2.28 可知，从 n（扰动信号）到 c 有一条前向通道 $n=1$，其增益为 $P_1=b$。有三个回路，即 $L_1=d$，$L_2=cf$，$L_3=e$，因此 $\sum L_a=L_1+L_2+L_3$。上述三个回路中只有 L_1 与 L_3 互不接触，L_2 与 L_1 及 L_3 都接触，因此 $\sum L_b L_c=L_1 L_3$。由此得系统的特征式为

$$\Delta = 1-\sum L_a+\sum L_b L_c=1-(L_1+L_2+L_3)+L_1 L_3$$
$$=1-(d+cf+e)+de$$

由图 2.28 可知，与 P_1 前向通道相接触的回路为 L_2 和 L_3，因此在 Δ 中除去 L_2、L_3 得 P_1 的特征余子式 $\Delta_1 = 1 - d$。由此得系统的传递函数为

$$P = \frac{P_1 \Delta_1}{\Delta} = \frac{b(1-d)}{1-(d+cf+e)+de}$$

应该指出的是，由于信号流图和结构图本质上都是用图线来描述系统各变量之间的关系及信号的传递过程，因此可以在结构图上直接使用梅森公式，从而避免繁琐的结构图变换和简化过程。但是在使用时需要正确识别结构图中相对应的前向通道、回路、接触与不接触、增益等，不要发生遗漏。

例 2－22 求图 2.29 所示系统的传递函数。

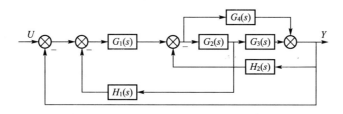

图 2.29 例 2－22 系统的结构图

解：（1）求 Δ。

此系统关键是回路数要判断准确，一共有 5 个回路，回路增益分别为 $L_1 = -G_1(s)G_2(s)H_1(s)$、$L_2 = -G_2(s)G_3(s)H_2(s)$、$L_3 = -G_1(s)G_2(s)G_3(s)$、$L_4 = -G_1(s)G_4(s)$、$L_5 = -G_4(s)H_2(s)$，且各回路相互接触，故

$$\Delta = 1 - \sum_{a=1}^{5} L_a = 1 + G_1(s)G_2(s)H_1(s) + G_2(s)G_3(s)H_2(s) + G_1(s)G_2(s)G_3(s)$$
$$+ G_1(s)G_4(s) + G_4(s)H_2(s)$$

（2）求 P_k、Δ_k。

系统有两条前向通道 $n = 2$，其增益各为 $P_1 = G_1(s)G_2(s)G_3(s)$ 和 $P_2 = G_1(s)G_4(s)$，而且这两条前向通道与 5 个回路均相互接触，故 $\Delta_1 = \Delta_2 = 1$。

（3）求系统传递函数。

$$\frac{Y(s)}{U(s)} = \frac{G_1(s)G_2(s)G_3(s) + G_1(s)G_4(s)}{1 + G_1(s)G_2(s)H_1(s) + G_2(s)G_3(s)H_2(s) + G_1(s)G_2(s)G_3(s) + G_1(s)G_4(s) + G_4(s)H_2(s)}$$

2.5 MATLAB 在控制系统建模中的应用

对简单系统的建模可直接采用传递函数，但实际中经常遇到几个简单系统组合成为一个复杂系统。常见形式为并联、串联、闭环及反馈等连接。

1. 并联

将两个系统按并联方式连接，在 MATLAB 中可用 parallel 函数实现。

例 2－23 两个子系统为

$$G_1(s) = \frac{3}{s+4}, \quad G_2(s) = \frac{2s+4}{s^2+2s+3}$$

将两个系统按并联方式连接，可输入：

```
num1=3;
den1=[1,4];
num2=[2,4];
den2=[1,2,3];
[num,den]=parallel(num1,den1,num2,den2)
```

即得

```
num=  0  5  18  25
den=  1  6  11  12
```

故

$$G(s) = G_1(s) + G_2(s) = \frac{5s^2+18s+25}{s^3+6s^2+11s+12}$$

2. 串联

将两个系统按串联方式连接，在 MATLAB 中可用 series 函数实现。例如

```
[num,dem]=series(num1,den1,num2,den2)
```

即得串联连接的传递函数形式

$$\frac{num(s)}{den(s)} = G_1(s)G_2(s) = \frac{num1(s)num2(s)}{den1(s)den2(s)}$$

3. 闭环

将系统通过正负反馈连接成闭环系统，在 MATLAB 中可用 cloop 函数实现。例如

```
[numc,demc]=cloop(num,den,sign)
```

表示由传递函数表示的开环传递函数构成闭环系统。当 sign＝1 时采用正反馈；当 sign＝－1 时采用负反馈；sign 缺省时，默认为负反馈。由此得到正、负反馈闭环系统为

$$\frac{numc(s)}{denc(s)} = \frac{G(s)}{1 \mp G(s)} = \frac{num(s)}{den(s) \mp num(s)}$$

4. 反馈

将两个系统按反馈方式连接成闭环系统，在 MATLAB 中可用 feedback 函数实现。

例 2－24 两个子系统为

$$G(s) = \frac{2s^2+5s+1}{s^2+2s+3}, \quad H(s) = \frac{5(s+2)}{s+10}$$

将两个系统按反馈方式连接，可输入：

```
numg=[2 5 1];
deng=[1 2 3];
```

```
numh=[5 10];
denh=[1 10];
[num,den]=feedback(numg,deng,numh,denh)
```

即得

```
num=   2  25  51  10
den=  11  57  78  40
```

故闭环系统的传递函数为

$$G_c(s)=\frac{num(s)}{den(s)}=\frac{2s^3+25s^2+51s+10}{11s^3+57s^2+78s+40}$$

5. 模型简化

对传递函数模型的简化方法可采用 minreal 函数进行最小实现与零极点对消。例如

```
[numm,denm]=minreal(num,den)
```

其中，num 与 den 为传递函数的分子和分母多项式系数，它在误差容限 tol＝10×sqrt(eps)×abs(z(i))下消去多项式的公共根。

`[numm,denm]=minreal(num,den,tol)`可指定误差容限 tol 以确定零极点的对消。

习　题

2-1　试判断下列微分方程所描述的系统属何种类型(线性、非线性；定常、时变)。

(1) $\dfrac{d^2c(t)}{dt^2}+3\dfrac{dc(t)}{dt}+2c(t)=5\dfrac{dr(t)}{dt}+r(t)$；

(2) $t\dfrac{dc(t)}{dt}+2c(t)=\dfrac{dr(t)}{dt}+2r(t)$

(3) $\dfrac{d^2c(t)}{dt^2}+2\dfrac{dc(t)}{dt}+2c^2(t)=r(t)$；

(4) $5\dfrac{dc(t)}{dt}+c(t)=3\dfrac{dr(t)}{dt}+2r(t)+3\int r(t)dt$

2-2　求下列各拉氏变换式的原函数。

(1) $X(s)=\dfrac{e^{-s}}{s-1}$；(2) $X(s)=\dfrac{1}{s(s+2)^3(s+3)}$；(3) $X(s)=\dfrac{s+1}{s(s^2+2s+2)}$

2-3　已知系统传递函数 $\dfrac{C(s)}{R(s)}=\dfrac{2}{s^2+3s+2}$，且初始条件为 $c(0)=-1$，$c'(0)=0$，试求系统在输入 $r(t)=1(t)$ 作用下的输出 $c(t)$。

2-4　试建立如题 2.4 图所示电路的动态微分方程，并求传递函数。

2-5　用运算放大器组成的电路网络如题 2.5 图所示，试写出它们的传递函数。

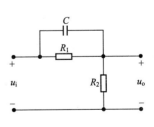

题 2.4　电路网络

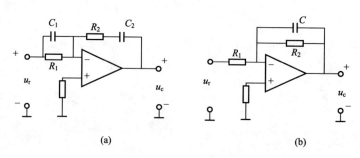

题 2.5 图　电路网络

2-6　设线性系统的结构图如题 2.6 图所示，试用梅森公式求出它们的传递函数 $\dfrac{C(s)}{R(s)}$。

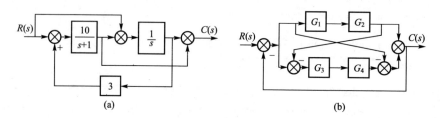

题 2.6 图　系统结构图

2-7　设线性系统的结构图如题 2.7 图所示，试求：

(1) 画出系统的信号流图；

(2) 求传递函数 $\dfrac{C(s)}{R_1(s)}$ 及 $\dfrac{C(s)}{R_2(s)}$。

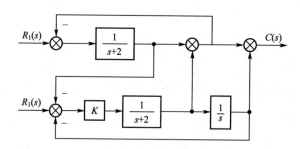

题 2.7 图　系统的结构图

2-8　系统的微分方程组为

$$x_1(t) = r(t) - c(t)$$

$$T_1 \frac{\mathrm{d}x_2(t)}{\mathrm{d}t} = K_1(x)(t) - x_2(t)$$

$$x_3(t) = x_2(t) - K_3 c(t)$$

$$T_2 \frac{\mathrm{d}c(t)}{\mathrm{d}t} + c(t) = K_2 x_3(t)$$

式中，T_1、T_2、K_1、K_2、K_3 均为正的常数，系统的输入量为 $r(t)$，输出量为 $c(t)$，试画出动态结构图，并求出传递函数 $C(s)/R(s)$。

2-9 试用结构图化简求如题 2.9 图所示各系统的传递函数 $\dfrac{C(s)}{R(s)}$。

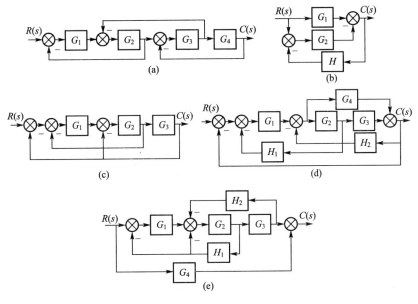

题 2.9 图 系统的结构图

2-10 已知线性系统的结构图如题 2.10 图所示，图中 $R(s)$ 为输入信号，$N(s)$ 为干扰信号，试求传递函数 $\dfrac{C(s)}{R(s)}$ 及 $\dfrac{C(s)}{N(s)}$。

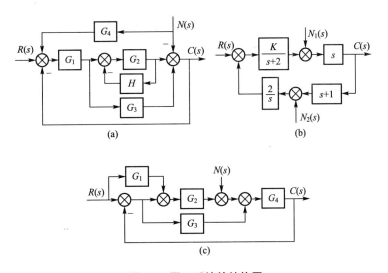

题 2.10 图 系统的结构图

第 **3** 章

控制系统的时域分析法

本章学习目标

★ 了解典型的输入信号；

★ 了解控制系统的时域分析；

★ 了解控制系统的稳定性分析；

★ 了解控制系统的稳态误差。

本章教学要点

知识要点	能力要求	相关知识
典型的输入信号	了解控制系统的典型输入信号	控制系统的典型输入信号的定义、特点及分析
控制系统的时域分析	了解一阶系统、二阶系统及高阶系统的时域分析，改善控制系统时域性能的措施	一、二阶系统的时域性能指标的定义、特点及计算、改善控制系统时域性能的措施、高阶系统时域分析
控制系统的稳定性分析	了解控制系统的稳定性概念、稳定的充要条件、控制系统的稳定性判据	控制系统稳定的充要条件，赫尔维茨判据、林纳德-奇帕特判据、劳斯判据
控制系统的稳态误差	了解稳态误差的定义及其本质	稳态误差的计算、给定输入和扰动作用下的稳态误差

导入案例

时域分析是一种直接在时间域内对系统进行分析的方法，具有直观、准确的优点，并且可以提供系统时间响应的全部信息，能够分析系统的稳定性、快速性和准确性。图 1 所示的防空导弹制导系统就是一类典型的跟踪控制，若要准确命中目标就要求系统具有很好的快速性和准确性。

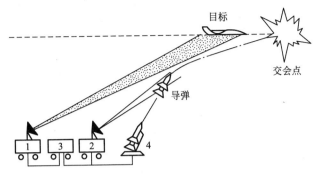

图 1　防空导弹制导系统

1—目标跟踪雷达；2—导弹导引雷达；3—计算机雷达；4—导弹发射架

3.1　时域分析基础

时域分析法是根据系统的微分方程，通过拉普拉斯变换，直接求出系统的时间响应。依据响应的表达式及时间响应曲线来分析系统的控制性能，并找出系统结构、参数与这些性能之间的关系。这是一种直接方法，而且比较准确，可以提供系统时间响应的全部的信息。

3.1.1　典型输入信号

一般规定控制系统的初始状态为零状态，即在输入信号作用于系统之前，被控量及其各阶导数相对于平衡工作点的增量为零，系统处于相对平衡状态。

下面介绍几类典型的输入信号。

1. 阶跃函数

阶跃函数如图 3.1(a)所示，其数学表达式为

$$f(t)=A \cdot 1(t)=\begin{cases} A & t \geqslant 0 \\ 0 & t < 0 \end{cases} \tag{3-1}$$

式中，$A=1$ 时则称为单位阶跃函数 $1(t)$。阶跃函数的拉氏变换为

$$L[f(t)] = F(s) = \int_0^\infty A e^{-st} dt = \frac{A}{s} \tag{3-2}$$

2. 斜坡函数

单位斜坡函数如图 3.1(b)所示，其数学表达式为

$$f(t)=At \cdot 1(t)=\begin{cases} At & t \geqslant 0 \\ 0 & t < 0 \end{cases} \tag{3-3}$$

式中，$A=1$ 时则称为单位斜坡函数。其拉氏变换为

$$L[f(t)] = F(s) = \int_0^\infty At e^{-st} dt = \frac{A}{s^2} \tag{3-4}$$

3. 单位脉冲函数

单位脉冲函数如图 3.1(c)所示，其数学表达式为

$$f(t) = \delta(t) = \begin{cases} 0 & t \neq 0 \\ \infty & t = 0 \end{cases}, \quad \text{且} \quad \int_{0^-}^{0^+} \delta(t)\,\mathrm{d}t = 1 \qquad (3-5)$$

其拉氏变换为

$$L[f(t)] = F(s) = 1 \qquad (3-6)$$

图 3.1(c)中的 1 代表了脉冲强度。单位脉冲作用在现实中是不存在的，它是某些物理现象经数学抽象化的结果。

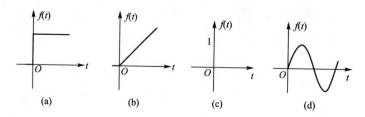

(a) (b) (c) (d)

图 3.1 典型的输入信号

4. 正弦函数

单位正弦函数如图 3.1(d)所示，其数学表达式为

$$f(t) = \begin{cases} A\sin\omega t & t \geqslant 0 \\ 0 & t < 0 \end{cases} \qquad (3-7)$$

式中，A 为振幅；ω 为角频率。其拉氏变换为

$$L[f(t)] = F(s) = \int_0^\infty A\sin\omega t\, \mathrm{e}^{-st}\,\mathrm{d}t = \frac{A\omega}{s^2 + \omega^2} \qquad (3-8)$$

5. 抛物线函数

该函数也称为等加速度函数，它可由对斜坡函数的积分而得到，其数学表达式为

$$f(t) = \frac{1}{2}At^2 \cdot 1(t) = \begin{cases} \dfrac{1}{2}At^2 & t \geqslant 0 \\ 0 & t < 0 \end{cases} \qquad (3-9)$$

其拉氏变换为

$$L[f(t)] = F(s) = \int_0^\infty \frac{1}{2}At^2 \mathrm{e}^{-st}\,\mathrm{d}t = \frac{A}{s^3} \qquad (3-10)$$

3.1.2 典型时间响应

在典型输入信号的作用下，控制系统的时间响应分为动态过程和稳态过程。动态过程又称为过渡过程或瞬态过程，指控制系统在典型输入作用下，系统输出量从初始状态到最终状态的响应过程，一个可实际运行的控制系统其动态过程必须是衰减即稳定的。稳态过程是指控制系统在典型输入作用下，当时间 t 趋于无穷大时，系统输出量的表现方式。

初始状态为零的系统，在典型输入作用下输出量的动态过程，称为系统的典型时间响应。

1. 单位阶跃响应

单位阶跃响应是系统在单位阶跃输入即 $r(t) = 1(t)$ 作用下的时间响应，常用 $c(t)$ 表

示，如图 3.2(a)所示。若系统的闭环传递函数为 $\Phi(s)$，则 $c(t)$ 的拉氏变换为

$$C(s)=\Phi(s)\cdot R(s)=\Phi(s)\cdot\frac{1}{s} \tag{3-11}$$

故

$$c(t)=L^{-1}[C(s)] \tag{3-12}$$

2. 单位斜坡响应

单位斜坡响应是系统在单位斜坡输入即 $r(t)=t\cdot 1(t)$ 作用下的时间响应，常用 $c_t(t)$ 表示，如图 3.2(b)所示。若系统的闭环传递函数为 $\Phi(s)$，则 $c_t(t)$ 的拉氏变换为

$$C_t(s)=\Phi(s)\cdot R(s)=\Phi(s)\cdot\frac{1}{s^2} \tag{3-13}$$

故

$$c_t(t)=L^{-1}[C_t(s)] \tag{3-14}$$

3. 单位脉冲响应

单位脉冲响应是系统在单位脉冲输入即 $r(t)=\delta(t)$ 作用下的时间响应，常用 $k(t)$ 表示，如图 3.2(c)所示。若系统的闭环传递函数为 $\Phi(s)$，则 $k(t)$ 的拉氏变换为

$$K(s)=\Phi(s)\cdot R(s)=\Phi(s)\cdot 1=\Phi(s) \tag{3-15}$$

故

$$k(t)=L^{-1}[K(s)]=L^{-1}[\Phi(s)] \tag{3-16}$$

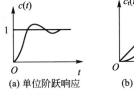 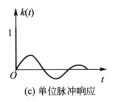

(a) 单位阶跃响应　　(b) 单位斜坡响应　　(c) 单位脉冲响应

图 3.2　典型输入信号作用下的系统时间响应

4. 三种响应之间的关系

由式(3-11)、式(3-13)和式(3-15)可知

$$C(s)=\Phi(s)\cdot\frac{1}{s}=K(s)\cdot\frac{1}{s} \tag{3-17}$$

$$C_t(s)=\Phi(s)\cdot\frac{1}{s^2}=K(s)\cdot\frac{1}{s^2}=C(s)\cdot\frac{1}{s} \tag{3-18}$$

相应的时域表达式为

$$c(t)=\int_0^t k(\tau)\mathrm{d}\tau \quad c_t(t)=\int_0^t c(\tau)\mathrm{d}\tau \tag{3-19}$$

3.1.3　单位阶跃响应的性能指标

控制系统的典型单位阶跃响应曲线 $c(t)$ 如图 3.3 所示。下面介绍几类重要的性能指标。

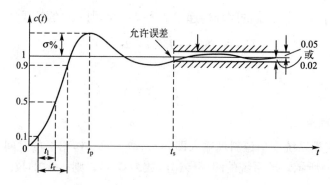

图 3.3　控制系统的典型单位阶跃响应

1. 延迟时间 t_d

在 $c(t)$ 曲线中，响应第一次达到其终值一半所需要的时间。

2. 上升时间 t_r

在 $c(t)$ 曲线中，响应从终值 $c(\infty)$ 的 10％上升到终值 $c(\infty)$ 的 90％所需要的时间。上升时间是系统响应速度的一种度量，t_r 越小，响应速度越快。

3. 峰值时间 t_p

在 $c(t)$ 曲线中，超过其终值而达到第一个峰值所需的时间。该参数表征系统响应的初始快速性。

4. 调节时间 t_s

在 $c(t)$ 曲线中，$c(t)$ 进入终值 $c(\infty)$ 的 ±5％或 ±2％内所需的最小时间 t_s。

5. 超调量 $\delta\%$

在 $c(t)$ 曲线中对稳态值的最大超出量与稳态值之比 $\delta\%$，即

$$\delta\% = \frac{c(t_p) - c(\infty)}{c(\infty)} \times 100\% \qquad (3-20)$$

6. 稳态误差 e_{ss}

指在 $c(t)$ 曲线中，系统响应的终值与期望值之差。

前 5 个性能指标基本可以体现系统的动态过程，常称为动态性能指标。实际应用中，常用 t_r 和 t_p 评价系统的响应速度，$\delta\%$ 评价系统的阻尼程度，t_s 同时反映响应速度和阻尼程度的综合指标。e_{ss} 是描述系统稳态性能的一种性能指标，表征系统的控制精度，即准确性。注意：$\delta\%$、t_s 及 e_{ss} 三项指标是针对阶跃响应而言；对于非阶跃输入，则只有稳态误差 e_{ss}，而没有 $\delta\%$ 和 t_s。

3.2　控制系统的时域分析

3.2.1　一阶系统的时域分析

由一阶微分方程描述的系统称为一阶系统，其数学模型如下

$$T\frac{\mathrm{d}c(t)}{\mathrm{d}t}+c(t)=r(t) \tag{3-21}$$

式中，T 为系统的时间常数。

一阶系统的传递函数为

$$\frac{C(s)}{R(s)}=\frac{1}{Ts+1} \tag{3-22}$$

一阶系统的结构图如图 3.4 所示。

1. 一阶系统的单位阶跃响应

单位阶跃响应的拉氏变换为

$$C(s)=\Phi(s)\cdot R(s)=\frac{1}{Ts+1}\cdot\frac{1}{s}$$

故一阶系统的单位阶跃响应为

$$c(t)=1-\mathrm{e}^{-\frac{t}{T}} \tag{3-23}$$

一阶系统的单位阶跃响应曲线如图 3.5 所示。

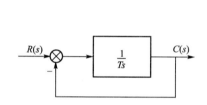

图 3.4 一阶系统的结构图　　　　图 3.5 一阶系统的单位阶跃响应

从图 3.5 可知，一阶系统的单位阶跃响应曲线的初始斜率为

$$\frac{\mathrm{d}c(t)}{\mathrm{d}t}\Big|_{t=0}=\frac{1}{T} \tag{3-24}$$

从图 3.5 中可以分析出一阶系统的单位阶跃响应性能：

(1) 平稳性 $\delta\%$。

一阶系统的单位阶跃响应曲线是非周期、无振荡的曲线，因此其超调量 $\delta\%=0$。

(2) 快速性 t_s。

$$\begin{cases} t=3T，c(t)=0.95c(\infty) \\ t=4T，c(t)=0.98c(\infty) \end{cases} \tag{3-25}$$

故 $t_s=3T$(5% 的误差带)或 $t_s=4T$(5% 的误差带)。由于时间常数 T 反映了系统的惯性，所以一阶系统的惯性越小，其响应过程越快；反之，惯性越大，响应越慢。

(3) 准确性 e_{ss}。

从图 3.5 可知，$e_{ss}=1-c(\infty)=0$，即稳态误差 e_{ss} 为 0。

2. 一阶系统的单位脉冲响应

单位脉冲响应的拉氏变换为

$$C(s)=\Phi(s)\cdot R(s)=\frac{1}{Ts+1}$$

故一阶系统的单位脉冲响应为

$$c(t) = \frac{1}{T}\mathrm{e}^{-\frac{t}{T}} \quad (t \geqslant 0) \tag{3-26}$$

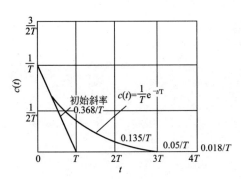

图 3.6　一阶系统的单位脉冲响应

一阶系统的单位脉冲响应曲线如图 3.6 所示，是一单调下降的指数曲线。事实上，一阶系统的单位脉冲响应就是系统传递函数的拉普拉斯变换，它包含了系统动态特性的全部信息。

表 3-1 列出一阶系统对四种不同典型输入（即阶跃输入、脉冲输入、斜坡输入、加速度输入）的响应，得出系统对输入信号微分的响应等于系统对该输入信号响应的微分，系统对输入信号积分的响应等于系统对该输入信号响应的积分，这一特性适用于任何线性定常连续系统，非线性系统以及线性时变系统则不具有这种特性。

表 3-1　一阶系统对典型输入信号的响应式

输入信号	输出信号
$1(t)$	$1 - \mathrm{e}^{-\frac{t}{T}} \quad t \geqslant 0$
$\delta(t)$	$\frac{1}{T}\mathrm{e}^{-\frac{t}{T}} \quad t \geqslant 0$
t	$t - T + T\mathrm{e}^{-\frac{t}{T}} \quad t \geqslant 0$
$t^2/2$	$\frac{t^2}{2} - Tt + T^2(1 - \mathrm{e}^{-\frac{t}{T}}) \quad t \geqslant 0$

3.2.2　二阶系统的时域分析

由二阶微分方程描述的系统称为二阶系统，其数学模型如下

$$\frac{\mathrm{d}^2 c(t)}{\mathrm{d}t^2} + 2\zeta\omega_{\mathrm{n}}\frac{\mathrm{d}c(t)}{\mathrm{d}t} + \omega_{\mathrm{n}}^2 c(t) = \omega_{\mathrm{n}}^2 r(t) \quad (\omega_{\mathrm{n}} > 0) \tag{3-27}$$

式中，ζ 为阻尼比；ω_{n} 为无阻尼自然振荡频率，简称自然频率。

二阶系统的结构图如图 3.7 所示。

二阶系统的开环传递函数为

$$G(s) = \frac{\omega_{\mathrm{n}}^2}{s(s + 2\zeta\omega_{\mathrm{n}})} \tag{3-28}$$

二阶系统的闭环传递函数为

$$\frac{C(s)}{R(s)} = \frac{\omega_{\mathrm{n}}^2}{s^2 + 2\zeta\omega_{\mathrm{n}}s + \omega_{\mathrm{n}}^2} \tag{3-29}$$

二阶系统的特征方程为

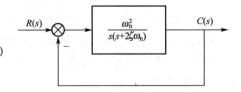

图 3.7　二阶系统的结构图

$$s^2 + 2\zeta\omega_{\mathrm{n}}s + \omega_{\mathrm{n}}^2 = 0 \tag{3-30}$$

解方程(3-30)，求得特征根为

$$s_{1,2}=-\zeta\omega_n\pm\omega_n\sqrt{\zeta^2-1} \tag{3-31}$$

式中，s_1、s_2 完全取决于 ζ、ω_n 这两个参数。

当输入为阶跃信号时，则微分方程解的形式为

$$c(t)=A_0+A_1e^{s_1t}+A_2e^{s_2t} \tag{3-32}$$

式中，A_0、A_1、A_2 为由 $r(t)$ 和初始条件确定的待定的系数。

1. 二阶系统的特征根分析

（1）欠阻尼，$0<\zeta<1$。

$$s_{1,2}=-\zeta\omega_n\pm j\omega_n\sqrt{1-\zeta^2} \tag{3-33}$$

式中，s_1、s_2 为一对共轭复根，且位于复平面的左半部，如图 3.8 所示。

（2）临界阻尼，$\zeta=1$。

$$s_{1,2}=-\zeta\omega_n\pm\omega_n\sqrt{\zeta^2-1}=-\omega_n \tag{3-34}$$

此时，s_1、s_2 为一对相等的负实根，如图 3.9 所示。

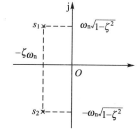

图 3.8　欠阻尼状态下的根

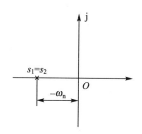

图 3.9　临界阻尼状态下的根

（3）过阻尼，$\zeta>1$。

$$s_{1,2}=-\zeta\omega_n\pm\omega_n\sqrt{\zeta^2-1} \tag{3-35}$$

此时，s_1、s_2 为两个负实根，且位于复平面的负实轴上，如图 3.10 所示。

（4）无阻尼，$\zeta=0$。

$$s_{1,2}=-\zeta\omega_n\pm\omega_n\sqrt{\zeta^2-1}=\pm j\omega_n \tag{3-36}$$

此时，s_1、s_2 为一对纯虚根，位于虚轴上，如图 3.11 所示。

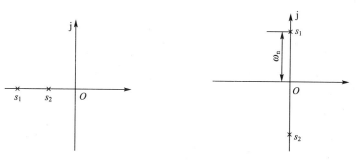

图 3.10　过阻尼状态下的根　　　　**图 3.11　零阻尼状态下的根**

(5) 负阻尼，$-1 < \zeta < 0$。

$$s_{1,2} = -\zeta\omega_n \pm j\omega_n\sqrt{1-\zeta^2} \tag{3-37}$$

此时，s_1、s_2 为一对实部为正的共轭复根，位于复平面的右半部，如图 3.12 所示。

(6) 负阻尼，$\zeta < -1$。

$$s_{1,2} = -\zeta\omega_n \pm \omega_n\sqrt{\zeta^2-1} \tag{3-38}$$

此时，s_1、s_2 为两个正实根，且位于复平面的正实轴上，如图 3.13 所示。

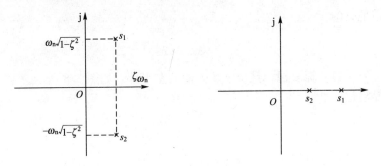

图 3.12　负阻尼状态下的根 1　　　　图 3.13　负阻尼状态下的根 2

2. 二阶系统的单位阶跃响应分析

(1) 过阻尼，$\zeta > 1$。

$$C(s) = \frac{\omega_n^2}{(s-s_1)(s-s_2)} \cdot \frac{1}{s} = \frac{1}{(T_1 s+1)(T_2 s+1)} \cdot \frac{1}{s} \tag{3-39}$$

$$s_1 = -\zeta\omega_n + \omega_n\sqrt{\zeta^2-1} = -1/T_1, \quad s_2 = -\zeta\omega_n - \omega_n\sqrt{\zeta^2-1} = -1/T_2 \tag{3-40}$$

对式(3-39)取拉氏反变换得

$$c(t) = 1 + \frac{1}{T_2/T_1-1} e^{-\frac{1}{T_1}t} + \frac{1}{T_1/T_2-1} e^{-\frac{1}{T_2}t} \quad (t \geqslant 0) \tag{3-41}$$

过阻尼情况下的单位阶跃响应分析如下：

衰减项的幂指数的绝对值一个大，一个小。绝对值大的离虚轴远，衰减速度快；绝对值小的离虚轴近，衰减速度慢。衰减项前的系数一个大，一个小。二阶过阻尼系统的动态响应呈非周期性，没有振荡和超调，但又不同于一阶系统。离虚轴近的极点所决定的分量对响应产生的影响大，离虚轴远的极点所决定的分量对响应产生的影响小，有时甚至可以忽略不计。

过阻尼二阶系统的单位阶跃响应如图 3.14 所示，同时绘制了与一阶系统阶跃响应的比较。

过阻尼二阶系统阶跃响应分析：稳态误差 $e_{ss} = \lim\limits_{t \to \infty} [r(t) - c(t)] = 0$，响应没有振荡 $\delta\% = 0$。

对于过阻尼二阶系统的响应性能指标，一般只重点讨论 t_s，它反映了系统响应过渡过程的长短，是系统响应快速性的一个方面，但确定 t_s 的表达式是很困难的，一般根据取相对量 t_s/T_1 及 T_1/T_2 经计算机计算后制成曲线或表格，如图 3.15 所示。当 T_1/T_2 或 ζ 很大时，特征根 $\lambda_2 = -1/T_2$ 比 $\lambda_1 = -1/T_1$ 远离虚轴，模态 e^{-t/T_2} 很快衰减为零，系统调节时间主要由 e^{-t/T_1} 决定。此时可将过阻尼二阶系统近似看成由 λ_1 确定的一阶系统，估算其动态性能指标。

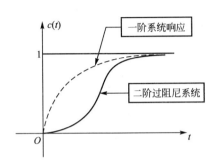

图 3.14 过阻尼二阶系统和一阶
系统的单位阶跃响应比较

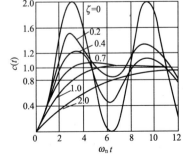

图 3.15 过阻尼二阶系统的调节时间特性

（2）欠阻尼，$0<\zeta<1$。

$$\frac{C(s)}{R(s)}=\frac{\omega_n^2}{s^2+2\zeta\omega_n s+\omega_n^2} \qquad (3-42)$$

$$s_{1,2}=-\zeta\omega_n\pm j\omega_n\sqrt{1-\zeta^2}=-\sigma\pm j\omega_d \qquad (3-43)$$

式中，$\sigma=\zeta\omega_n$ 称为衰减系数；$\omega_d=\omega_n\sqrt{1-\zeta^2}$ 称为阻尼振荡角频率。

欠阻尼二阶系统的输出为

$$C(s)=\frac{\omega_n^2}{s^2+2\zeta\omega_n s+\omega_n^2}\cdot\frac{1}{s}=\frac{1}{s}-\frac{s+\zeta\omega_n}{(s+\zeta\omega_n)^2+\omega_d^2}-\frac{\zeta\omega_n}{(s+\zeta\omega_n)^2+\omega_d^2} \qquad (3-44)$$

对式（3-44）取反拉氏变换得

$$c(t)=1-e^{-\zeta\omega_n t}\left[\cos\omega_d t+\frac{\zeta}{\sqrt{1-\zeta^2}}(\sin\omega_d t)\right]$$

$$=1-\frac{1}{\sqrt{1-\zeta^2}}e^{-\zeta\omega_n t}\sin\left(\omega_d t+\arctan\frac{\sqrt{1-\zeta^2}}{\zeta}\right) \qquad (3-45)$$

欠阻尼二阶系统输出分析：欠阻尼二阶系统的单位阶跃响应由稳态分量和暂态分量组成。响应的初始值 $c(0)=0$，初始斜率 $c'(0)=0$，稳态分量值 $c(\infty)=1$，暂态分量为衰减过程，振荡频率为 ω_d。

二阶系统单位阶跃响应的通用曲线如图 3.16 所示。由于横坐标为 $\omega_n t$，所以曲线簇只和 ζ 有关。由图 3.16 可知，在一定 ζ 值下，欠阻尼系统比临界阻尼系统更快地达到稳态值。与 ζ 值在一定范围内的欠阻尼系统相比，过阻尼反应迟钝，动作缓慢，所以一般的控制系统大都设计为欠阻尼系统。

根据图 3.16，下面分析参数 ζ、ω_n 对二阶系统阶跃响应的平稳性、快速性和准确性三个方面的影响。

首先，分析对系统平稳性能的影响。

图 3.16 二阶系统单位阶跃响
应的通用曲线

暂态分量的振幅为

$$A = \frac{e^{-\zeta\omega_n t}}{\sqrt{1-\zeta^2}} \tag{3-46}$$

振荡频率为

$$\omega_d = \omega_n \sqrt{1-\zeta^2} \tag{3-47}$$

分析可知，ζ 越大，ω_d 越小，幅值也越小，响应的振荡倾向越弱，超调量也越小，平稳性就越好。反之，ζ 越小，ω_d 越大，振荡越严重，平稳性越差。

当 $\zeta=0$ 时，为无阻尼响应，具有频率为 ω_n 的不衰减（即等幅）振荡。

由式(3-47)可知，在 ζ 一定的情况下，ω_n 越大，振荡频率 ω_d 也越高，响应平稳性也越差。

其次，分析对系统快速性的影响。

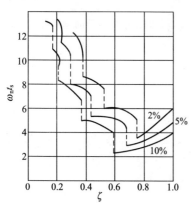

图 3.17 对应不同误差带的调节时间
与阻尼比的关系曲线

从图 3.17 中可以看出，对于 5% 误差带，当 $\zeta=0.707$ 时，调节时间最短，即快速性最好。同时，其超调量 $<5\%$，平稳性也较好，故称 $\zeta=0.707$ 为最佳阻尼比。总结可知，ω_n 越大，调节时间 t_s 越短；当 ζ 一定时，ω_n 越大，快速性越好。

最后，分析对系统稳态精度的影响。从式(3-45)可看出，瞬态分量随时间 t 的增长衰减到零，而稳态分量等于1，因此欠阻尼二阶系统的单位阶跃响应稳态误差为零。

(3)无阻尼，$\zeta=0$ 和临界阻尼，$\zeta=1$。

对于无阻尼二阶系统($\zeta=0$)，系统的两个闭环特征根为一对纯虚根 $s_1 = \pm j\omega_n$，见式(3-36)，代入式(3-42)可求得无阻尼二阶系统的单位阶跃响应为

$$c(t) = 1 - \cos\omega_n t \quad (t \geqslant 0) \tag{3-48}$$

从式(3-48)可知，无阻尼二阶系统的单位阶跃响应不存在暂态过程。在阶跃函数作用下，系统立刻进入稳态的等幅振荡过程，振荡频率为系统的自然振荡频率 ω_n。

对于临界阻尼二阶系统($\zeta=1$)，系统的两个闭环特征根为一对相等的实根 $s_{1,2}=-\omega_n$，见式(3-34)，代入式(3-42)可求得临界阻尼二阶系统的单位阶跃响应为

$$c(t) = 1 - e^{-\omega_n t}(1+\omega_n t) \quad (t \geqslant 0) \tag{3-49}$$

从式(3-49)可知，临界阻尼二阶系统的单位阶跃响应是按照指数规律单调增加的，没有超调量。经过调节时间 t_s 的动态过程，系统进入稳态，其稳态分量等于系统的输入量，稳态误差为零。

3. 欠阻尼二阶系统的动态性能指标计算

依据系统动态性能指标的定义和系统欠阻尼单位阶跃响应的表达式，可推导出系统性能指标的计算式。

(1)上升时间 t_r。

令 $c(t_r)=1$，则

$$1-\frac{1}{\sqrt{1-\zeta^2}}e^{-\zeta\omega_n t}\sin(\omega_d t+\arccos\zeta)|_{t=t_r}=1$$

得

$$t_r=\frac{\pi-\arccos\zeta}{\omega_d}=\frac{\pi-\arccos\zeta}{\omega_n\sqrt{1-\zeta^2}} \tag{3-50}$$

（2）峰值时间 t_p。

峰值时间 t_p 是从阶跃输入作用于系统开始，到其响应达到其第一个峰值的时间。所以

$$\frac{dc(t)}{dt}\bigg|_{t=t_p}=0$$

可得

$$\frac{1}{\sqrt{1-\zeta^2}}e^{-\zeta\omega_n t_p}\cdot\sin\omega_n\sqrt{1-\zeta^2}\,t_p=0$$

由于 $\frac{1}{\sqrt{1-\zeta^2}}e^{-\zeta\omega_n t_p}$ 不可能为零，因此有

$$\sin\omega_n\sqrt{1-\zeta^2}\,t_p=0,\quad \omega_n\sqrt{1-\zeta^2}\cdot t_p=n\pi\quad(n=0,1,2\cdots)$$

取 $n=1$，得

$$t_p=\frac{\pi}{\omega_d}=\frac{\pi}{\omega_n\sqrt{1-\zeta^2}} \tag{3-51}$$

（3）超调量 $\delta\%$。

将峰值时间 $t_p=\pi/\omega_d$ 代入式(3-45)得

$$c(t)_{max}=c(t_p)=1-\frac{e^{-\pi\zeta/\sqrt{1-\zeta^2}}}{\sqrt{1-\zeta^2}}\sin(\pi+\arccos\zeta)=1+e^{-\pi\zeta/\sqrt{1-\zeta^2}}$$

故有

$$\delta\%=\frac{c(t_p)-c(\infty)}{c(\infty)}\times100\%=e^{-\pi\zeta/\sqrt{1-\zeta^2}}\times100\% \tag{3-52}$$

式(3-52)表明，超调量是阻尼比的一元函数，随阻尼比的增加单调减小，其大小与自然频率 ω_n 无关。阻尼比和超调量的关系曲线如图3.18所示。

（4）调节时间 t_s。

由于调节时间 t_s 与系统的两个特征参数 ζ、ω_n 之间存在复杂的超越函数关系，一般要得出调节时间的表达式相当困难。工程上，当 $0.1<\zeta<0.9$ 时，常采用下列近似公式计算调节时间

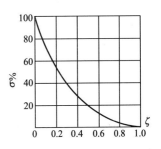

图3.18　阻尼比和超调量的关系曲线

$$t_s=\begin{cases}\dfrac{3.5}{\zeta\omega_n} & 5\%\text{误差带}\\[3mm]\dfrac{4.5}{\zeta\omega_n} & 2\%\text{误差带}\end{cases} \tag{3-53}$$

4. 二阶系统的脉冲响应

当输入信号为单位脉冲函数 $\delta(t)$，即 $R(s)=1$ 时，二阶系统的单位脉冲响应的拉普拉斯变换为

$$K(s)=\frac{\omega_n^2}{s^2+2\zeta\omega_n s+\omega_n^2} \tag{3-54}$$

由式(3-54)可知，对欠阻尼系统($0<\zeta<1$)，有

$$k(t)=L^{-1}\left[\frac{\omega_n^2}{s^2+2\zeta\omega_n s+\omega_n^2}\right]=\frac{\omega_n}{\sqrt{1-\zeta^2}}e^{-\zeta\omega_n t}\sin(\omega_n\sqrt{1-\zeta^2})t \tag{3-55}$$

对临界阻尼系统($\zeta=1$)，有

$$k(t)=\omega_n^2 t e^{-\omega_n t} \tag{3-56}$$

对过阻尼系统($\zeta>1$)，有

$$k(t)=\frac{\omega_n}{2\sqrt{\zeta^2-1}}\left[e^{-(\zeta-\sqrt{\zeta^2-1})\omega_n t}-e^{-(\zeta+\sqrt{\zeta^2-1})\omega_n t}\right] \tag{3-57}$$

由于单位脉冲函数是单位阶跃函数对时间的导数，线性定常系统的单位脉冲响应必定是单位阶跃响应对时间的导数。二阶系统的单位脉冲响应如图 3.19 所示。

例 3-1 有某位置随动系统的结构图如图 3.20 所示，当给定输入为单位阶跃函数时，试计算放大器增益 $K_A=200$、1500、13.5 时，输出位置响应特性的峰值时间 t_p，调节时间 t_s 和超调量 $\delta\%$，并分析比较之。

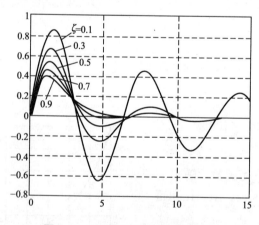

图 3.19 二阶系统的单位脉冲响应

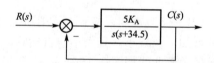

图 3.20 某位置随动系统的结构图

解： 单位阶跃输入 $r(t)=1\cdot(t)$，其拉普拉斯变换为 $R(s)=\frac{1}{s}$。

由图 3.20 可得系统的闭环传递函数 $\Phi(s)=\frac{5K_A}{s^2+34.5s+5K_A}$。

(1) 当 $K_A=200$ 时，系统的闭环传递函数 $\Phi(s)=\frac{1000}{s^2+34.5s+1000}$，因此 $\omega_n=\sqrt{1000}=31.6$，$\zeta=\frac{34.5}{2\omega_n}=0.545$。

峰值时间

$$t_\mathrm{p}=\frac{\pi}{\omega_\mathrm{d}}=\frac{\pi}{\omega_\mathrm{n}\sqrt{1-\zeta^2}}=0.12\mathrm{s}$$

超调量

$$\delta\%=\mathrm{e}^{-\frac{\pi\zeta}{\sqrt{1-\zeta^2}}}\times100\%=13\%$$

调节时间

$$t_\mathrm{s}=\frac{3.0}{\zeta\omega_\mathrm{n}}=0.17\mathrm{s}$$

(2) 当 $K_\mathrm{A}=1500$ 时，系统的闭环传递函数 $\Phi(s)=\dfrac{5\times1500}{s^2+34.5s+7500}$，因此 $\omega_\mathrm{n}=\sqrt{7500}=86.6$，$\zeta=\dfrac{34.5}{2\omega_\mathrm{n}}=0.2$。

峰值时间

$$t_\mathrm{p}=\frac{\pi}{\omega_\mathrm{n}\sqrt{1-\zeta^2}}=\frac{\pi}{84.85}\mathrm{s}=0.037\mathrm{s}$$

超调量

$$\delta\%=\mathrm{e}^{-\frac{\pi\zeta}{\sqrt{1-\zeta^2}}}=52.7\%$$

调节时间

$$t_\mathrm{s}=\frac{3.0}{\zeta\omega_\mathrm{n}}=0.17\mathrm{s}$$

可以看出，提高增益将使响应初始阶段加快，但振荡强烈，平稳性明显下降。由于 ζ 变小，ω_n 变大，调节时间无多大变化。

(3) 当 $K_\mathrm{A}=13.5$ 时，系统的闭环传递函数 $\Phi(s)=\dfrac{67.5}{s^2+34.5s+67.5}$，因此 $\omega_\mathrm{n}=\sqrt{67.5}=8.21$，$\zeta=\dfrac{34.5}{2\omega_\mathrm{n}}=2.1$。系统处于过阻尼状态，阶跃响应无超调，也无峰值时间。二阶系统的两个特征根为 $s_1=-\zeta\omega_\mathrm{n}+\omega_\mathrm{n}\sqrt{\zeta^2-1}=-2.08$，$s_2=-\zeta\omega_\mathrm{n}-\omega_\mathrm{n}\sqrt{\zeta^2-1}=-32.40$，因 s_1 远大于 s_2，因此二阶系统可以化简为一个一阶惯性环节。

由式(3-41)可知，此时系统的阶跃响应为

$$c(t)\approx1+\frac{1}{2(\zeta^2-\zeta\sqrt{\zeta^2-1})}\mathrm{e}^{-(\zeta+\sqrt{\zeta^2-1})\omega_\mathrm{n}t}=1+0.9397\mathrm{e}^{-32.40t}$$

由

$$|c(t_\mathrm{s})-c(\infty)|=\Delta c(\infty),\quad\Delta=5\%$$

得

$$t_\mathrm{s}=\frac{\ln(0.05/0.9397)}{-2.08}=1.41\mathrm{s}$$

此时，响应虽无超调，但过程缓慢。

二阶系统在单位阶跃输入下的响应曲线如图 3.21 所示。

例 3-2 角速度随动系统结构图如图 3.22 所示。图中，K 为开环增益，伺服电动机时间常数 $T=0.1\mathrm{s}$。若要求系统的单位阶跃响应无超调，且调节时间 $t_\mathrm{s}\leqslant1\mathrm{s}$，问 K 应取多大？

解：根据题意，考虑使系统的调节时间尽量短，应取阻尼比 $\zeta=1$。由图 3.22 可知，闭环特征方程为

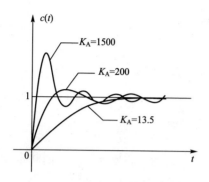

图 3.21　不同 K_A 值系统在单位
阶跃输入下的响应曲线

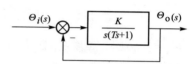

图 3.22　角速度随动系统结构图

$$s^2+\frac{1}{T}s+\frac{K}{T}=\left(s+\frac{1}{T_1}\right)^2=s^2+\frac{2}{T_1}s+\frac{1}{T_1^2}=0$$

比较系数得

$$\begin{cases}T_1=2T=2\times0.1=0.2\\K=T/T_1^2=0.1/0.2^2=2.5\end{cases}$$

查图 3.15，可得系统调节时间 $t_s=4.75T_1=0.95\mathrm{s}$，满足系统要求。

例 3-3　二阶系统的结构图及单位阶跃响应分别如图 3.23 所示。试确定系统参数 K_1、K_2、a 的值。

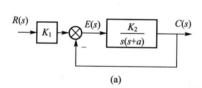

(a)

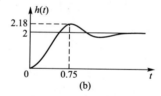

(b)

图 3.23　系统结构图及单位阶跃响应

解： 由系统结构图可得

$$\Phi(s)=\frac{K_1K_2}{s^2+as+K_2}$$

$$\begin{cases}K_2=\omega_n^2\\a=2\zeta\omega_n\end{cases}\tag{3-58}$$

由单位阶跃响应曲线有

$$c(\infty)=2=\lim_{s\to0}s\Phi(s)R(s)=\lim_{s\to0}\frac{K_1K_2}{s^2+as+K_2}=K_1$$

$$\begin{cases}t_p=\dfrac{\pi}{\omega_n\sqrt{1-\zeta^2}}=0.75\\\delta\%=\dfrac{2.18-2}{2}=0.09=e^{-\zeta\pi/\sqrt{1-\zeta^2}}\end{cases}$$

联立求解得

$$\begin{cases}\zeta=0.608\\\omega_n=5.278\end{cases}\tag{3-59}$$

将式(3-59)代入式(3-58)得

$$\begin{cases} K_2 = 5.278^2 \approx 27.85 \\ a = 2 \times 0.608 \times 5.278 \approx 6.42 \end{cases}$$

因此有 $K_1 = 2$，$K_2 = 27.85$，$a = 6.42$。

3.2.3　改善二阶系统响应的措施

从例3-1放大器增益 K_A 对系统稳定性和快速性的影响可知，为提高响应速度而增大开环增益，阻尼比减小，系统振荡加剧；反之，减小增益能显著改善系统的平稳性能，但响应过程又过于缓慢。仅改变系统原有部件参数难于满足系统的性能要求，此时可适当改变系统结构，从而改善系统的品质。

误差的比例-微分控制和输出量的速度反馈控制是改善二阶系统性能的两种常用控制方法。

1. 误差的比例-微分控制

系统的开环传递函数为

$$G(s) = \frac{C(s)}{E(s)} = \frac{\omega_n^2(1+T_d s)}{s(s+2\zeta\omega_n)} \tag{3-60}$$

系统的闭环传递函数为

$$\Phi(s) = \frac{C(s)}{R(s)} = \frac{\omega_n^2(1+T_d s)}{s^2 + (2\zeta\omega_n + T_d\omega_n^2)s + \omega_n^2} \tag{3-61}$$

等效阻尼比

$$\zeta_d = \zeta + \frac{1}{2}T_d\omega_n \tag{3-62}$$

因此，引入比例-微分控制，不改变系统的自然频率使系统的等效阻尼比加大，从而抑制了振荡，使超调减弱，可以改善系统的平稳性。微分作用之所以能改善动态性能，因为它产生一种早期控制(或称为超前控制)，能在实际超调量出来之前，就产生一个修正作用。

图3.24的相应等效结构如图3.25所示。

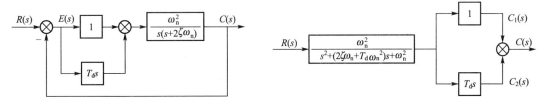

图 3.24　比例-微分控制二阶的系统　　　　图 3.25　相应的等效结构

由此可知，$c(t) = c_1(t) + c_2(t)$。$c_1(t)$ 和 $c_2(t)$ 及 $c(t)$ 的大致曲线如图3.26所示。

一方面，增加 T_d 项，增大了等效阻尼比 ζ_d，使 $c_1(t)$ 曲线比较平稳。另一方面，它又使 $c_1(t)$ 加上了它的微分信号 $c_2(t)$，加速了 $c(t)$ 的响应速度，但同时削弱了等效阻尼比 ζ_d 的平稳作用。

总结可知，引入误差信号的比例-微分控制，是否可以真正改善二阶系统的响应特性，还需要适当选择微分时间常数 T_d。比例-微分控制相当于为系统增加了一个闭环零点，若

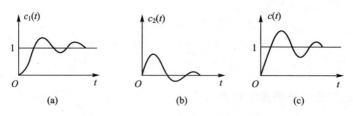

图 3.26 $c_1(t)$、$c_2(t)$ 及 $c(t)$ 的大致曲线

T_d 大一些，使 $c_1(t)$ 具有过阻尼的形式，而增加的闭环零点的微分作用，将在保证响应特性平稳的情况下，显著地提高系统的快速性。

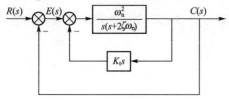

图 3.27 输出量的速度反馈控制系统

2. 输出量的速度反馈控制

将输出量的速度信号 $c(t)$ 采用负反馈形式，并将反馈输入端与误差信号 $e(t)$ 比较，构成一个内回路，称为速度反馈控制，如图 3.27 所示。

闭环传递函数为

$$\Phi(s) = \frac{C(s)}{R(s)} = \frac{\omega_n^2}{s^2 + (2\zeta\omega_n + K_t\omega_n^2)s + \omega_n^2} \quad (3-63)$$

等效阻尼比 ζ_t 为

$$\zeta_t = \zeta + \frac{1}{2}K_t\omega_n \quad (3-64)$$

等效阻尼比 ζ_t 增大了，振荡倾向和超调量减小，改善了系统的平稳性。

3. 比例-微分控制和速度反馈控制比较

从实现角度看，比例-微分控制的线路结构比较简单，成本低，而速度反馈控制部件则比较昂贵；从抗干扰来看，前者抗干扰能力较后者差；从控制性能看，两者均能改善系统的平稳性，在相同的阻尼比和自然频率下，采用速度反馈不足之处是其会使系统的开环增益下降，但又能使内回路中被包围部件的非线性特性、参数漂移等不利影响大大削弱。

3.2.4 高阶系统的时域分析

用高阶微分方程描述的系统称为高阶系统。由于求高阶系统的时间响应很是困难，所以通常总是将多数高阶系统化为一、二阶系统加以分析。

高阶系统传递函数一般可以表示为

$$\Phi(s) = \frac{M(s)}{D(s)} = \frac{b_m s^m + b_{m-1}s^{m-1} + \cdots + b_1 s + b_0}{a_n s^n + a_{n-1}s^{n-1} + \cdots + a_1 s + a_0} = \frac{K\prod_{i=1}^{m}(s-z_i)}{\prod_{j=1}^{n}(s-\lambda_j)} \quad (n \geqslant m)$$

$$(3-65)$$

式中，$K = b_m/a_n$，由于 $M(s)$、$D(s)$ 均为实系数多项式，故闭环零点 z_i、极点 λ_j 只能是实根或共轭复数。设系统的闭环极点均为单极点，系统单位阶跃响应的拉氏变换可表示为

$$C(s) = \varPhi(s) \cdot \frac{1}{s} = \frac{K\prod\limits_{i=1}^{m}(s-z_i)}{s\prod\limits_{j=1}^{n}(s-\lambda_j)} = \frac{M(0)}{D(0)} \cdot \frac{1}{s} + \sum_{j=1}^{n}\frac{M(s)}{sD'(s)}\Big|_{s=\lambda_j}\frac{1}{s-\lambda_j} \quad (3-66)$$

对式(3-66)进行拉氏反变换可得

$$
\begin{aligned}
c(t) &= \frac{M(0)}{D(0)} + \sum_{j=1}^{n}\frac{M(s)}{sD'(s)}\Big|_{s=\lambda_j} \cdot e^{\lambda_k t} \\
&= \frac{M(0)}{D(0)} + \sum_{\lambda_i=-\sigma_i}\frac{M(s)}{sD'(s)}\Big|_{s=\sigma_i} \cdot e^{-\sigma_i t} + \sum_{\lambda_i=-\sigma\pm j\omega_{di}} A_i e^{-\sigma_i t}\sin(\omega_{di} t + \phi_i) \quad (3-67)
\end{aligned}
$$

可见，除常数项 $M(0)/D(0)$ 外，高阶系统的单位阶跃响应是系统模态的组合，组合系数即部分分式系数。模态由闭环极点确定，而部分分式系数与闭环零点、极点分布有关，所以，闭环零点、极点对系统动态性能均有影响。当所有闭环极点均具有负的实部，即所有闭环极点均位于左半 s 平面时，随时间 t 的增加所有模态均趋于零(对应瞬态分量)，系统的单位阶跃响应最终稳定在 $M(0)/D(0)$。很明显，闭环极点负实部的绝对值越大，相应模态趋于零的速度越快。在系统存在重根的情况下，以上结论仍然成立。

1. 闭环主导极点

对稳定的闭环系统，远离虚轴的极点对应的模态只影响阶跃响应的起始段，而距虚轴近的极点对应的模态衰减缓慢，系统动态性能主要取决于这些极点对应的响应分量。此外，各瞬态分量的具体值还与其系数大小有关。根据部分分式理论，各瞬态分量的系数与零、极点的分布有如下关系：①若某极点远离原点，则相应项的系数很小；②若某极点接近某一个零点，而又远离其他极点和零点，则相应项的系数也很小；③若某极点远离零点又接近原点或其他极点，则相应项系数就比较大。系数大而且衰减慢的分量在瞬态响应中起主要作用。因此，距离虚轴最近而且附近又没有零点的极点对系统的动态性能起主导作用，称相应的极点为主导极点。

2. 估算高阶系统动态性能指标的零点极点法

一般规定，若某极点的实部大于主导极点实部的 5 倍以上时，则可以忽略相应分量的影响；若两相邻零、极点间的距离比它们本身的模值小一个数量级时，则称该零、极点对为"偶极子"，其作用近似抵消，可以忽略相应分量的影响。

在绝大多数实际系统的闭环零、极点中，可以选留最靠近虚轴的一个或几个极点作为主导极点，略去比主导极点距虚轴远 5 倍以上的闭环零、极点，以及不十分接近虚轴的靠得很近的偶极子，忽略其对系统动态性能的影响。

3.3　控制系统的稳定性分析

稳定是控制系统正常工作的首要条件。分析、判定系统的稳定性，并提出确保系统稳定的条件是自动控制理论的基本任务之一。

3.3.1　系统稳定的概念

系统稳定是指系统在扰动作用消失后，由初始偏差状态恢复到原平衡状态的性能。若

自动控制原理

系统能恢复平衡状态，就称该系统是稳定的，若系统在扰动作用消失后不能恢复平衡状态，且偏差越来越大，则称系统是不稳定的。

3.3.2　稳定的数学条件

脉冲信号可看作一种典型的扰动信号。根据系统稳定的定义，若系统脉冲响应收敛，即

$$\lim_{t \to \infty} k(t) = 0$$

则系统是稳定的。设系统的闭环传递函数为

$$\Phi(s) = \frac{M(s)}{D(s)} = \frac{b_m(s-z_1)(s-z_2)\cdots(s-z_m)}{a_n(s-\lambda_1)(s-\lambda_2)\cdots(s-\lambda_n)}$$

设闭环极点为互不相同的单根，则脉冲响应的拉氏变换为

$$K(s) = \Phi(s) = \frac{A_1}{s-\lambda_1} + \frac{A_2}{s-\lambda_2} + \cdots + \frac{A_n}{s-\lambda_n} = \sum_{i=1}^{n} \frac{A_i}{s-\lambda_i}$$

式中，A_i 为待定常数。对上式进行拉氏反变换，得单位脉冲响应函数

$$k(t) = A_1 e^{\lambda_1 t} + A_2 e^{\lambda_2 t} + \cdots + A_n e^{\lambda_n t} = \sum_{i=1}^{n} A_i e^{\lambda_i t}$$

根据稳定性定义，系统稳定时应有

$$\lim_{t \to \infty} k(t) = \lim_{t \to \infty} \sum_{i=1}^{n} A_i e^{\lambda_i t} = 0 \tag{3-68}$$

考虑到系数 A_i 的任意性，要使式(3-68)成立，只能有

$$\lim_{t \to \infty} e^{\lambda_i t} = 0 \quad (i=1, 2, \cdots, n) \tag{3-69}$$

式(3-69)表明，所有特征根均具有负的实部是系统稳定的必要条件。另一方面，如果系统的所有特征根均具有负的实部，则式(3-68)一定成立。所以，系统稳定的充分必要条件是系统闭环特征方程的所有根都具有负的实部，或者说所有闭环特征根均位于左半 s 平面。

如果特征方程有 m 重根，则相应模态

$$e^{\lambda_0 t}, \quad t e^{\lambda_0 t}, \quad t^2 e^{\lambda_0 t}, \quad \cdots, \quad t^{m-1} e^{\lambda_0 t}$$

当时间 t 趋于无穷时是否收敛到零，仍然取决于重特征根 λ_0 是否具有负的实部。

当系统有纯虚根时，系统处于临界稳定状态，脉冲响应呈现等幅振荡。由于系统参数的变化以及扰动是不可避免的，实际上等幅振荡不可能永远维持下去，系统很可能会由于某些因素而导致不稳定。另外，从工程实践的角度来看，这类系统也不能正常工作，因此经典控制理论中将临界稳定系统划归到不稳定系统之列。

线性系统的稳定性是其自身的属性，只取决于系统自身的结构、参数，与初始条件及外作用无关。线性定常系统如果稳定，则它一定是大范围稳定的，且原点是其唯一的平衡点。系统稳定的充分必要条件是：系统特征方程的所有根都具有负实部，或者说都位于 s 平面的左半平面。

3.3.3　线性系统的代数稳定性判据

1. 赫尔维茨(Hurwith)稳定判据

系统稳定的充分必要条件是特征方程的赫尔维茨行列式 $D_k(k=1, 2, 3, \cdots, n)$ 全部

为正。

系统特征方程的一般形式为

$$D(s)=a_0s^n+a_1s^{n-1}+\cdots+a_{n-1}s+a_n=0 \quad （一般规定 a_0>0）$$

式中，各阶赫尔维茨行列式为

$$D_0=a_0$$

$$D_1=a_1$$

$$D_2=\begin{vmatrix} a_1 & a_3 \\ a_0 & a_2 \end{vmatrix}$$

$$D_3=\begin{vmatrix} a_1 & a_3 & a_5 \\ a_0 & a_2 & a_4 \\ 0 & a_1 & a_3 \end{vmatrix}$$

$$D_n=\begin{vmatrix} a_1 & a_3 & a_5 & \cdots & \cdots & a_{2n-1} \\ a_0 & a_2 & a_4 & \cdots & \cdots & a_{2n-2} \\ 0 & a_1 & a_3 & \cdots & \cdots & a_{2n-3} \\ 0 & a_0 & a_2 & \cdots & \cdots & a_{2n-4} \\ \vdots & \vdots & \vdots & \ddots & \ddots & \vdots \\ 0 & 0 & 0 & \cdots & \cdots & a_n \end{vmatrix}$$

例 3-4　系统的特征方程为 $2s^4+s^3+3s^2+5s+10=0$，试用赫尔维茨判据判断系统的稳定性。

解： $D(s)=2s^4+s^3+3s^2+5s+10=0$，由特征方程可得各项系数为 $a_0=2$，$a_1=1$，$a_2=3$，$a_3=5$，$a_4=10$。

计算各阶赫尔维茨行列式

$$D_0=a_0=2$$

$$D_1=a_1=1$$

$$D_2=\begin{vmatrix} a_1 & a_3 \\ a_0 & a_2 \end{vmatrix}=\begin{vmatrix} 1 & 5 \\ 2 & 3 \end{vmatrix}=1\times3-2\times5=-7$$

由于 $D_2<0$，依据赫尔维茨判据可知该系统是不稳定的系统。

2. 林纳德-奇帕特(Lienard-Chipard)判据

系统稳定的充分必要条件为：

(1) 系统特征方程的各项系数大于零(必要条件)，即 $a_i>0(i=0，1，2，\cdots，n)$。

(2) 奇数阶或偶数阶的赫尔维茨行列式大于零，即 $D_奇>0$ 或 $D_偶>0$。

例 3-5　单位负反馈系统的开环传递函数如下所示，试求开环增益 K 的稳定域。

$$G(s)=\frac{K}{s(0.1s+1)(0.25s+1)}$$

解： 系统的闭环特征方程为

$$D(s)=s(0.1s+1)(0.25s+1)+K=0.025s^3+0.35s^2+s+K=0$$

特征方程的各项系数分别为 $a_0=0.025$，$a_1=0.35$，$a_2=1$，$a_3=K$。

系统稳定的充分必要条件为① $a_i>0$，且 $K>0$；② $D_2>0$。

即 $D_2 = \begin{vmatrix} a_1 & a_3 \\ a_0 & a_2 \end{vmatrix} = \begin{vmatrix} 0.35 & K \\ 0.025 & 1 \end{vmatrix} = 0.35 - 0.025K > 0$，解得 $K < 14$。

开环增益的稳定域为 $0 < K < 14$。

由此例可见，K 越大，系统的稳定性越差。上述判据不仅可以判断系统的稳定性，而且还可根据稳定性的要求确定系统参数的允许范围（即稳定域）。

3. 劳斯(Routh)判据

系统稳定的充分必要条件是劳斯表中第一列的所有元素都大于零，否则系统不稳定，而且第一列元素符号改变的次数就是系统特征方程中正实部根的个数。

若系统的特征方程为 $D(s) = a_n s^n + a_{n-1} s^{n-1} + \cdots + a_1 s + a_0 = 0$，则劳斯表中各项系数如表 3-2 所示。

表 3-2 劳 斯 表

s^n	a_n	a_{n-2}	a_{n-4}	a_{n-6}	$\cdots$
s^{n-1}	a_{n-1}	a_{n-3}	a_{n-5}	a_{n-7}	$\cdots$
s^{n-2}	$b_1 = \dfrac{a_{n-1}a_{n-2} - a_n a_{n-3}}{a_{n-1}}$	$b_2 = \dfrac{a_{n-1}a_{n-4} - a_n a_{n-5}}{a_{n-1}}$	b_3	b_4	$\cdots$
s^{n-3}	$c_1 = \dfrac{b_1 a_{n-3} - a_{n-1} b_2}{b_1}$	$c_2 = \dfrac{b_1 a_{n-5} - a_{n-1} b_3}{b_1}$	c_3	c_4	$\cdots$
$\vdots$	$\vdots$	$\vdots$	$\vdots$	$\vdots$	$\vdots$
s^0	a_0				

例 3-6 已知系统特征方程为 $s^4 + 2s^3 + 3s^2 + 4s + 5 = 0$，试用劳斯判据判断该系统的稳定性，并确定正实部根的数目。

解： 依据特征方程系数列劳斯表如下

s^4	1	3	5
s^3	2	4	0
s^2	$\dfrac{2 \times 3 - 1 \times 4}{2} = 1$	$\dfrac{2 \times 5 - 1 \times 0}{2} = 5$	0
s^1	$\dfrac{1 \times 4 - 2 \times 5}{1} = -6$	0	
s^0	5		

由此可知，系统不稳定且其特征方程有两个正实部的根。

劳斯判据有两类特殊情况：①在劳斯表的中间某一行中，第一列项为零；②在劳斯表的中间某一行中，所有各个元素均为零。在这两种情况下，都要进行一些数学处理，原则是不影响劳斯判据的结果。

例 3-7 已知系统特征方程为 $s^3 - 3s + 4 = 0$，试用劳斯判据确定正实部根的个数。

解： 依据特征方程系数列劳斯表如下

s^3	1	-3
s^2	0	4
s^1	∞	

由劳斯表可见，第二行中的第一列元素为零，所以第三行的第一列元素为无穷大。为避免这种情况，可用因子$(s+a)$乘以原特征式，其中a为任意正数，这里取$a=1$。

于是得到新的特征方程为$(s^3-3s+4)(s+1)=s^4+s^3-3s^2+s+4=0$。将此特征方程的系数列成劳斯表如下

s^4	1	-3	4
s^3	1	1	
s^2	-4	4	
s^1	2		
s^0	4		

由此可知，第一列有两次符号变化，故方程有两个正实部根。

例 3-8　已知系统特征方程为$s^6+s^5-2s^4-3s^3-7s^2-4s-4=0$，试用劳斯判据确定正实部根的个数。

解：依据特征方程系数列劳斯表如下

s^6	1	-2	-7	-4
s^5	1	-3	-4	
s^4	1	-3	-4	
s^3	0	0	0	

劳斯表中出现全零行，表明特征方程中存在一些大小相等、但位置相反的根。这时，可用全零行上一行的系数构造一个辅助方程，对其求导，用所得方程的系数代替全零行，继续下去直到得到全部劳斯表。

用s^4行的系数构造一个辅助方程$F(s)=s^4-3s^2-4$，对此方程求导得

$$\frac{\mathrm{d}F(s)}{\mathrm{d}s}=4s^3-6s=0$$

用上述方程的系数代替原劳斯表中的全零行，然后按正常规则计算下去，得到

s^6	1	-2	-7	-4
s^5	1	-3	-4	
s^4	1	-3	-4	
s^3	4	-6	0	
s^2	-1.5	-4		
s^1	-16.7	0		
s^0	-4			

表中的第一列各系数中，只有符号的变化，所以该特征方程只有一个正实部根。求解辅助方程可知产生全零行的根为 ± 2 ，$\pm j$，进而求出特征方程的另外两个根为 $(-1\pm j\sqrt{3})/2$。

劳斯判据除了可以用来判定系统的稳定性外，还可以确定使系统稳定的参数范围。下面介绍劳斯判据应用的例子。

例 3-9 某单位反馈系统的开环零、极点分布如图 3.28 所示，判定系统是否可以稳定。若可以稳定，请确定相应的开环增益范围；若不可以，请说明理由。

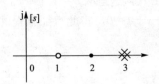

图 3.28　系统开环零极点分布

解： 由开环零、极点分布图可写出系统的开环传递函数

$$G(s)=\frac{K(s-1)}{(s/3-1)^2}=\frac{9K(s-1)}{(s-3)^2}$$

闭环系统特征方程为

$$D(s)=(s-3)^2+9K(s-1)=s^2+(9K-6)s+9(1-K)=0$$

对于二阶系统，特征方程系数全部大于零就可以保证系统稳定，有

$$\begin{cases} 9K-6>0 \\ 1-K>0 \end{cases}$$

分析可知，使系统稳定的 K 值范围为 $\frac{2}{3}<K<1$。由此例可知，闭环系统的稳定性与系统开环是否稳定之间没有直接关系。

例 3-10 某单位负反馈系统的开环传递函数为

$$G(s)=\frac{K}{s(s+1)(s+5)}$$

(1) 试确定系统稳定时 K 的取值范围。

(2) 若要求系统的闭环特征方程均位于 $s=-0.1$ 垂线的左边时，试确定 K 的取值范围。

解：(1) 由系统的开环传递函数可得系统的闭环特征方程为

$$D(s)=s^3+6s^2+5s+K=0$$

依据特征方程系数列劳斯表如下

s^3	1	5
s^2	6	K
s^1	$\dfrac{30-K}{6}$	
s^0	K	

欲使系统稳定，劳斯表中第一列元素应保持同号，故有 $0<K<30$。

(2) 要求系统的闭环特征根均位于 $s=-0.1$ 垂线之左，作线性变换 $z=s+0.1$，则系统的闭环特征方程为

$$D(s)|_{s=z-0.1}=z^3+5.7z^2+3.83z+(K-0.441)=0$$

对上述方程列劳斯表，可得使系统稳定 K 的取值范围，$0.441<K<21.39$。

3.4 控制系统的稳态误差分析

控制系统的稳态误差是系统控制精度的一种度量，是系统的稳态性能指标。对稳定的系统研究稳态误差才有意义，所以计算稳态误差应以系统稳定为前提。下面主要讨论线性系统原理性稳态误差的计算方法，包括计算稳态误差的一般方法，静态误差系数法和动态误差系数法。

3.4.1 误差与稳态误差

系统的误差通常有两种定义方法：按输入端定义和按输出端定义。控制系统的典型结构如图 3.29 所示，其中 $R(s)$ 为给定输入，$N(s)$ 为扰动输入。

（1）按输入端定义的误差，即把偏差定义为误差。

$$E(s) = R(s) - H(s)C(s) = R(s) - B(s)$$
$$(3-70)$$

（2）按输出端定义的误差。

$$E'(s) = \frac{R(s)}{H(s)} - C(s) \qquad (3-71)$$

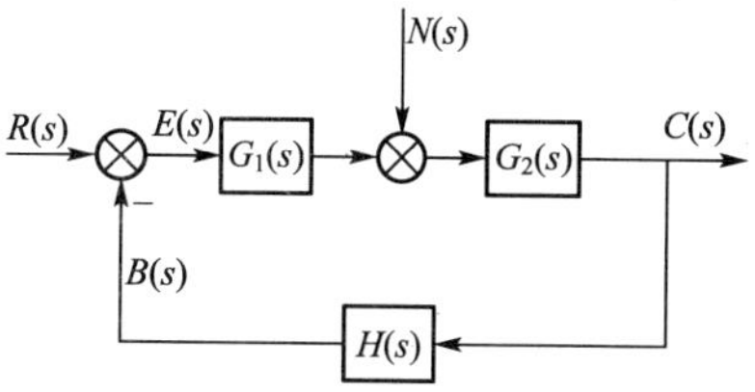

不难证明，两种误差存在如下关系

图 3.29 控制系统的典型结构

$$E'(s) = E(s)/H(s) \qquad (3-72)$$

通常由式(3-71)定义的误差在实际中有时是不可测量的，一般只具有数学意义。因此，后面的叙述都是采用式(3-70)定义的误差。

稳定系统误差的终值称为稳态误差。当时间 $t \to \infty$ 时，$e(t)$ 极限存在，则稳态误差为

$$e_{ss} = \lim_{t \to \infty} e(t) \qquad (3-73)$$

3.4.2 稳态误差的计算

若 $e(t)$ 的拉普拉斯变换为 $E(s)$，且 $\lim_{t \to \infty} e(t)$、$\lim_{s \to 0} sE(s)$ 存在，则有

$$e_{ss} = \lim_{t \to \infty} e(t) = \lim_{s \to 0} sE(s) \qquad (3-74)$$

计算系统误差的终值（稳态误差）时，$E(s)$ 一般是 s 的有理分式函数，这时当且仅当 $sE(s)$ 的极点均在左半面，就可保证 $\lim_{t \to \infty} e(t)$、$\lim_{s \to 0} sE(s)$ 存在，式(3-74)就成立。$sE(s)$ 的极点均在左半面的条件中蕴涵了闭环系统稳定的条件。

对图 3.29 所示的系统，$E(s) = R(s) - B(s)$ 且有

$$B(s) = \Phi_{BR}(s)R(s) + \Phi_{BN}(s)N(s) \qquad (3-75)$$

式中，$\Phi_{BR}(s)$ 为 $B(s)$ 对给定输入 $R(s)$ 的闭环传递函数；$\Phi_{BN}(s)$ 为 $B(s)$ 对干扰信号 $N(s)$ 的闭环传递函数。从而有

$$E(s) = R(s) - \Phi_{BR}(s)R(s) - \Phi_{BN}(s)N(s)$$
$$= [1 - \Phi_{BR}(s)]R(s) - \Phi_{BN}(s)N(s) \qquad (3-76)$$

$$\Phi_{ER}(s) = 1 - \Phi_{BR}(s) = 1 - \frac{G_1(s)G_2(s)H(s)}{1 + G_1(s)G_2(s)H(s)} = \frac{1}{1 + G_k(s)} \qquad (3-77)$$

式中，$\Phi_{ER}(s)$ 为系统对输入信号的误差传递函数；$G_k(s)$ 为系统的开环传递函数。定义 $\Phi_{EN}(s) = -\Phi_{BN}(s)$，称 $\Phi_{EN}(s)$ 为系统对干扰的误差传递函数。则有

$$E(s) = \Phi_{ER}(s)R(s) + \Phi_{EN}(s)N(s) = E_R(s) + E_N(s) \qquad (3-78)$$

若具备应用终值定理条件，则

$$e_{ss} = \lim_{s \to 0} sE(s) = \lim_{s \to 0} sE_R(s) + \lim_{s \to 0} sE_N(s) = e_{ssr} + e_{ssn} \qquad (3-79)$$

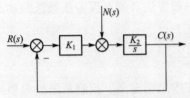

图 3.30 例 3 - 11 的系统结构图

例 3 - 11 某系统结构如图 3.30 所示。当输入信号 $r(t) = 1(t)$，干扰 $n(t) = 1(t)$ 时，求系统总的稳态误差。

解: (1) 判别稳定性。由于是一阶系统，所以只要参数 K_1，K_2 大于零，系统就稳定。

(2) 求 $E(s)$。根据图 3.30 可得

$$\Phi_{ER}(s) = \frac{1}{1 + G_k(s)} = \frac{s}{s + K_1 K_2}, \quad \Phi_{EN}(s) = -\Phi_{BN}(s) = \frac{-K_2}{s + K_1 K_2}$$

依题意，$R(s) = N(s) = 1/s$，则

$$E(s) = \frac{s}{s + K_1 K_2} \cdot \frac{1}{s} + \frac{-K_2}{s + K_1 K_2} \cdot \frac{1}{s}$$

(3) 应用终值定理得稳态误差 e_{ss}。

$$e_{ss} = \lim_{s \to 0} sE(s) = \lim_{s \to 0} s\left[\frac{s}{s + K_1 K_2} \cdot \frac{1}{s} + \frac{-K_2}{s + K_1 K_2} \cdot \frac{1}{s} \right] = -\frac{1}{K_1}$$

3.4.3 给定输入下的稳态误差计算

当系统只有输入 $r(t)$ 作用时，由图 3.29 可知系统的开环传递函数为

$$G_k(s) = G(s)H(s) = \frac{B(s)}{E(s)} \qquad (3-80)$$

式中，$G(s) = G_1(s)G_2(s)$。将 $G(s)H(s)$ 写成典型环节串联形式为

$$G(s)H(s) = \frac{K(\tau_1 s + 1)\cdots(\tau_2^2 s^2 + 2\xi' \tau_2 s + 1)\cdots}{s^v(T_1 s + 1)\cdots(T_2^2 s^2 + 2\xi T_2 s + 1)\cdots} = \frac{K}{s^v}G_0(s) \qquad (3-81)$$

式中，K 为开环增益；v 为系统开环传递函数中纯积分环节的个数，称为系统型别，当 $v = 0, 1, 2$ 时，则分别称相应闭环系统为 0 型系统、Ⅰ 型系统和 Ⅱ 型系统。给定输入 $r(t)$ 作用下的误差传递函数为

$$\Phi_{ER}(s) = \frac{E(s)}{R(s)} = \frac{1}{1 + G(s)H(s)} = \frac{1}{1 + \frac{K}{s^v}G_0(s)}$$

(1) 位置输入(即阶跃输入)时，$r(t) = A \cdot 1(t)$。

$$e_{ssp} = \lim_{s \to 0} \Phi_{ER}(s)R(s) = \lim_{s \to 0} s \cdot \frac{A}{s} \cdot \frac{1}{1 + G(s)H(s)} = \frac{A}{1 + \lim_{s \to 0} G(s)H(s)}$$

定义静态位置误差系数

$$K_p = \lim_{s \to 0} G(s)H(s) = \lim_{s \to 0} \frac{K}{s^v} \qquad (3-82)$$

则

$$e_{ssp} = \frac{A}{1 + K_p} \qquad (3-83)$$

（2）速度输入时，$r(t) = A \cdot t$。

$$e_{ssv} = \lim_{s \to 0} \Phi_{ER}(s) R(s) = \lim_{s \to 0} s \cdot \frac{A}{s^2} \cdot \frac{1}{1 + G(s)H(s)} = \frac{A}{\lim_{s \to 0} sG(s)H(s)}$$

定义静态速度误差系数

$$K_v = \lim_{s \to 0} sG(s)H(s) = \lim_{s \to 0} \frac{K}{s^{v-1}} \qquad (3-84)$$

则

$$e_{ssv} = \frac{A}{K_v} \qquad (3-85)$$

（3）加速度输入时，$r(t) = \frac{A}{2} t^2$。

$$e_{ssa} = \lim_{s \to 0} \Phi_{ER}(s) R(s) = \lim_{s \to 0} s \cdot \frac{A}{s^3} \cdot \frac{1}{1 + G(s)H(s)} = \frac{A}{\lim_{s \to 0} s^2 G(s)H(s)}$$

定义静态加速度误差系数

$$K_a = \lim_{s \to 0} s^2 G(s)H(s) = \lim_{s \to 0} \frac{K}{s^{v-2}} \qquad (3-86)$$

则

$$e_{ssa} = \frac{A}{K_a} \qquad (3-87)$$

综合以上讨论可以列出表 3-3。

表 3-3 典型输入信号作用下的稳态误差

系统型别	静态误差系数			阶跃输入 $r(t) = A \cdot 1(t)$	斜坡输入 $r(t) = A \cdot t$	加速度输入 $r(t) = \frac{A \cdot t^2}{2}$
	K_p	K_v	K_a	位置误差 $e_{ssp} = \frac{A}{1 + K_p}$	速度误差 $e_{ssv} = \frac{A}{K_v}$	加速度误差 $e_{ssa} = \frac{A}{K_a}$
0	K	0	0	$\frac{A}{1+K}$	∞	∞
I	∞	K	0	0	$\frac{A}{K}$	∞
II	∞	∞	K	0	0	$\frac{A}{K}$

表 3-3 揭示了控制输入作用下系统稳态误差随系统结构、参数及输入形式变化的规律。即在输入一定时，增大开环增益 K，可以减小稳态误差；增加开环传递函数中的积分环节数，可以消除稳态误差。

例 3-12 某系统结构如图 3.31 所示，若输入信号为 $r(t) = 1 + t + \frac{1}{2} t^2$，试求系统的稳态误差。

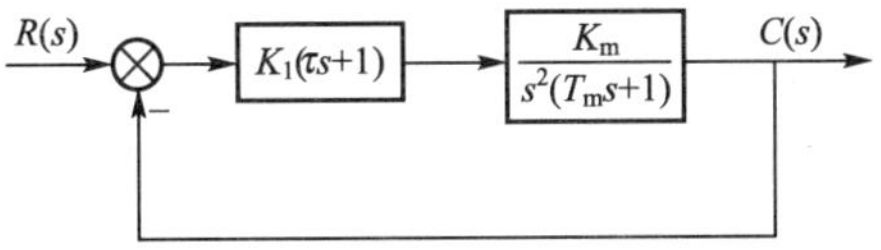

解:（1）判别稳定性。系统的闭环特征方程为

图 3.31 例 3-12 的系统结构图

$$s^2(T_m s + 1) + K_1 K_m(\tau s + 1) = 0 \Rightarrow T_m s^3 + s^2 + K_1 K_m \tau s + K_1 K_m = 0$$

由劳斯判据得出系统稳定的条件：T_m、K_1、K_m、τ 均大于 0，且 $\tau > T_m$。

（2）求稳态误差 e_{ss}。从系统的结构图可知，该系统为单位反馈且属 II 型系统。因此输入 $r(t)=1(t)$ 时，$e_{ss1}=0$；输入 $r(t)=t$ 时，$e_{ss2}=0$

输入 $r(t)=\dfrac{1}{2}t^2$ 时，$e_{ss3}=\dfrac{1}{K}=\dfrac{1}{K_1K_m}$

系统的稳态误差为 $e_{ss}=e_{ss1}+e_{ss2}+e_{ss3}=\dfrac{1}{K_1K_m}$。

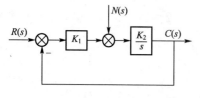

图 3.32　干扰作用下系统结构图

3.4.4　干扰作用下的稳态误差计算

用待定的 $G_1(s)$ 来代替图 3.32 中的 K_1，然后找出消除系统在干扰 $n(t)$ 作用下的误差时 $G_1(s)$ 需具备的条件。选择 $G_1(s)$ 首先要保证 $sE_N(s)$ 的所有极点在 s 平面的左半平面。

当 $n(t)$ 为单位阶跃干扰时，$N(s)=1/s$，则有

$$e_{ssn}=\lim_{s\to0}s\left[\frac{-K_2}{s+G_1(s)K_2}N(s)\right]=\lim_{s\to0}s\left[\frac{-K_2}{s+G_1(s)K_2}\cdot\frac{1}{s}\right]=\lim_{s\to0}\left[\frac{-K_2}{s+G_1(s)K_2}\right]$$

$$(3-88)$$

若 $G_1(s)=\dfrac{K_1(\tau_1s+1)\cdots(\tau_hs+1)}{s^\mu(T_1s+1)\cdots(T_ks+1)}$，则有

$$
\begin{aligned}
e_{ssn}&=\lim_{s\to0}\left[\frac{-K_2}{s+G_1(s)K_2}\right]\\
&=\lim_{s\to0}\frac{-K_2\cdot s^\mu(T_1s+1)\cdots(T_ks+1)}{s^{\mu+1}(T_1s+1)\cdots(T_ks+1)+K_1(\tau_1s+1)\cdots(\tau_hs+1)K_2}\\
&=\lim_{s\to0}\frac{-s^\mu}{K_1}
\end{aligned}
$$

$$(3-89)$$

由式（3-89）可知，要使 $e_{ssn}=0$，则 $G_1(s)$ 中至少要有一个积分环节，即 $\mu\geqslant1$。为保证系统稳定，取

$$G_1(s)=\frac{K_1(\tau s+1)}{s}\qquad(K_1>0,\ \tau>0)\qquad(3-90)$$

在满足稳定性的前提下，就可使系统在阶跃干扰作用下的稳态误差为 0。

以上分析表明，$G_1(s)$ 是误差信号到干扰作用点之间的传递函数，系统在干扰作用下的稳态误差 e_{ssn} 与干扰作用点到误差信号之间的积分环节数目和增益大小有关，而与干扰作用点后面的积分环节数目和增益大小无关。

例 3-13　系统结构图如图 3.33 所示，已知干扰 $n(t)=1(t)$，试求干扰作用下的稳态误差。

解：（1）判断系统的稳定性。系统的开环传递函数为

$$G(s)=\frac{K_1K_2(T_1s+1)}{s^2T_1(T_2s+1)}$$

图 3.33　比例-积分控制系统

闭环特征方程为

$$T_2s^3+s^2+K_1K_2s+K_1K_2/T_1=0$$

可得系统稳定的条件是 T_1、T_2、K_1、K_2 均大于 0，且 $T_1 > T_2$。

（2）求稳态误差。从图 3.33 可知，误差信号到干扰作用点之前的传递函数中含有一个积分环节，故系统在阶跃干扰作用下的稳态误差 e_{ssn} 为零。

实际上可推导得

$$\Phi_{EN}(s) = \frac{-K_2 s}{s^2(T_2 s + 1) + (K_1 K_2 / T_1)(1 + T_1 s)}$$

在满足稳定的条件下，因 $N(s) = 1/s$，故有 $e_{ssn} = \lim_{s \to 0} s\Phi_{EN}(s)N(s) = 0$。

例 3 - 14　控制系统结构图如图 3.34 所示。

（1）试确定参数 K_1、K_2，使系统极点配置在 $\lambda_{1,2} = -5 \pm j5$；

（2）设计 $G_1(s)$，使 $r(t)$ 作用下的稳态误差恒为零；

（3）设计 $G_2(s)$，使 $n(t)$ 作用下的稳态误差恒为零。

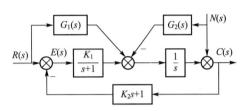

图 3.34　例 3 - 14 的系统结构图

解：（1）由图 3.34 可得系统的特征方程为

$$D(s) = s^2 + (1 + K_1 K_2)s + K_1 = 0$$

取 $K_1 > 0$，$K_2 > 0$ 保证系统稳定。令

$$D(s) = s^2 + (1 + K_1 K_2) + K_1 = (s+5-j5)(s+5+j5) = s^2 + 10s + 50$$

比较系数得 $\begin{cases} K_1 = 50 \\ 1 + K_1 K_2 = 10 \end{cases}$

联立求解得 $\begin{cases} K_1 = 50 \\ K_2 = 0.18 \end{cases}$

（2）当 $r(t)$ 作用时，系统的误差传递函数为

$$\Phi_{ER}(s) = \frac{E(s)}{R(s)} = \frac{1 - \frac{K_2 s + 1}{s}G_1(s)}{1 + \frac{K_1(K_2 s + 1)}{s(s+1)}} = \frac{(s+1)[s - (K_2 s + 1)G_1(s)]}{s(s+1) + K_1(K_2 s + 1)} = 0$$

可得当 $G_1(s) = \dfrac{s}{K_2 s + 1}$ 时，可以使 $r(t)$ 作用下的稳态误差恒为零。

（3）当 $n(t)$ 作用时，系统的误差传递函数

$$\Phi_{EN}(s) = \frac{E(s)}{N(s)} = \frac{-(K_2 s + 1) + \frac{K_2 s + 1}{s}G_2(s)}{1 + \frac{K_1(K_2 s + 1)}{s(s+1)}} = \frac{-(K_2 s + 1)(s+1)[s - G_2(s)]}{s(s+1) + K_1(K_2 s + 1)} = 0$$

可得当 $G_2(s) = s$，可以使 $n(t)$ 作用下的稳态误差恒为零。

3.5　MATLAB 在控制系统时域分析中的应用

1. 稳定性分析

线性系统稳定的充分必要条件是系统闭环特征方程的所有根均具有负实部。在 MAT-

LAB 中可以调用 roots 命令求取特征根，进而判别系统的稳定性。

命令格式：p＝roots(den)

其中，den 为特征多项式降幂排列的系数向量，p 为特征根。

2．动态性能分析

1）单位脉冲响应

命令格式：y＝impulse(sys, t)

当不带输出变量 y 时，impulse 命令可直接绘制脉冲响应曲线；t 用于设定仿真时间，可缺省。

2）单位阶跃响应

命令格式：y＝step(sys, t)

当不带输出变量 y 时，step 命令可直接绘制阶跃响应曲线；t 用于设定仿真时间，可缺省。

3）任意输入响应

命令格式：y＝lsim(sys, u, t, x0)

当不带输出变量 y 时，lsim 命令可直接绘制响应曲线；u 表示输入；x0 用于设定初始状态，默认为 0；t 用于设定仿真时间，可缺省。

4）零输入响应

命令格式：y＝initial(sys, x0, t)

该命令要求系统 sys 为状态空间模型。当不带输出变量 y 时，initial 命令可直接绘制响应曲线；x0 用于设定初始状态，默认为 0；t 用于设定仿真时间，可缺省。

3．系统时域动态性能分析

例 3－15 已知系统的闭环传递函数为 $G(s)=\dfrac{\omega_n^2}{s^2+2\zeta\omega_n s+\omega_n^2}$，其中 $\zeta=0.707$，求二阶系统的单位脉冲响应，单位阶跃响应和单位斜坡响应。

解： MATLAB 文本如下。

```
Zeta=0.707;num=16;den=[1 8* zeta 16];
sys=tf(num,den);              % 建立闭环传递函数模型
p=roots(den);                 % 计算系统特征根判断系统稳定性
t=0:0.01:3;                   % 设定仿真时间为 3s
figure(1)
impulse(sys,t);grid          % 求取系统的单位脉冲响应
xlabel('t');ylabel('c(t)');title('impulse response');
figure(2)
step(sys,t);grid             % 求取系统的单位阶跃响应
xlabel('t');ylabel('c(t)');title('step response');
figure(3)
u=t;                          % 定义输入为斜坡信号
lsim(sys,u,t,0);grid         % 求取系统的单位斜坡响应
xlabel('t');ylabel ('c(t)');title('ramp response');
```

运行程序后，得系统特征根为 $-2.8280 \pm j2.8289$，系统稳定。系统的单位脉冲响应、单位阶跃响应、单位斜坡响应分别如图 3.35～图 3.37 所示。在 MATLAB 运行得到的图 3.36 中，点击鼠标右键可得系统超调量 $\delta\% = 4.33\%$，上升时间 $t_r = 0.537$，调节时间 $t_s = 1.49(\Delta = 2\%)$。若例题中 $\zeta = 0.5$，系统性能又将如何变化，读者不妨一试。

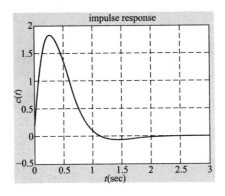

图 3.35　单位脉冲响应

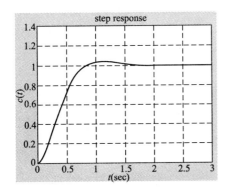

图 3.36　单位阶跃响应

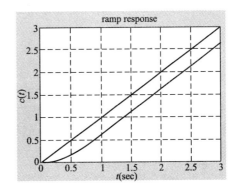

图 3.37　单位斜坡响应

习　题

3-1　计算题 3.1 图所示系统的动态性能指标。

3-2　已知系统的单位阶跃响应为 $c(t) = 8(1 - e^{-0.3t})$，求系统的过渡过程时间。

3-3　已知开环传递函数为 $G(s) = \dfrac{10}{s(s+4)}$，若输入

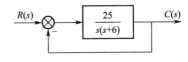

题 3.1 图　系统的结构图

信号为 $r(t) = 4 + 6t + 3t^2$，求稳态误差 e_{ss}。

3-4　已知系统脉冲响应如下，试求系统闭环传递函数 $\Phi(s)$。

(1) $k(t) = 0.125e^{-1.25t}$；

(2) $k(t) = 5t + 10\sin(4t + 45°)$；

(3) $k(t) = 0.1(1 - e^{-t/3})$。

3-5 已知系统的单位脉冲响应函数如下，试求系统的传递函数。

（1）$k(t)=a\sin\omega t+b\cos\omega t$；

（2）$k(t)=0.2(\mathrm{e}^{-0.4t}-\mathrm{e}^{-0.1t})$。

3-6 设单位反馈系统的开环传递函数为

$$G(s)=\frac{K}{s\left(\frac{s}{3}+1\right)\left(\frac{s}{6}+1\right)}$$

若要求闭环特征方程根的实部均小于-1，试问 K 应在什么范围取值？如果要求实部均小于-2，情况又如何？

3-7 系统的结构图如题 3.7 图所示，其输入信号为单位斜坡函数。求：

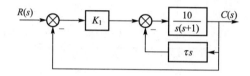

题 3.7 图　系统的结构图

（1）当 $\tau=0$ 和 $K_1=1$ 时，计算系统的暂态性能（超调量 $\sigma\%$ 和调节时间 t_s）以及稳态误差；

（2）若要求系统单位阶跃响应的超调量 $\delta\%=16.3$，峰值时间 $t_p=1s$，求参数 K_1 和 τ 的值，以及此时系统的跟踪稳态误差；

（3）若要求超调量 $\delta\%=16.3$ 和当输入信号以 $1.5°/s$ 均匀变化时跟踪稳态误差 $e_{ss}=0.1°$，系统参数 K_1 和 τ 的值应如何调整？

3-8 系统如题 3.8 图所示，扰动信号 $n(t)=1(t)$。仅仅改变 K_1 的值，能否使系统在扰动信号作用下的误差终值为-0.099？

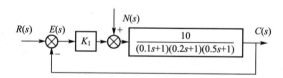

题 3.8 图　控制系统的结构图

第**4**章

控制系统的根轨迹分析法

本章学习目标

★ 明确根轨迹的概念和基本法则，熟练掌握常规根轨迹的绘制；

★ 能够利用根轨迹分析系统的性能；

★ 了解特殊根轨迹的有关概念。

本章教学要点

知识要点	能力要求	相关知识
根轨迹的概念和基本法则	明确根轨迹的概念和基本法则、熟练掌握常规根轨迹的绘制	根轨迹的幅值条件和相角条件、根轨迹绘制的基本法则
利用根轨迹分析系统的性能	能够利用根轨迹分析系统的性能	系统闭环零、极点分布与阶跃响应的关系，开环、闭环零、极点变化对根轨迹的影响
特殊根轨迹	了解特殊根轨迹的有关概念	广义根轨迹和零度根轨迹

导入案例

1948 年伊万思(W. R. Evans)提出了一种求解闭环特征方程根的简便图解方法。这种方法依照一些简单的绘制规则，用作图的方法绘制出系统闭环极点在 s 平面上随参数变化而运动的轨迹，将其称之为根轨迹法。根轨迹法不仅适用于单环系统，也可研究多环系统。如图 1 所示的自动平衡秤，能自动完成称重操作。称重时，由下一个电动反馈环节控制其自动平衡，图 1 中所示为无重物时的平衡状态。图中 x 是砝码 W_c 离枢轴的距离；待称重物 W 将放置在离枢轴 l_w 处；重物一方还有一个黏性阻尼器，其到枢轴的距离为 l_i。通过绘制自动平衡秤的根轨迹，可确定系统增益和主导极点，使设计后的系统满足性能指标要求。

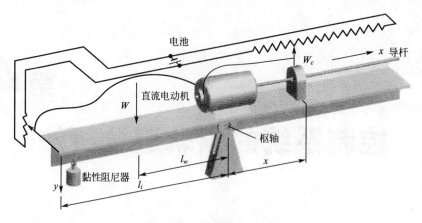

图 1　自动平衡秤的示意图

4.1　根轨迹的基本概念

所谓根轨迹，是指开环系统某个参数从零变化到无穷大时，闭环特征方程的根在 s 平面上变化的轨迹。

4.1.1　根轨迹的概念

为了具体说明根轨迹的基本概念，设控制系统如图 4.1 所示，其开环传递函数为

$$G(s) = \frac{K}{s(s+1)}$$

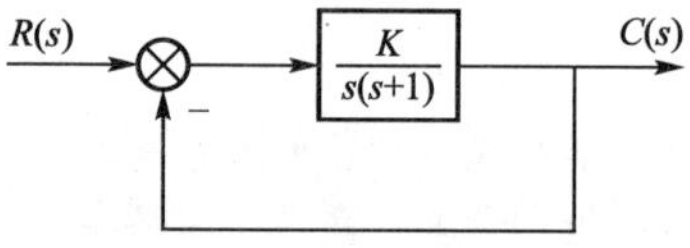

可以看出该系统有两个开环极点：$p_1 = 0$，$p_2 = -1$，无零点。式中 K 为开环增益，其闭环传递函数为 $\Phi(s) = \dfrac{K}{s^2 + s + K}$。其闭环特征方程为 $s^2 + s + K = 0$，可得闭环特征根为 $s_{1,2} = -\dfrac{1}{2} \pm \dfrac{1}{2}\sqrt{1-4K}$。下面讨论开环增益 K 与闭环特征根之间的关系。

图 4.1　二阶系统结构图

$$K = 0，s_1 = 0，s_2 = -1；\quad K = \frac{1}{4}，s_1 = s_2 = -\frac{1}{2}$$

$$K = \frac{1}{2}，s_1 = -\frac{1}{2} + \mathrm{j}\,\frac{1}{2}，s_2 = -\frac{1}{2} - \mathrm{j}\,\frac{1}{2}；\quad K = \infty，s_1 = -\frac{1}{2} + \mathrm{j}\infty，s_2 = -\frac{1}{2} - \mathrm{j}\infty$$

由此可知，当令开环增益 K 从 $0 \to \infty$ 变化时，可以用解析的方法求出闭环极点的全部数值，将这些数值标注在 s 平面上，并连成光滑的粗实线，如图 4.2 所示。该粗实线就称为系统的根轨迹。箭头表示随着 K 值的增加，根轨迹的变化趋势，而标注的数值则代表与闭环极点位置相对应的开环增益 K 的数值。

4.1.2　根轨迹与系统性能

有了根轨迹图，可以立即分析系统的各种性能。下面以图 4.2 为例进行说明。

1. 稳定性

当开环增益从零变到无穷时，图4.2上的根轨迹不会越过虚轴进入右半 s 平面，因此图4.1系统对所有的 K 值都是稳定的。如果分析高阶系统的根轨迹图，那么根轨迹就有可能越过虚轴进入右半 s 平面，此时根轨迹与虚轴的交点处的 K 值，就是临界开环增益。

2. 稳态性能

由图4.2可见，开环系统在坐标原点有一个极点，所以系统属Ⅰ型系统，因而根轨迹上的 K 值就是静态速度误差系数。如果给定系统的稳态误差要求，则由根轨迹图可以确定闭环极点位置的容许范围。在一般情况下，根轨迹图上标注出来的参数不是开环增益，而是所谓根轨迹增益。

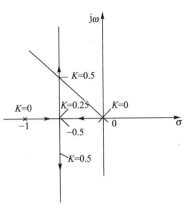

图 4.2 二阶系统的根轨迹图

3. 动态性能

由图4.2可知，当 $0<K<0.5$ 时，所有闭环极点位于实轴上，系统为过阻尼系统，单位阶跃响应为非周期过程；当 $K=0.5$ 时，闭环两个实数极点重合，系统为临界阻尼系统，单位阶跃响应仍为非周期过程，但响应速度较 $0<K<0.5$ 情况要快；当 $K>0.5$ 时，闭环极点为复数极点，系统为欠阻尼系统，单位阶跃响应为阻尼振荡过程，且超调量将随 K 值的增大而增大，但调节时间的变化不会显著。

上述分析表明，根轨迹与系统性能之间有着比较密切的联系。然而，对于高阶系统，用解析的方法绘制根轨迹图，显然是不适用的。为此，伊万思提出了一套绘制根轨迹的基本规则，应用这些规则，根据开环传递函数零、极点在 s 平面上的分布，能比较简便迅速地画出闭环系统的根轨迹。

4.1.3 根轨迹的幅值条件和相角条件

设闭环控制系统如图4.3所示，其闭环传递函数为

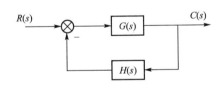

图 4.3 闭环控制系统框图

$$\Phi(s)=\frac{G(s)}{1+G(s)H(s)} \qquad (4-1)$$

绘制根轨迹实质上就是寻求闭环特征方程的根。因此，凡是满足下式的 s 值，就是该方程的根，或者说是根轨迹上的一点。

$$G(s)H(s)=-1 \qquad (4-2)$$

式中，$G(s)H(s)$ 是系统的开环传递函数。当系统有 m 个开环零点、n 个开环极点时，则式(4-2)可写成如下形式

$$G(s)H(s)=K^*\frac{\prod\limits_{j=1}^{m}(s-z_j)}{\prod\limits_{i=1}^{n}(s-p_i)}=-1 \qquad (4-3)$$

式中，z_j 为已知的开环零点；p_i 为已知的开环极点；开环系统根轨迹增益 K^* 可从零变化到无穷。式(4-3)称为根轨迹方程，实质上就是一个向量方程，直接使用很不方便，可分别写成幅值方程和相角方程

$$K^* = \frac{\prod_{i=1}^{n}(s-p_i)}{\prod_{j=1}^{m}(s-z_j)} \qquad (4-4)$$

$$\sum_{j=1}^{m}\angle(s-z_j) - \sum_{i=1}^{n}\angle(s-p_i) = \pm(2k+1)\pi \quad (k=0,1,2\cdots) \qquad (4-5)$$

式(4-4)和式(4-5)分别为根轨迹的幅值条件和相角条件，称为根轨迹条件方程。由上述两式可知，幅值条件与 K^* 有关，而相角条件与 K^* 无关。因此，把满足相角条件的值代入到幅值条件中，一定能求得一个与之相对应的 K 值，即相角条件是确定 s 平面上根轨迹的充分必要条件。绘制根轨迹时，只需要使用相角条件，而当需要确定根轨迹上各点的 K^* 值时，才使用幅值条件。

4.2 绘制根轨迹的基本法则

本节讨论绘制概略根轨迹的基本法则，重点放在基本法则的叙述和说明上。这些基本法则非常简单，熟练的掌握它们，对于分析和设计控制系统是非常有益的。如果需要绘制精确根轨迹，可以利用计算机辅助工具来完成。在下面的讨论中，假定所研究的变化参数是根轨迹增益 K^*。这些基本法则同样也适用于其他参数为可变参数的情况。

法则 1：根轨迹的对称性。

根轨迹是对称于实轴的。因为闭环传递函数为有理分式函数，所以闭环特征方程的根只有实数和复数两种。实根位于实轴上，复根必共轭，而根轨迹是根的集合，因此根轨迹对称于实轴。

法则 2：根轨迹的分支数、起点和终点。

n 阶系统对于任意增益值，其特征方程都有 n 个根，所以当开环增益 K 在以 $0\to\infty$ 变化时，在 s 平面上有 n 条根轨迹，即根轨迹的分支数为 n，与系统阶次相等。

根轨迹起于开环极点，终于开环零点或无穷远点。

由式(4-3)可以确定根轨迹的起点

$$\frac{\prod_{j=1}^{m}(s-z_j)}{\prod_{i=1}^{n}(s-p_i)} = -\frac{1}{K^*} \qquad (4-6)$$

当 $K^*=0$ 时，由式(4-6)可知式(4-7)即为开环系统的特征方程。可见 $K^*=0$ 时，闭环极点就是开环极点，即根轨迹起于开环极点。

$$\prod_{i=1}^{n}(s-p_i) = 0 \qquad (4-7)$$

根轨迹的终点：当开环根轨迹增益 $K^*=\infty$ 时，由式(4-6)可知

$$\prod_{j=1}^{m}(s-z_j)=0 \qquad\qquad (4-8)$$

式(4-8)表明 $K^*=\infty$ 时，闭环极点也就是开环零点。如果开环零点数目 m 小于开环极点数目 n，则有 $n-m$ 条根轨迹终止于 s 平面无穷远处。一般把有限数值的零点称为有限零点，而把无穷远处的零点称为无限零点或无穷远点。

法则 3：实轴上的根轨迹。

实轴上的某一区域，若其右边开环实数零、极点个数之和为奇数，则该区域必为根轨迹。

下面用相角条件来说明这个法则。设系统的开环零、极点分布如图 4.4 所示。在实轴上任取一个试验点 s_i，连接所有的开环极点和零点。由图 4.4 可以得出以下结论。

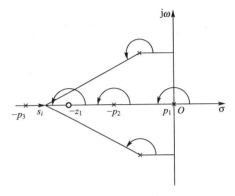

图 4.4　实轴上根轨迹的确定

(1) 位于点 s_i 右方实轴上的每一个开环极点和零点指向该点的矢量，它们的相角分别为 π 和 $-\pi$；而位于点 s_i 左方实轴上的开环极点和零点指向该点的矢量，由于其与实轴的指向一致，因而它们的相角都为 0。

(2) 一对共轭极点(或共轭零点)指向点 s_i 的矢量的相角分别为 -2π(或 2π)，因而不会影响实轴根轨迹的确定。

由上所述，实轴根轨迹的确定完全取决于点 s_i 右方实轴上开环极点数和零点数之和的数目。由相角条件得

$$\angle G(s)H(s)\big|_{s=s_i}=(m_r+n_r)\pi=\pm(2k+1)\pi \quad (k=0,\ 1,\ 2\cdots) \qquad (4-9)$$

式中，m_r 为点 s_i 右方实轴上开环零点数；n_r 为点 s_i 右方实轴上开环极点数。由式(4-9)可知，当 (m_r+n_r) 为奇数，则此试验点 s_i 就满足相角条件，表示该点是根轨迹上的一点。

法则 4：根轨迹的渐近线。

基于上述，若 $n>m$，当 $K^*\rightarrow\infty$ 时，有 $(n-m)$ 条根轨迹趋于 s 平面的无穷远处。这些趋于无穷远处根轨迹分支的方程是由下述的渐近线确定的。

渐近线与实轴交点的坐标 σ_a 为

$$\sigma_a=\frac{\displaystyle\sum_{i=1}^{n}p_i-\sum_{j=1}^{m}z_j}{n-m} \qquad\qquad (4-10)$$

渐近线与实轴正方向的夹角 φ_a 为

$$\varphi_a=\frac{(2k+1)\pi}{n-m}(k=0,\ 1,\ 2,\ \cdots,\ n-m-1) \qquad\qquad (4-11)$$

证明：在无穷远处的渐近线上取一试验点 s_n(也就在无穷远处的根轨迹上)。可以认为所有有限的开环零、极点到达 s_n 的矢量长度都是相等的。或者认为对 s_n 而言，所有有限零、极点都汇集到实轴上的一点 σ_a，即有 $p_i=z_j=\sigma_a$。则有

$$\prod_{i=1}^{n}p_i-\prod_{j=1}^{m}z_j=(n-m)\sigma_a,\quad \sigma_a=\frac{\displaystyle\prod_{i=1}^{n}p_i-\prod_{j=1}^{m}z_j}{n-m}$$

式中，σ_a 为渐近线与实轴交点的坐标。也可以认为所有有限开环零极点到达 s_n 的矢量的相角都是 φ_a，则相角条件可改写为

$$\arg \frac{(s_n-z_1)(s_n-z_2)\cdots(s_n-z_m)}{(s-p_1)(s-p_2)\cdots(s-p_n)} = \pi(2k+1)$$

则有

$$(n-m)\varphi_a = (2k+1)\pi, \qquad \varphi_a = \frac{(2k+1)\pi}{(n-m)}$$

式中，φ_a 就是渐近线的方向角，或称为渐近线与实轴正方向的夹角。

例 4-1 已知控制系统的开环传递函数，试确定根轨迹的分支数、起点和终点。若终点在无穷远处，试确定渐近线和实轴的交点及渐近线的倾斜角。

$$G(s) = \frac{K_g}{s(s+1)(s+5)}$$

解： 由于 $n=3$，故有 3 条根轨迹，其起点分别在 $p_1=0$，$p_2=-1$ 和 $p_3=-5$。由于 $m=0$，开环传递函数没有有限值零点，所以 3 条根轨迹的终点都在无穷远处，其渐近线与实轴的交点 σ_a 及倾斜角 φ_a 分别为

$$\sigma_a = \frac{\prod\limits_{i=1}^{3} p_i}{n-m} = \frac{0-1-5}{3-0} = -2, \qquad \varphi_a = \frac{180°(2k+1)}{n-m} = \frac{180°(2k+1)}{3}$$

当 $k=0$ 时，$\varphi_{a1}=60°$；当 $k=1$ 时，$\varphi_{a2}=180°$；当 $k=2$ 时，$\varphi_{a3}=300°$。

法则 5： 根轨迹的分离点与汇合点。

根据法则 2，根轨迹起始于开环极点，终于开环零点。一般情况下，如果实轴上两相邻极点间的线段属于根轨迹，那么根轨迹从这两个极点出发并在某点相遇后，就必然会分离，即离开实轴而向 s 平面移动。这种情况下，它们相遇又离开实轴的点称为分离点。如图 4.5 中的 a 点就是分离点，同理，又把相遇回到实轴的点称为汇合点，如图 4.5 中的 b 点。常见的分离点和汇合点一般都位于实轴上，但也有可能产生于共轭复数对中，如图 4.6 所示。

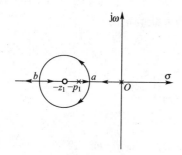

图 4.5 根轨迹的分离点和汇合点

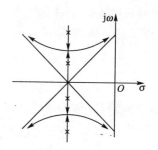

图 4.6 根轨迹的复数分离点

把开环传递函数改写为

$$G(s)H(s) = \frac{KB(s)}{A(s)}$$

由代数方程式解的性质可知，特征方程式出现重根的条件是 s 值必须满足下列方程，即

$$D(s) = A(s) + KB(s) = 0 \qquad (4-12)$$

$$D'(s) = A'(s) + KB'(s) = 0 \qquad (4-13)$$

消去上述两式中的 K，求得

$$A(s)B'(s) - A'(s)B(s) = 0 \qquad (4-14)$$

式(4-14)就是用于确定根轨迹分离点(或汇合点)的方程。除此以外，还可以用方程 $\mathrm{d}K/\mathrm{d}s = 0$ 来求取，对此说明如下。由式(4-12)得

$$K = -\frac{A(s)}{B(s)}$$

上式对 s 求导，得

$$\frac{\mathrm{d}K}{\mathrm{d}s} = \frac{A(s)B'(s) - A'(s)B(s)}{[B(s)]^2} \qquad (4-15)$$

由于在根轨迹的分离点(或汇合点)处，式(4-15)右方的分子应等于零，于是得

$$\frac{\mathrm{d}K}{\mathrm{d}s} = 0 \qquad (4-16)$$

综上所述，式(4-14)或式(4-16)可确定根轨迹分离点和汇合点的值。这里需要注意的是，按式(4-14)或式(4-16)所求的根并非都是实际的分离点或汇合点，只有位于根轨迹上的那些重根才是实际的分离点或汇合点。

法则6：根轨迹的出射角与入射角。

在开环复数极点处根轨迹的出射角(即根轨迹起点处的切线与水平线正方向的夹角)

$$\varphi_{\mathrm{p}} = (2k+1)\pi + \varphi \qquad (4-17)$$

在开环复数零点处根轨迹的入射角(即根轨迹终点处的切线与水平线正方向的夹角)

$$\varphi_z = (2k+1)\pi - \varphi \qquad (4-18)$$

式中，φ 为其他开环零、极点对出射点或入射点所提供的相角，即

$$\varphi = \sum_{j=1}^{m} \theta_{zj} - \sum_{i=1}^{n} \theta_{pi} \qquad (4-19)$$

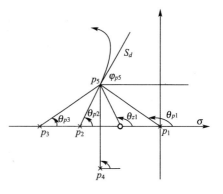

图 4.7 根轨迹的出射角

证明：下面以图 4.7 所示的开环零、极点分布图为例，对规则 6 加以证明。规则 6 是根据相角条件式(4-5)得到的。现以求图 4.7 中开环极点 P_5 处的出射角为例。

设 s_d 为距 P_5 很近的根轨迹上的一点。由相角条件可得

$$\arg(s_d - z_1) - \arg(s_d - p_1) - \arg(s_d - p_2) - \arg(s_d - p_3)$$
$$- \arg(s_d - p_4) - \arg(s_d - p_5) = (2k+1)\pi$$

当 $s_d \to p_5$ 时，除可用 p_5 代替上式中的 s_d 外，还有

$$\arg(s_d - p_5) = \varphi_{p_5}$$

即为 p_5 处的出射角。因此上式可写为

$$\varphi_{p_5} = -(2k+1)\pi + \arg(p_5 - z_1) - \arg(p_5 - p_1) - \arg(p_5 - p_2) - \arg(p_5 - p_3) - \arg(p_5 - p_4)$$
$$= (2k+1)\pi + \theta_{z_1} - \theta_{p_1} - \theta_{p_2} - \theta_{p_3} - \theta_{p_4} = (2k+1)\pi + \varphi = \varphi_{p_5}$$

推广之，同理可证 φ_z。

例 4-2 已知某单位负反馈系统的开环传递函数，试绘制系统的根轨迹图。

$$G(s) = \frac{K(s+1.5)(s+2+\mathrm{j})(s+2-\mathrm{j})}{s(s+2.5)(s+0.5+\mathrm{j}1.5)(s+0.5-\mathrm{j}1.5)}$$

解： 由系统的开环传递函数可求得开环极点 $p_1 = 0$，$p_{2,3} = -0.5 \pm \mathrm{j}1.5$，$p_4 = -2.5$，$n = 4$。开环零点 $z_1 = -1.5$，$z_{2,3} = -2 \pm \mathrm{j}$。$n = 4$，$m = 3$。

由规则 3，实轴上 $(0, -1.5)$ 和 $(-2.5, -\infty)$ 为根轨迹区段。

由规则 4，根轨迹的渐近线与实轴夹角为

$$\varphi_a = \frac{(2k+1)\pi}{n-m} = \frac{(2k+1)\pi}{4-3}$$

$n = 4$，$m = 3$，故只有一条根轨迹趋向无穷远，渐近线亦只有一条。取 $k = 0$，则 $\varphi_a = 180°$，即渐近线与负实轴重合。

由规则 6，求根轨迹的出射角与入射角。

出射角：

$$\begin{aligned}
\varphi_{p_2} &= (2k+1)\pi + \varphi \\
&= (2k+1)\pi + \arg(p_2 - z_1) + \arg(p_2 - z_2) + \arg(p_2 - z_3) \\
&\quad - \arg(p_2 - p_1) - \arg(p_2 - p_3) + \arg(p_2 - p_4) \\
&= (2k+1)\pi + 56.3° + 18.4° + 59.0° - 108.4° - 90° - 38.7°
\end{aligned}$$

各向量如图 4.8(a) 所示。取 $k = 0$，得 $\varphi_{p_2} = 76.6°$。因为根轨迹对称于实轴，所以 $\varphi_{p_3} = -76.6°$。

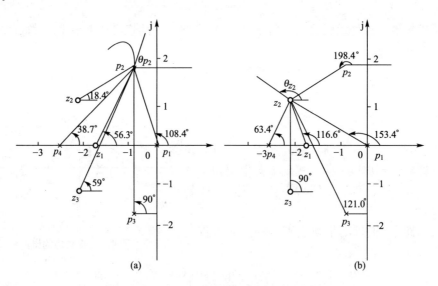

图 4.8 例 4-2 根轨迹的出射角和入射角

入射角：

$$\begin{aligned}
\varphi_{z2} &= (2k+1)\pi - \varphi \\
&= (2k+1)\pi - \arg(z_2 - z_1) - \arg(z_2 - z_3) + \arg(z_2 - p_1) \\
&\quad + \arg(z_2 - p_2) + \arg(z_2 - p_3) + \arg(z_2 - p_4) \\
&= (2k+1)\pi - 116.6° - 90° + 153.4° + 198.4° + 121.0° + 63.4°
\end{aligned}$$

各向量如图 4.8(b) 所示。取 $k = 0$，得 $\varphi_{z2} = 149.6°$，同理 $\varphi_{z3} = -149.6°$。

系统的根轨迹如图 4.9 所示。

法则 7: 根轨迹与虚轴的交点。

当根轨迹与虚轴相交时,表示特征方程式有纯虚根存在,由第 3 章讨论可知,此时系统处于等幅振荡,或者说临界稳定状态。因此,准确计算出根轨迹与虚轴的交点及其相应的参数对系统的分析和研究很有必要。

下面介绍两种常用的计算根轨迹与虚轴交点的方法。

例 4 - 3 已知某闭环系统的开环传递函数,试求根轨迹和虚轴的交点,并计算临界增益。

$$G(s) = \frac{K}{s(s+1)(s+2)}$$

解: 该闭环系统特征方程为

$$s^3 + 3s^2 + 2s + K = 0$$

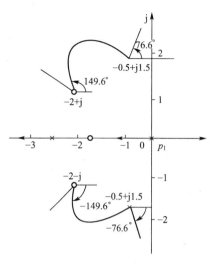

图 4.9 例 4 - 2 系统的根轨迹图

(1) 用劳斯判据计算。由上式可列劳斯表为

s^3	1	2
s^2	3	K
s^1	$\dfrac{6-K}{3}$	0
s^0	K	

由劳斯表得,当 $K=6$ 时,表中 s^1 行所有元素全为零。按照 s^2 行的元素所组成的辅助方程为 $3s^2 + K = 3s^2 + 6 = 0$,得 $s = \pm j\sqrt{2}$,即表示根轨迹中有两条分支分别与 s 平面的虚轴相交,交点为 $s = \pm j\sqrt{2}$,对应的 K 值(即临界增益)为 6。

(2) 将 $s = j\omega$ 代入闭环特征方程直接求解。代入 $s = j\omega$,可得

$$(j\omega)^3 + 3(j\omega)^2 + 2(j\omega) + K = 0$$

令上式的实部与虚部分别等于零,即

$$K - 3\omega^2 = 0, \quad 2\omega - \omega^3 = 0$$

联解可得 $\omega_{1,2} = \pm\sqrt{2}$,$\omega_3 = 0$,$K = 6$。其中,$\omega_3 = 0$ 舍去。

法则 8: 根之和(即闭环极点之和)。

绘制系统的根轨迹,或利用根轨迹分析系统性能时,可以利用闭环极点之和的性质。

设 $n > m$,并设闭环极点为 $s_i(i = 1, 2, \cdots)$,系统闭环特征方程为

$$\prod_{i=1}^{n}(s - p_i) + K^* \prod_{j=1}^{m}(s - z_j) = \prod_{i=1}^{n}(s - s_i) = s^n + a_1 s^{n-1} + \cdots + a_{n-1}s + a_n = 0$$

当 $n - m \geq 2$ 时,特征方程的第二项系数 a_1 与 K^* 无关,无论 K^* 取何值,闭环极点之和 $\sum\limits_{i=1}^{n} s_i$ 总是等于开环极点之和 $\sum\limits_{i=1}^{n} p_i$,即

$$\sum_{i=1}^{n} s_i = \sum_{i=1}^{n} p_i \qquad\qquad (4-20)$$

式(4-20)说明，随着 K^* 的变化，一些特征根逐渐增大，另一些特征根则必然减小，极点的重心不变。此法则对判断根轨迹的走向是很有用的。

例 4-4 已知某单位负反馈系统的开环传递函数，试绘制其根轨迹图。

$$G(s) = \frac{K}{s(s+3)(s^2+2s+2)}$$

解：分析可知开环极点个数 $n=4$，$p_1=0$，$p_2=-3$，$p_{3,4}=-1\pm j$，$n=4$；开环零点个数 $m=0$。

(1) 根轨迹共有四条分支。在实轴上的 $(-3,0)$ 区间有根轨迹，四条根轨迹均趋向于无穷远。

(2) 渐近线：

$$\sigma_a = \frac{\sum_{i=1}^{n} p_i - \sum_{j=1}^{m} z_j}{n-m} = \frac{-3-1-1}{4} = -1.25, \quad \varphi_a = \frac{(2k+1)\pi}{n-m} = \frac{(2k+1)\pi}{4}\begin{cases} 45° & k=0 \\ 135° & k=1 \\ -135° & k=2 \\ -45° & k=3 \end{cases}$$

(3) 分离点：

$$\sum_{i=1}^{n} \frac{1}{d-p_i} = \sum_{j=1}^{m} \frac{1}{d-z_j} \Rightarrow \frac{1}{d} + \frac{1}{d+3} + \frac{1}{d+1+j} + \frac{1}{d+1-j} = 0$$

化简得 $4d^3+15d^2+16d+6=0$，则分离点坐标 $d=-2.3$。

(4) 出射角：p_3、p_4 为复数开环极点，其出射角为

$$\varphi_{p3} = (2k+1)\pi + \varphi = (2k+1)\pi + \sum_{j=1}^{m} \theta_{zj} - \sum_{i=1}^{n} \theta_{pi}$$

$$= (2k+1)\pi - \arg(p_3-p_1) - \arg(p_3-p_2) - \arg(p_3-p_4)$$

$$= (2k+1)\pi - 135° - 26.6° - 90°$$

$$= -71.6°$$

由对称性得 $\varphi_{p4}=71.6°$。

(5) 求根轨迹与虚轴的交点：

将 $s=j\omega$ 代入闭环特征方程 $s(s+3)(s^2+2s+2)+K=0$，有

$$(j\omega)^4 + 5(j\omega)^3 + 8(j\omega)^2 + 6j\omega + K = 0$$

分别令实部和虚部为零，有 $\begin{cases} \omega^4 - 8\omega^2 + K = 0 \\ 5\omega^3 - 6\omega = 0 \end{cases}$，解方程组得

$$\begin{cases} \omega_{1,2} = \pm 1.1, & K = 8.22 \\ \omega_3 = 0, & K = 0 \end{cases}$$

式中，ω_3 正好是根轨迹的一个起点；$\omega_{1,2}$ 则是根轨迹与虚轴的交点。系统的稳定临界值 $K=8.22$。

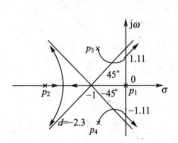

图 4.10　例 4-4 系统的根轨迹图

最后绘出系统的轨迹图如图 4.10 所示。

4.3 特殊根轨迹

4.3.1 广义根轨迹

前面讨论根轨迹的绘制方法时，都是以开环增益 K 作为参变量的，这也是实际应用中最常见的情况，由此绘制出的根轨迹称为常规根轨迹。从理论上讲，参变量也可以是其他参数(如某一校正环节的时间常数)，这就称为参数根轨迹或广义根轨迹。

绘制广义根轨迹的法则与绘制常规根轨迹的法则完全相同。只需在绘制广义根轨迹之前，引入等效单位反馈系统和等效传递函数概念，则常规根轨迹的所有绘制法则，均适用于广义根轨迹的绘制。为此需要对闭环特征方程

$$1+G(s)H(s)=0 \qquad (4-21)$$

进行等效变换，将其写成如下形式

$$A\frac{P(s)}{Q(s)}=-1 \qquad (4-22)$$

式中，A 为除 K^* 外系统任意的变化参数，而 $P(s)$ 和 $Q(s)$ 为两个与 A 无关的多项式。显然式(4-21)应与式(4-22)相等，即

$$Q(s)+AP(s)=1+G(s)H(s)=0 \qquad (4-23)$$

根据式(4-23)，可得等效的单位反馈系统，其等效开环传递函数为

$$G(s)H(s)=A\frac{P(s)}{Q(s)} \qquad (4-24)$$

例 4-5 已知某负反馈系统的开环传递函数，试画出 $T_d=0\to\infty$ 变化时的广义根轨迹。

$$G(s)H(s)=\frac{5(T_ds+1)}{s(5s+1)}$$

解：系统闭环特征方程为 $D(s)=5s^2+s+5T_ds+5$。保持特征方程相同，求出系统对应的等效开环传递函数为

$$G_1(s)H_1(s)=A\frac{P(s)}{Q(s)}=\frac{T_ds}{s^2+0.2s+1}$$

式中，$A=T_d$ 为系统 K^* 以外的任意变化的参数，$P(s)$ 和 $Q(s)$ 为与 A 无关的首项系数为1的多项式。根据等效开环传递函数，按常规根轨迹绘制法则画出根轨迹。

(1) $n=2$，有两条根轨迹。

(2) 两条根轨迹分别起于开环极点 $-0.1+j0.995$、$-0.1-j0.995$，终于位于原点处的零点和无穷远处。

(3) 实轴上的根轨迹位于零点和 $-\infty$ 之间。

(4) 渐近线：

$$\sigma_a=\frac{-0.1+j0.995-0.1-j0.995}{2-1}=-0.2, \quad \varphi_a=\frac{(2k+1)\pi}{2-1}=\pi \quad (k=0)$$

(5) 确定出射角：

$$\theta_{p_1}=180°-\theta_{p_1p_2}+\varphi_{p_1z_1}=180°-90°+95.74°=185.74°$$

$$\theta_{p_2} = -185.74°$$

(6) 分离点坐标 d：

由
$$\frac{1}{d+0.1-j0.995}+\frac{1}{d+0.1+j0.995}=\frac{1}{d}$$

得
$$d_1=-1,\quad d_2=1（舍去）$$

根轨迹如图 4.11 所示。不难证明，该根轨迹在复平面上部分是以零点为圆心，以零点到分离点之间距离为半径的圆的一部分。

4.3.2 零度根轨迹

在某些复杂的控制系统中可能会出现局部正反馈的结构，如图 4.12 所示。这种局部正反馈的结构可能是控制对象本身的特性，也可能是为了满足系统的某种性能要求在设计系统时加进的。因此，在利用根轨迹法对系统进行分析时，有时需绘制正反馈系统的根轨迹。

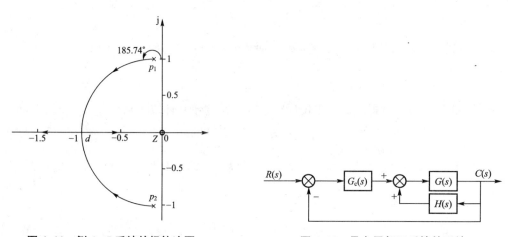

图 4.11　例 4-5 系统的根轨迹图　　　　图 4.12　具有局部正反馈的系统

如图 4.12 所示系统内回路的闭环传递函数为

$$\Phi(s)=\frac{G(s)}{1-G(s)H(s)}$$

相应的特征方程为 $1-G(s)H(s)=0$，即 $G(s)H(s)=1$。

其幅值条件和相角条件分别为

$$|G(s)H(s)|=1 \tag{4-25}$$

$$arc[G(s)H(s)]=\pm2k\pi \quad (k=0,1,2,3,\cdots) \tag{4-26}$$

与负反馈系统的幅值方程式(4-4)和相角方程式(4-5)比较可知，幅值条件相同，但相角条件不同。鉴于正反馈系统的相角条件为 0°，称正反馈系统的根轨迹为零度根轨迹。

在绘制零度根轨迹时，需要对 4.2 节中涉及的相角条件的法则作如下修改：

法则 3′： 实轴上的根轨迹位于其右方实轴上的开环零、极点个数总和为偶数的区域。

法则 4′： 渐近线与实轴的夹角为

$$\varphi_a=\frac{2k\pi}{n-m} \quad (k=0,1,2,\cdots,n-m-1) \tag{4-27}$$

法则 6'：根轨迹的出射角和入射角的计算公式为

$$\varphi_p = 2k\pi + \varphi \qquad (4-28)$$

$$\varphi_z = 2k\pi - \varphi \qquad (4-29)$$

式中，φ 的定义见式(4-19)。

除上述 3 条法则外，其余法则与负反馈系统根轨迹的绘制法则完全相同。

例 4-6 设某系统的结构图如图 4.13 所示，其中

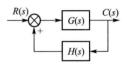

$$G(s) = \frac{K^*(s+2)}{(s+3)(s^2+2s+2)}, \qquad H(s) = 1$$

试绘制根轨迹。

解：该系统为正反馈，应绘制零度根轨迹。系统开环传递函

图 4.13 例 4-6 正反馈的系统

数为

$$G(s)H(s) = \frac{K^*(s+2)}{(s+3)(s^2+2s+2)}$$

根轨迹绘制如下：

(1) 实轴上的根轨迹：$(-\infty, -3]$，$[-2, \infty)$。

(2) 渐近线：

$$\begin{cases} \sigma_a = \dfrac{-3-1+j1-1-j1+2}{3-1} = -1 \\ \varphi_a = \dfrac{2k\pi}{3-1} = 0°, \ 180° \end{cases}$$

(3) 分离点：

$$\frac{1}{d+3} + \frac{1}{d+1-j} + \frac{1}{d+1+j} = \frac{1}{d+2}$$

经整理得

$$(d+0.8)(d^2+4.7d+6.24) = 0$$

显然分离点位于实轴上，故取 $d = -0.8$。

(4) 起始角：根据绘制零度根轨迹的法则 6'，对应极点 $p_1 = -1+j$，根轨迹的出射角为 $\theta_{p_1} = 0° + 45° - (90° + 26.6°) = -71.6°$，根据对称性，根轨迹从 $p_2 = -1-j$ 的起始角为 $\theta_{p_2} = 71.6°$。系统的根轨迹如图 4.14 所示。

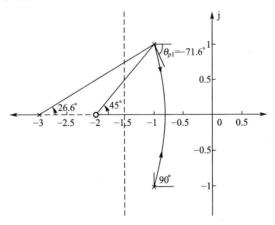

图 4.14 例 4-6 正反馈系统的根轨迹

（5）临界开环增益：由图 4.14 可见，坐标原点对应的根轨迹增益为临界值，可由模值条件求得

$$K_c^* = \frac{|0-(-1+j)| \cdot |0-(-1-j)| \cdot |0-(-3)|}{|0-(-2)|} = 3$$

由于 $K = K^*/3$，于是临界开环增益 $K_c = 1$。因此，为了使该正反馈系统稳定，开环增益应小于 1。

4.4 系统闭环零极点分布与阶跃响应的关系

根轨迹描述的是系统闭环零极点的分布，而系统的控制性能指标一般都是用阶跃响应来分析，因此本节所讨论的系统闭环零极点分布与阶跃响应的关系，也可以理解成是根轨迹与系统控制性能的关系。

4.4.1 用闭环零极点表示的阶跃响应解析式

设 n 阶系统的闭环传递函数为

$$\Phi(s) = \frac{C(s)}{R(s)} = \frac{K\prod\limits_{j=1}^{m}(s-z_j)}{\prod\limits_{i=1}^{n}(s-s_i)} \tag{4-30}$$

式中，$z_j(j=1，\cdots，m)$ 为闭环零点；$s_i(i=1，\cdots，n)$ 为闭环极点。

在单位阶跃输入 $r(t)=1(t)$ 的作用下，$R(s)=1/s$，系统输出的拉氏变化为

$$C(s) = \Phi(s)R(s) = \frac{K\prod\limits_{j=1}^{m}(s-z_j)}{\prod\limits_{i=1}^{n}(s-s_i)} \cdot \frac{1}{s} \tag{4-31}$$

设 $\Phi(s)$ 中无重极点（此假设只是为了推导过程简单，若无此假设，也不影响结论），则用部分分式法可将 $C(s)$ 分解成

$$C(s) = \frac{A_0}{s} + \frac{A_1}{s-s_1} + \cdots + \frac{A_n}{s-s_n} = \frac{A_0}{s} + \sum\limits_{k=1}^{n}\frac{A_k}{s-s_k} \tag{4-32}$$

式中，

$$A_0 = \frac{K\prod\limits_{j=1}^{m}(s-z_j)}{\prod\limits_{i=1}^{n}(s-s_i)}\bigg|_{s=0} = \frac{K\prod\limits_{j=1}^{m}(-z_j)}{\prod\limits_{i=1}^{n}(-s_i)} \tag{4-33}$$

$$A_k = \frac{K\prod\limits_{j=1}^{m}(s-z_j)}{\prod\limits_{i=1}^{n}(s-s_i)}\bigg|_{s=s_k} = \frac{K\prod\limits_{j=1}^{m}(s_k-z_j)}{\prod\limits_{i=1}^{n}(s_k-s_i)} \tag{4-34}$$

需要注意的是，式（4-34）中的 s_i 不包括 s_k，s_k 是闭环极点，z_j 是闭环零点。最后对式（4-32）进行拉氏反变换，得

$$c(t) = A_0 + \sum_{k=1}^{n} A_k e^{s_k t} \qquad (4-35)$$

由式(4-35)可知，系统的单位阶跃响应将由闭环极点 s_k 及系数 A_k 确定，而系数 A_k 也与闭环零极点的分布有关。因此，式(4-35)就是要求的用闭环零极点表示的阶跃响应解析式。

4.4.2 闭环零极点分布与阶跃响应的定性关系

下面以式(4-35)为基础，按照闭环零极点分布与阶跃响应的关系(亦即根轨迹与系统控制性能之间的关系)作进一步的分析。

从系统的控制性能角度讲，希望系统的输出尽可能的复现输入，即要求系统动态过程的快速性、平稳性要好。要达到这一要求，闭环零极点的分布主要应从下面几点来考虑：

(1) 要求系统稳定，则必须使所有的闭环极点位于 s 的左半平面。

(2) 要求系统快速性好，则应使阶跃响应式中的每个瞬态分量 $A_k e^{s_k t}$ 衰减得快。这又有两条途径，一是 s_k 的绝对值大，即闭环极点应远离虚轴；二是 A_k 要小，从 A_k 的表达式(4-34)知，应使式(4-34)中的分子小，分母大，即闭环零点与闭环极点应该成对的靠近(使 $s_k - z_j$ 即分子变小)，且闭环极点间的距离要大(使 $s_k - s_i$ 即分母变大)。

(3) 要求系统平稳性好，即阶跃响应没过大的超调，则要求复数极点最好设置在 s 平面中与负实轴成 $\pm 45°$ 夹角线附近。由第3章可知，$\cos\theta = \zeta$，当 $\theta = 45°$ 时，$\zeta = 0.707$，是最佳阻尼比，对应的超调量 $\sigma\% < 5\%$。

这些关于闭环零极点合理分布的结论，为利用闭环零极点直接对系统动态过程的性能进行定性分析提供了有力依据。

4.4.3 主导极点与偶极子

由上面的分析知道，离虚轴最近的闭环极点对系统动态过程性能的影响最大，起着主要的决定作用。如果满足实部相差 6 倍以上的条件(工程上可更小些)，则远离虚轴的闭环极点所产生的影响可以被忽略。我们称离虚轴最近的一个(或一对)闭环极点为主导极点。在实际中，通常用主导极点来估算系统的动态性能，即将系统近似地看成是一阶或二阶系统。

由上面的分析得知，当闭环极点 s_k 与闭环零点 z_j 靠得很近时，对应的 A_k 很小，也就是相当于 $c(t)$ 中的这个分量可以忽略。因此将一对靠得很近的闭环零极点称为偶极子。在实际中，可以有意识地在系统中加入适当的零点，以抵消对动态过程影响较大的不利极点，使系统的动态过程的性能获得改善。

既然主导极点在动态过程中起主导作用，那么计算性能指标时，在一定条件下就可以只考虑暂态分量中主导极点所对应的分量，把高阶系统近似成一阶或二阶系统，直接应用第3章中的计算性能指标公式。

例4-7 已知系统的开环传递函数，试用根轨迹分析系统的稳定性，并计算闭环主导极点具有阻尼比 $\zeta = 0.5$ 时的性能指标。

$$G(s) = \frac{K}{s(s+1)(0.5s+1)}$$

解：首先把开环传递函数化成标准形式

$$G(s) = \frac{2K}{s(s+1)(s+2)} = \frac{K^*}{s(s+1)(s+2)}$$

式中，$K^* = 2K$ 是根轨迹增益。

（1）作根轨迹图，$p_1 = 0$，$p_2 = -1$，$p_3 = -2$，开环极点数 $n = 3$；开环零点数 $m = 0$。有三条根轨迹，起点分别是 p_1、p_2、p_3，终点均为无穷远。实轴上 $(0, -1)$，$(-2, -\infty)$ 区段存在根轨迹。

渐近线与实轴的交点为

$$\sigma_a = \frac{\sum\limits_{i=1}^{n} p_i - \sum\limits_{j=1}^{m} z_j}{n-m} = \frac{-1-2}{3-0} = -1$$

渐近线与实轴正方向的夹角为

$$\varphi_a = \frac{(2k+1)\pi}{n-m} = \begin{cases} 60° \\ -60° \\ 180° \end{cases}$$

分离点坐标

$$K = -\frac{1}{2}s(s+1)(s+2) = -\frac{1}{2}(s^3 + 3s^2 + 2s)$$

$$\frac{dK}{ds} = -\frac{1}{2}(s^3 + 3s^2 + 2s) = 0$$

解得 $s_1 = -0.423$，$s_2 = -1.58$，s_2 不在根轨迹上，舍去，得分离点 $d = -0.423$。

与虚轴的交点将 $s = j\omega$ 代入特征方程 $D(s) = s^3 + 3s^2 + 2s + K^* = 0$

$$D(j\omega) = (j\omega)^3 + 3(j\omega)^2 + 2(j\omega) + K^* = 0$$

$$-j\omega^3 - 3\omega^2 + 2j\omega + K^* = 0$$

$$\begin{cases} -3\omega^2 + K^* = 0 \\ -\omega^3 + 2\omega = 0 \end{cases}$$

解之得 $\omega_1 = 0$，$K_1^* = 0$；$\omega_{2,3} = \pm 1.414$，$K_{2,3}^* = 6$，$K = 3$，绘制根轨迹如图 4.15 所示。

（2）分析系统稳定性，当开环增益 $K > 3$ 时，有两条根轨迹分支进入 s 右半平面，系统变为不稳定的。使系统稳定的开环增益的允许调整范围是 $0 < K < 3$。

（3）根据对阻尼比的要求，确定闭环主导极点 s_1、s_2 的位置。要求 $\zeta = 0.5$，那么 $\theta = \arccos\zeta = \arccos 0.5 = 60°$ 称为 $\xi = 0.5$ 的阻尼线。在图 4.15 中画出阻尼线，并得 $s_1 = -0.33 + j0.57$，$s_2 = -0.33 - j0.57$。

欲确定 s_1、s_2 是一对主导极点，必须找出同一 K 值下的第三个闭环极点，并确定其实部与 s_1、s_2 的实部相差 6 倍以上。s_1 点处的 K 值，可由 $s_1 = -0.33 + j0.57$ 代入到幅值条件中求得

图 4.15　例 4-7 系统的根轨迹

$$|s(s+1)(s+2)|_{s=-0.33+j0.57} = 2K$$

$$|-0.33 + j0.57| \times |-0.33 + j0.57 + 1| \times |-0.33 + j0.57 + 2| = 2K$$

计算得 $K = 0.516$。在 $K = 0.516$ 时，三个闭环极点分别是 s_1、s_2 和 s_3，其中 $s_{1,2} = -0.33 \pm j0.57$，$s_3$ 待求。求 s_3 时，相当于一个三次方程，知道了两个根，求第三个根。由特征方程

可得

$$s(s+1)(s+2)+2K=(s-s_1)(s-s_2)(s-s_3)$$

代入 $K=0.516$，$s_1=-0.33+j0.57$，$s_2=-0.33-j0.57$，可有

$$(s-s_3)=\frac{s^3+3s^2+2s+1.032}{s^2+0.66s+0.4438}$$

用多项式除法，求得第三个闭环极点 $s_3=-2.34$。s_3 距虚轴的距离 2.34，故用 $s_{1,2}$ 来估算系统的性能指标。此时，系统近似为二阶系统，可用相应的性能指标计算公式 $\delta\%=e^{-\zeta\pi/\sqrt{1-\zeta^2}}\big|_{\zeta=0.5}=16.3\%$。

由图 4.15 可知，二阶系统闭环极点 $s_{1,2}=-\zeta\omega_n\pm j\omega_n\sqrt{\zeta^2-1}=-0.33\pm j0.57$，故有

$$\omega_n=0.33\zeta\big|_{\zeta=0.5}=0.66,\quad t_s=\frac{3}{\zeta\omega_n}=9.1s(对应 5\%误差带)$$

4.5 开环零极点的变化对根轨迹的影响

开环零极点的位置，决定了根轨迹的形状，而根轨迹的形状又与系统的控制性能密切相关，因而在控制系统设计中，一般就是用改变系统的零极点配置的方法来改变根轨迹的形状，以达到改善系统控制性能的目的。

4.5.1 开环零点的变化对根轨迹的影响

先从两个例子看增加开环零点会对根轨迹产生什么样的影响。

例 4-8 已知系统的开环传递函数，试绘制根轨迹图并讨论增加零点 $s=-z$ 对根轨迹的影响。

$$G(s)=\frac{K}{s^2(s+a)}$$

解：对系统 $p_{1,2}=0$，$p_3=-a$，开环极点数 $n=3$，开环零点数 $m=0$。

实轴上根轨迹区段为 $(-\infty,-a)$。

渐近线
$$\sigma_a=\frac{\prod\limits_{i=1}^{n}p_i-\prod\limits_{j=1}^{m}z_j}{n-m}=\frac{-a}{3}$$

$$\phi_a=\frac{(2k+1)\pi}{n-m}=\begin{cases}60°\\-60°\\180°\end{cases}$$

与虚轴只有一个交点 $\omega=0$，其根轨迹如图 4.16 所示。

增加开环零点后，开环传递函数变为

$$G(s)=\frac{K(s+z)}{s^2(s+a)}$$

分以下两种情况讨论。

(1) 当 $|z|>|a|$ 时，$p_{1,2}=0$，$p_3=-a$，开环极点数 $n=3$，$z_1=-z$，开环零点数 $m=1$。实轴上根轨迹区段为 $(-z,-a)$。

渐近线 $\sigma_a=\dfrac{-a+z}{2}>0$，$\varphi_a=\begin{cases}90°\\-90°\end{cases}$

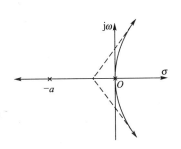

图 4.16 例 4-8 原系统的根轨迹

与实轴只有一个交点 $\omega=0$。其根轨迹如图 4.17(a)所示。

（2）当 $|z|<|a|$ 时，$p_{1,2}=0$，$p_3=-a$，开环极点数 $n=3$，$z_1=-z$，开环零点数 $m=1$。实轴上根轨迹区段为 $(-a,-z)$。

渐近线 $\sigma_a=\dfrac{-a+z}{2}>0$，$\varphi_a=\begin{cases}90°\\-90°\end{cases}$

与虚轴只有一个交点 $\omega=0$。其根轨迹如图 4.17(b)所示。

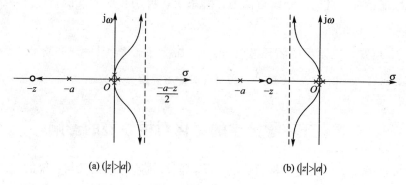

(a)（$|z|>|a|$）   (b)（$|z|>|a|$）

图 4.17 例 4-8 增加开环零点后的根轨迹

从此例可以看出，若增加开环零点，且使 $|z|<|a|$，则可使原来对任何 K 值均不稳定的系统变成对任何 K 值均稳定的系统。

例 4-9 已知系统的开环传递函数，讨论增加开环零点 $s=-z$ 对根轨迹的影响。

$$G(s)=\frac{K}{s(s^2+2s+2)}$$

解： 原系统 $p_1=0$，$p_{2,3}=-1\pm j$，开环极点数 $n=3$，开环零点数 $m=0$。实轴上的根轨迹区段为 $(-\infty,0)$。

渐近线：$\sigma_a=\dfrac{-1+j-1-j}{3}=\dfrac{-2}{3}$，$\varphi_a=\begin{cases}60°\\-60°\\180°\end{cases}$

出射角：$\theta_{p_2}=180°-135°-90°=-45°$，$\theta_{p_3}=\pm45°$

与虚轴交点：将 $s=j\omega$ 代入方程 $s(s^2+2s+2)+K=0$，有

$$-j\omega^3-2\omega^2+j2\omega+K=0\Rightarrow\begin{cases}-2\omega^2+K=0\\-\omega^3+2\omega=0\end{cases}$$

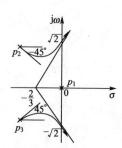

图 4.18 例 4-9 原系统的根轨迹

解上述方程得 $\omega_1=0$，$\omega_{2,3}=\pm\sqrt{2}$，即为与虚轴的交点。与此对应的 K 值分别为 0 和 4。其根轨迹如图 4.18 所示。从图中可见，K 大于临界值 4 时，系统不稳定。也就是说，系统是有条件稳定的。

增加开环零点后，系统的开环传递函数为

$$G(s)=\frac{K(s+z)}{s(s^2+2s+2)}$$

分两种情况进行讨论：

（1）当 $|z|>2$ 时，$p_1=0$，$p_{2,3}=-1\pm j$，开环极点数 $n=3$；$z_1=-z$，开环零点数 $m=1$。实轴上的根轨迹区段为 $(-z,0)$。

渐近线：$\sigma_a = \dfrac{-1+j-1-j+z}{2} > 0$，$\varphi_a = \begin{cases} 90° \\ -90° \end{cases}$

与虚轴交点：将 $s = j\omega$ 代入方程 $s^3 + 2s^2 + (2+K)s + Kz = 0$，有

$$-j\omega^3 - 2\omega^2 + j(2+K)\omega + Kz = 0 \Rightarrow \begin{cases} -2\omega^2 + Kz = 0 \\ -\omega^3 + (2+K)\omega = 0 \end{cases}$$

解上述方程得 $\omega_1 = 0$，$\omega_{2,3} = \pm\sqrt{\dfrac{2z}{z-2}}$，即为与虚轴的交点。

出射角：$\theta_{p_2} = 180° - 135° - 90° + \arctan\dfrac{1}{z-1}$，$\theta_{p_3} = -\theta_{p_2}$。

式中，$-45° < \theta_{p_2} < 0°$，系统的根轨迹如图 4.19(a)所示。可见，系统仍然是有条件稳定的。其根轨迹比未加开环零点时，有向左弯曲的倾向。

(2) 当 $|z| < 2$ 时 $p_1 = 0$，$p_{2,3} = -1 \pm j$，开环极点数 $n = 3$；$z_1 = -z$，开环零点数 $m = 1$。实轴上的根轨迹区段为 $(-z, 0)$。

渐近线：$\sigma_a = \dfrac{-1+j-1-j+z}{2} < 0$，$\varphi_a = \begin{cases} 90° \\ -90° \end{cases}$

与虚轴只有一个交点 $\omega = 0$。

出射角：$\theta_{p_2} = 180° - 135° - 90° + \arctan\dfrac{1}{z-1}$，$\theta_{p_3} = -\theta_{p_2}$。

式中，$0° < \theta_{p_2} < 90°$。其根轨迹如图 4.19(b)所示。这时系统成为无条件稳定的。

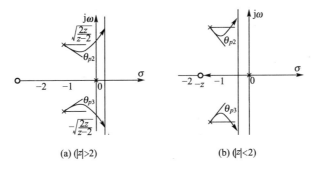

图 4.19 例 4 – 9 增加开环零点后的根轨迹

总的来说，系统增加开环零点，将使根轨迹产生向左弯曲的倾向，因而对稳定性产生有利的影响。从渐进线的夹角公式定性地分析有

$$\varphi_a = \dfrac{(2k+1)\pi}{n-m}$$

可以看出，增加开环零点，相当于 m 增大，渐近线与实轴正方向的夹角 φ_a 将增大，即根轨迹将向左弯曲。

4.5.2 开环极点的变化对根轨迹的影响

增加开环极点可能对根轨迹产生的影响，这里仍用一个例子加以说明。

例 4 – 10 已知系统的开环传递函数，讨论增加一个开环极点 $s = -p$ 对根轨迹的影响。

$$G(s) = \frac{K}{s(s+2)}$$

解： 先绘制原系统的根轨迹。$n=2$，$p_1=0$，$p_2=-2$，$m=0$。实轴上的根轨迹区段为 $(-2, 0)$。

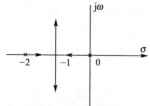

图 4.20 例 4-10 原系统的根轨迹

渐近线：$\sigma_a = \dfrac{-2}{2} = -1$，$\varphi_a = \begin{cases} 90° \\ -90° \end{cases}$

分离点坐标：由特征方程可得 $K=-s(s+2)$，有 $\dfrac{\mathrm{d}K}{\mathrm{d}s} = -(2s+2)=0$。解之得 $s=-1$，即为分离点坐标。其根轨迹如图 4.20 所示。由此可知未增加开环极点前，是一个无条件稳定的系统。

增加一个开环极点，开环传递函数变为 $G(s) = \dfrac{K}{s(s+2)(s+p)}$。若令 $p=4$，则其根轨迹为 $n=3$，$p_1=0$，$p_2=-2$，$p_3=-4$，$m=0$。实轴上的根轨迹区段为 $(-\infty, -4)$，$(-2, 0)$。

渐近线：$\sigma_a = \dfrac{-2-4}{3} = -2$，$\varphi_a = \begin{cases} 60° \\ -60° \\ 180° \end{cases}$

分离点坐标：由特征方程可得 $K=-s(s+2)(s+4)=-(s^3+6s^2+8s)$

$$\frac{\mathrm{d}K}{\mathrm{d}s} = -(3s^2+12s+8)=0$$

解之得 $s_1=-0.84$，$s_2=-3.15$。s_2 不在根轨迹上，舍之。分离点的坐标为 $d=-0.84$。与虚轴的交点，将 $s=\mathrm{j}\omega$ 代入方程式 $s(s+2)(s+4)+K=0$，有

$$-\mathrm{j}\omega^3-6\omega^2+\mathrm{j}8\omega+K=0 \Rightarrow \begin{cases} -6\omega^2+K=0 \\ -\omega^3+8\omega=0 \end{cases}$$

解上述方程得 $\omega_1=0$，$\omega_{2,3}=\pm2\sqrt{2}$ 为根轨迹与虚轴的交点。其根轨迹如图 4.21(a) 所示，此时系统是条件稳定的。

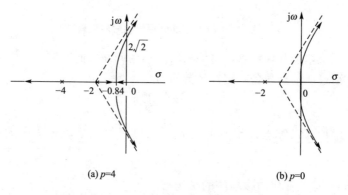

(a) $p=4$ (b) $p=0$

图 4.21 例 4-9 增加开环极点后的根轨迹

若令 $p=0$，则其根轨迹为 $n=3$，$p_1=0$，$p_2=0$；$p_3=-2$；$m=0$。实轴上的根轨迹区段为 $(-\infty, -2)$。

渐近线：$\sigma_a = \dfrac{-2}{3}$，$\varphi_a = \begin{cases} 60° \\ -60° \\ 180° \end{cases}$

与虚轴只有一个交点 $\omega = 0$。其根轨迹如图 4.21(b)所示。这时系统是无条件不稳定的，即不论 K 取何值，系统均不稳定。

总之，增加开环极点将使根轨迹产生向右弯曲的倾向，对稳定性产生不利的影响。这一结论，也可以由渐近线与实轴正方向的夹角的公式中看出，增加开环极点，n 变大，φ_a 角度变小，根轨迹必向右弯曲。

4.6　MATLAB 在根轨迹法中的应用

在用根轨迹法对控制系统的性能作分析时，必须先绘制具有一定准确度的根轨迹草图，这就要花费较多时间。用 MATLAB 的相关指令，能既迅速又较精确地绘制系统的根轨迹图，并方便地确定根轨迹图上任一点所对应的一组闭环极点和相应的根轨迹增益值。绘制根轨迹的常用命令为 rlocus (num，den) 或 rlocus(num，den，K)。若参变量 K 的范围是给定的，则 MATLAB 将按给定的参数范围绘制根轨迹；否则 K 是自动确定，其变化范围为 0～∞。

例 4-11　已知某单位反馈系统的开环传递函数，试用 MATLAB 绘制系统的根轨迹。

$$G(s) = \frac{K}{s(s+1)(s+2)}$$

解：程序设计如下

```
K=1;
Z=[ ];
P=[0 -1 -2];
[num,den]=zp2tf(Z,P,K);          %将以零、极点形式表示的 G(s)
rlocus(num,den);                 %转换为传递函数的一般形式
V=[-4 2 -3 3];                   %坐标范围
axis(V);
title('Root-locus plot of G(s)=K/s(s+1)(s+2)');
xlabel('Re');
ylabel('Im');
```

运行结果如图 4.22 所示。

例 4-12　某控制系统如图 4.23 所示，其中 $G_c(s) = K(s+1.2)$，$G_0(s) = \dfrac{1}{s(s+1)}$，

$H(s) = \dfrac{1}{s+7}$，试用 MATLAB 绘制该系统的根轨迹。

解：程序设计如下

```
Gc=tf([1 1.2],[1]);
Go=tf([1],[1 1 0]);
H=tf([1],[1 7]);
```

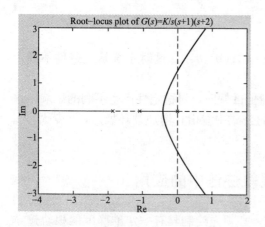

图 4.22　例 4-11 系统的根轨迹

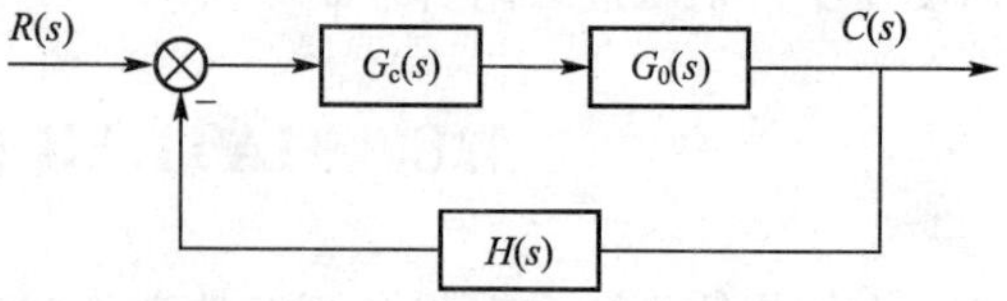

图 4.23　例 4-12 系统的结构图

```
rlocus(Gc*Go*H);
V=[-10 1 -6 6];
axis(V);
grid on;
xlabel('Re');
ylabel('Im');
```

运行结果如图 4.24 所示。

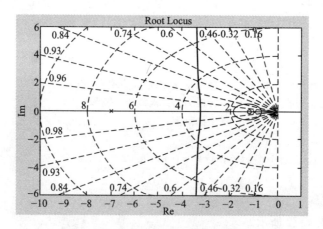

图 4.24　例 4-12 系统的根轨迹图

在对系统性能的分析过程中，一般需要确定根轨迹图上某一点的根轨迹增益值和其他对应的闭环极点。在应用 rlocus 指令后，需调用指令 [K2，P2]=rlocfind(num，den)。运行该指令后，在显示根轨迹图形的屏幕上会生成一个十字光标，同时在 MATLAB 的命令窗口出现"Select a point in the graphics window"，提示用户选择某一个点。当使用鼠标移动十字光标到所希望的位置后，单击，在 MATLAB 的命令窗口就会显示该点的数值、增益值和对应的其他闭环极点。

习　题

4-1　已知开环零极点分布如题 4.1 图所示。试概略绘出相应闭环根轨迹图。

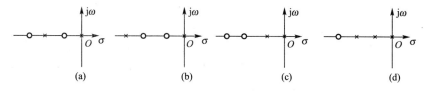

(a)　　　　　　　(b)　　　　　　　(c)　　　　　　　(d)

题 4.1 图　系统开环零极点分布图

4-2　概略绘出 $G(s)=\dfrac{K}{s(s+1)(s+2)(s+3+j2)(s+3-j2)}$ 时的闭环根轨迹图。

4-3　设控制系统的开环传递函数为 $G(s)H(s)$，其中 $G(s)=\dfrac{K}{s^2(s+1)}$，$H(s)=1$，试用根轨迹法证明该系统对于 K 为任何正值均不稳定。

4-4　已知单位负反馈系统的开环传递函数，试绘制该系统的根轨迹图。K 为何值时系统才不稳定？

$$G(s)=\frac{K}{s(0.1s+1)(s+1)}$$

4-5　已知系统的开环传递函数，试用相角条件和幅值条件证明 $s_1=-1+j2\sqrt{2}$ 是否是 $K=1.5$ 时系统的特征根。

$$G(s)=\frac{K(s+1)}{s(s+2)}$$

4-6　系统的开环传递函数 $G(s)$ 有如下形式，试求各系统根轨迹的分离点、汇合点，并绘制根轨迹的大致图形。

(1) $G(s)=\dfrac{K}{s(s+1)^2}$；

(2) $G(s)=\dfrac{K(s+2)}{(s+1+j\sqrt{3})(s+1-j\sqrt{3})}$；

(3) $G(s)=\dfrac{K}{s(s+1)(s+4)(s+3)}$。

4-7　设系统如题 4.7 图所示，研究改变系统参数 a 和 K 对闭环极点的影响。

4-8　用根轨迹法确定题 4.8 图所示系统无超调量的 K 值范围。

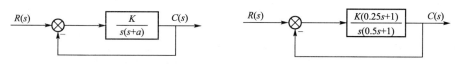

题 4.7 图　系统的结构图　　　　　　题 4.8 图　系统的结构图

4-9　设负反馈系统的开环传递函数

$$G(s)=\frac{K^*(s+2)}{s(s+1)(s+3)}$$

(1) 作 K^* 从 $0\to\infty$ 的闭环根轨迹图。

(2) 求当 $\zeta=0.5$ 时的一对闭环主导极点，并求其对应的 K 值。

4－10 已知单位负反馈系统的开环传递函数

$$G(s)=\frac{2.6}{s(1+0.1s)(1+Ts)}$$

作以 T 为参变量的根轨迹图（$0<T<\infty$）。

4－11 已知单位负反馈系统的开环传递函数，试绘制 K^* 从 $0\to\infty$ 变化时的闭环根轨迹图，并求出使系统产生重根和纯虚根的 K^* 值。

$$G(s)=\frac{K^*(1-s)}{s(s+2)}$$

4－12 设系统结构如题 4.12 图所示。

(1) 绘制 $K_h=0.5$ 时 K 从 $0\to\infty$ 的闭环根轨迹图；

(2) 求 $K_h=0.5$ 时，$K=10$ 时系统的闭环极点与对应的 ξ 值；

(3) 绘制 $K_h=1$ 时，K_h 从 $0\to\infty$ 的参数根轨迹图；

(4) 当 $K=1$ 时，分别求 $K_h=0，0.5，4$ 的阶跃响应指标 $\delta\%$ 和 t_s，并讨论 K_h 的大小对系统动态性能的影响。

4－13 绘出题 4.13 图所示滞后系统的主根轨迹，并确定能使系统稳定的 K 值范围。

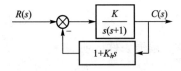

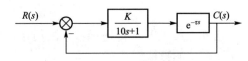

题 4.12 图 系统结构图　　　　题 4.13 图 系统结构图

4－14 根据下列正反馈回路的开环传递函数，绘出其根轨迹的大致图形。

(1) $G(s)=\dfrac{K}{(s+1)(s+2)}$；

(2) $G(s)=\dfrac{K(s+2)}{s(s+1)(s+3)(s+4)}$。

4－15 设单位负反馈系统的开环传递函数为

$$G(s)=\frac{K}{s^2(s+2)}$$

(1) 试绘制系统闭环根轨迹的大致图形，并对系统的稳定性进行分析；

(2) 若增加一个零点 $z=-1$，试问根轨迹图有何变化？对系统稳定性有何影响？

第5章

控制系统的频域分析法

本章学习目标

★ 了解频域特性的概念；
★ 了解幅相特性图；
★ 了解对数频率特性图；
★ 了解频域稳定判据；
★ 了解稳定裕度；
★ 了解频率特性分析。

本章教学要点

知识要点	能力要求	相关知识
频域特性	了解频率特性的定义	频率特性的定义、特点及分析
幅相特性图	了解幅相特性图的绘制	幅相特性图的定义、绘制及分析
对数频率特性图	了解对数频率特性图的绘制	对数频率特性图的定义、绘制及分析
频域稳定判据	了解奈奎斯特判据的定义	奈奎斯特判据的含义、特点、计算及其应用
稳定裕度	了解稳定裕度的概念	稳定裕度的定义、分析及计算
频率特性分析	了解频率特性的本质及分析	开环频率特性分析、闭环频率特性分析、开环和闭环频域指标的关系

导入案例

频域分析法是以控制系统的频率特性作为数学模型，以伯德(Bode)图或其他图标作为分析工具，来研究和分析控制系统的动态性能与稳态性能。例如，在脑外科、眼外科手术中，患者肌肉的无意识运动可能导致灾难性的后果，为了保证合适的手术条件，可以采用自动控制系统实施自动麻醉，以保证稳定的用药量，使患者肌肉放松。图 1 为麻醉控制系统模型，可以通过确定控制器增益 K 和时间常数 τ，使系统的谐振峰值满足 $M_r \leqslant 1.5$。

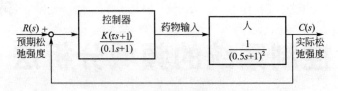

图 1　麻醉控制系统

5.1　频率特性

5.1.1　频率特性的基本概念

从 RC 电路对正弦信号的响应，引出频率特性。如图 5.1 所示，设电路的输入、输出电压分别为 $u_r(t)$ 和 $u_c(t)$，电路的传递函数为

$$G(s) = \frac{U_c(s)}{U_r(s)} = \frac{1}{Ts+1} \qquad (5-1)$$

图 5.1　RC 电路

式中，$T=RC$ 为电路的时间常数，输入一个振幅为 T、频率为 ω 的正弦信号 $u_r = X\sin\omega t$。

由分析可知 u_c 也是同频率的正弦信号，只不过幅值和相位发生变化。取式（5-1）中 $s=j\omega$ 得到

$$\frac{U_c(j\omega)}{U_r(j\omega)} = \frac{\dfrac{1}{j\omega c}}{R + \dfrac{1}{j\omega c}} = \frac{1}{\sqrt{(\omega T)^2 + 1}} \angle -\arctan\omega T \qquad (5-2)$$

称之为频率特性，它是一个复变函数。进一步可求得

$$u_c(t) = \frac{XT\omega}{1+T^2\omega^2}e^{-\frac{t}{T}} + \frac{X}{\sqrt{1+T^2\omega^2}}\sin(\omega t - \arctan\omega T) \qquad (5-3)$$

式中，第一项是输出的暂态分量，随着时间的增加逐渐衰减为 0；第二项是输出的稳态分量，用来决定稳态下的输出电压。式（5-3）表明 RC 电路在正弦信号 $u_r(t)$ 作用下，稳态输出的信号仍是一个与输入信号同频率的正弦信号，只是幅值变为输入正弦信号幅值的 $1/\sqrt{1+\omega^2 T^2}$ 倍，相位则滞后了 $\arctan\omega T$。

从 RC 电路中得到的结论，对于任何稳定的线性系统都是适用的。对于稳定的线性定常系统，由谐波输入产生的输出稳态分量仍然是与输入同频率的谐波函数，而幅值和相位的变化是频率 ω 的函数，且与系统的数学模型有关。由此可知，频率特性是传递函数的特例，和微分方程一样，也表征了系统的运动规律。

频率特性指线性系统或环节在正弦函数作用下，稳态输出与输入的复变量之比，用 $G(j\omega)$ 表示；幅频特性指在正弦函数作用下，稳态输出与输入的振幅之比，用 $A(\omega)$ 表示；

相频特性指稳态输出与输入的相位之差，用 $\varphi(\omega)$ 表示。三者的表达见下式。

$$G(j\omega)=\frac{C(j\omega)}{R(j\omega)}=A(\omega)e^{j\varphi(\omega)}=A(\omega)\angle\varphi(\omega) \tag{5-4}$$

$G(j\omega)$ 的物理意义反映了系统对正弦信号的三大传递能力：同频、变幅、相移。

通常用解析法来求解系统的频率特性，即以 $j\omega$ 取代传递函数 $G(s)$ 中的 s，就可求出系统的频率特性。假设系统的输入与输出信号分别为 $r(t)$、$c(t)$，对应的拉氏变换分别为 $R(s)$ 和 $C(s)$，系统的传递函数表示为

$$G(s)=\frac{C(s)}{R(s)}=\frac{K(s+z_1)(s+z_2)\cdots(s+z_m)}{(s+p_1)(s+p_2)\cdots(s+p_n)},\quad n\geqslant m \tag{5-5}$$

式中，$p_i(i=1,\cdots,n)$ 为系统的开环极点；$z_j(j=1,\cdots,m)$ 为系统的开环零点。不失一般性，设置所有极点都是互不相同的实数。

在正弦信号 $r(t)=R\sin\omega t$ 作用下，由式(5-5)可得输出信号的拉氏变换为

$$C(s)=\frac{K(s+z_1)(s+z_2)\cdots(s+z_m)}{(s+p_1)(s+p_2)\cdots(s+p_n)}\cdot\frac{R\omega}{(s+j\omega)(s-j\omega)}=\sum_{i=1}^{n}\frac{C_i}{s+p_i}+\frac{C_a}{s+j\omega}+\frac{C_{-a}}{s-j\omega} \tag{5-6}$$

式中，$C_i(i=1,\cdots,n)$、C_a、C_{-a} 为待定系数，且 C_a、C_{-a} 为一对共轭复数。对式(5-6)进行拉普拉斯反变换可得

$$c(t)=\sum_{i=1}^{n}C_i e^{-p_i t}+C_a e^{j\omega}+C_{-a} e^{-j\omega} \tag{5-7}$$

若系统稳定，当 $t\to\infty$ 时，式(5-7)右端除了最后两项外，其余各项都将衰减为 0。因此输出的稳态分量为

$$c_s(t)=\lim_{t\to\infty}c(t)=C_a e^{j\omega}+C_{-a} e^{-j\omega} \tag{5-8}$$

其中系数 C_a 和 C_{-a} 计算如下

$$C_a=G(s)\frac{R\omega}{(s+j\omega)(s-j\omega)}(s+j\omega)\Big|_{s=-j\omega}=-\frac{G(-j\omega)R}{2j} \tag{5-9}$$

$$C_{-a}=G(s)\frac{R\omega}{(s+j\omega)(s-j\omega)}(s-j\omega)\Big|_{s=j\omega}=\frac{G(j\omega)R}{2j} \tag{5-10}$$

例5-1 求如图 5.2 所示无源电路网络的频率特性。

解： 该网络的传递函数为

$$\frac{U_c(s)}{U_r(s)}=\frac{R_2}{R_2+\dfrac{R_1\dfrac{1}{sC}}{R_1+\dfrac{1}{sC}}}=\frac{K_1(\tau_1 s+1)}{T_1 s+1} \tag{5-11}$$

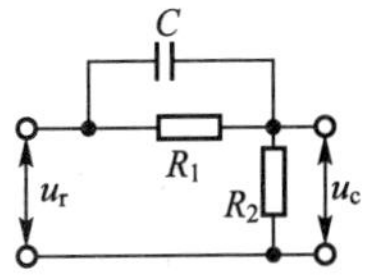

图 5.2 电路网络

式中，$K_1=\dfrac{R_2}{R_1+R_2}$，$\tau_1=R_1 C$，$T_1=\dfrac{R_1 R_2 C}{R_1+R_2}$。

将 $s=j\omega$ 代入式(5-11)中，可得网络的频率特性

$$G_a(j\omega)=\frac{U_c(j\omega)}{U_r(j\omega)}=\frac{R_2+j\omega R_1 R_2 C}{R_1+R_2+j\omega R_1 R_2 C}=\frac{K_1(1+j\tau_1\omega)}{1+jT_1\omega}$$

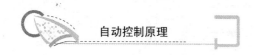

5.1.2 频率特性的图形表示

在工程设计中，通常把频率特性绘成曲线，从这些曲线中分析出系统的特性，并找到改善系统性能的方法途径，即为频率特性法。频率特性采用三种图形表示法：幅相频率特性图，对数频率特性图和对数幅相图。

1. 幅相频率特性图

幅相频率特性图又称极坐标图，或称奈奎斯特(Nyquist)曲线。其特点是把频率看成参变量，当 ω 从 $0 \to \infty$ 变化时，将幅频特性和相频特性同时表示在复数平面上。对于任意一个频率特性 $G(j\omega) = A(\omega) \cdot e^{j\varphi(\omega)}$ 给定的 ω_i，可以用复平面的一个向量表示，而向量的长度即为 $A(\omega_i)$，表示频率特性的幅值；向量的相角 $\varphi(\omega_i)$ 等于向量与实轴正方向的夹角。由于幅频特性为 ω 的偶函数，其相频特性为 ω 的奇函数，$\omega = 0 \to \infty$ 和 $\omega = -\infty \to 0$ 的幅相曲线是关于实轴对称的，因此一般只绘制 $\omega = 0 \to \infty$ 的幅相曲线。在绘制幅相曲线中，ω 作为参变量，一般用小箭头表示 ω 增大时幅相曲线的变化方向。图 5.3 就是图 5.1 所示电路的极坐标图。

2. 对数频率特性图

频率特性的对数幅值 $20\lg A(\omega)$ 与频率 ω，相位 $\varphi(\omega)$ 与 ω 之间关系的曲线称为对数频率特性曲线，也称为对数频率特性图或伯德(Bode)图。对数频率特性曲线的横坐标按 $\lg\omega$ 来分度，单位是弧度/秒(rad/s)，对数幅频曲线的纵坐标按式(5-12)进行线性分度，单位是分贝(dB)。对数相频曲线的纵坐标按照 $\varphi(\omega)$ 线性分度，单位是度(°)，由此构成的坐标系称为半对数坐标系。

$$L(\omega) = 20\lg|G(j\omega)| = 20\lg A(\omega) \tag{5-12}$$

当 ω 按 10 倍变化时，在 $\lg\omega$ 轴上就变化一个单位，称为一个十倍频程，记作 dec。每个 dec 沿横坐标走过的间隔就为一个单位长度。幅值 $A(\omega)$ 每增大 10 倍，对数幅值 $L(\omega)$ 就增加 20dB。图 5.1 所示电路的对数频率特性如图 5.4 所示。

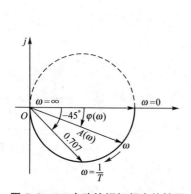

图 5.3 *RC* 电路的幅相频率特性图

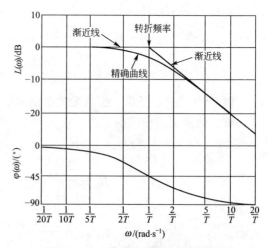

图 5.4 *RC* 电路的对数频率特性图

通过分析可知，使用对数频率特性图表示频率特性可以把幅频特性的乘除法转化为简单的加减法，同时由于横坐标采用对数刻度，可以在较宽的频段范围中分析系统的频率特性。另外由于可用分段直线绘制对数频率特性，这样就可以方便地估计系统的传递函数。

3. 对数幅相图

对数幅相特性曲线又称尼柯尔斯(Nichols)曲线，是由对数幅频特性和对数相频特性合并而成的曲线。对数幅相坐标的横轴为相角 $\varphi(\omega)$，单位为(°)或者 rad，纵轴为对数幅频值 $L(\omega)=20\lg A(\omega)$，单位是 dB。横坐标和纵坐标均是线性刻度。图 5.1 所示电路的对数幅相图如图 5.5 所示。采用对数幅相特性可以利用尼柯尔斯图线方便地求得系统的闭环频率特性及其有关的特性参数，用以评估系统的性能。

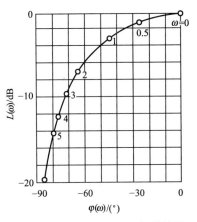

图 5.5　*RC* 电路的对数幅相特性图

5.2　控制系统的幅相特性图

掌握典型环节的幅相特性是绘制开环系统幅相特性图的基础。在典型环节或开环系统的传递函数中，令 $s=j\omega$，即得到相应的频率特性。令 ω 由小到大取值，计算相应的幅值 $A(\omega)$ 和相角 $\varphi(\omega)$，在 G 平面绘图，就可以得到典型环节或开环系统的幅相特性曲线。

5.2.1　典型环节的幅相特性图

1. 比例环节

比例环节 K 的频率特性为 $G(j\omega)=K+j0=Ke^{j0}$，即

$$A(\omega)=\left|G(j\omega)\right|=K, \quad \varphi(\omega)=\angle G(j\omega)=0° \tag{5-13}$$

比例环节的幅相特性是常数 K，相频特性是 0，如图 5.6 所示。表示输出量与输入量按同频率、同相位变化。

2. 微分环节

微分环节 s 的频率特性为 $G(j\omega)=0+j\omega=\omega e^{j90°}$，即

$$A(\omega)=\omega, \quad \varphi(\omega)=90° \tag{5-14}$$

微分环节的幅值与 ω 成正比，相角为 90°。当 $\omega=0\to\infty$ 时，其幅相特性是从 G 平面的原点起始，沿虚轴趋于 $+j\infty$ 处，如图 5.7 曲线①所示。

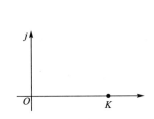

图 5.6　比例环节的幅相特性图

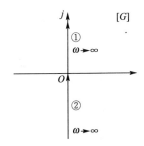

图 5.7　微/积分环节的幅相特性图

3. 积分环节

积分环节 $1/s$ 的频率特性为 $G(\mathrm{j}\omega)=0+\dfrac{1}{\mathrm{j}\omega}=\dfrac{1}{\omega}\mathrm{e}^{-\mathrm{j}90°}$，即

$$A(\omega)=\frac{1}{\omega},\varphi(\omega)=-90° \tag{5-15}$$

积分环节的幅值与 ω 成反比，相角为 $-90°$。当 $\omega=0\rightarrow\infty$ 时，其幅相特性是从虚轴 $-\mathrm{j}\infty$ 处出发，沿负虚轴逐渐趋于坐标原点，如图 5.7 曲线②所示。它表明，当积分环节的输入量是频率可变的正弦信号时，输出量与输入量按同频率变化，输出量的幅值随输入正弦信号频率的增加而衰减，频率增加到 ∞ 时衰减为 0，输出量相位滞后输入量 $90°$。

4. 惯性环节

惯性环节 $\dfrac{1}{Ts+1}$ 的频率特性为

$$G(\mathrm{j}\omega)=\frac{1}{1+\mathrm{j}T\omega}=\frac{1}{\sqrt{1+T^2\omega^2}}\mathrm{e}^{-\mathrm{jarctan}T\omega}$$

即

$$A(\omega)=\frac{1}{\sqrt{1+T^2\omega^2}},\quad\varphi(\omega)=-\mathrm{arctan}T\omega \tag{5-16}$$

当 $\omega=0$ 时，$A(\omega)=1$，$\varphi(\omega)=0°$；当 $\omega=\infty$ 时，$A(\omega)=0$，$\varphi(\omega)=-90°$。惯性环节的幅相特性是一个以 $(1/2,\mathrm{j}0)$ 为圆心、$1/2$ 为半径的半圆，如图 5.8 所示。

5. 一阶微分环节

一阶微分环节 $Ts+1$ 的频率特性为

$$G(\mathrm{j}\omega)=1+\mathrm{j}T\omega=A(\omega)\mathrm{e}^{\mathrm{j}\varphi(\omega)}$$

即

$$A(\omega)=\sqrt{1+T^2\omega^2},\quad\varphi(\omega)=\mathrm{arctan}T\omega \tag{5-17}$$

一阶微分环节幅相特性的实部为常数 1，虚部与 ω 成正比，如图 5.9 所示。

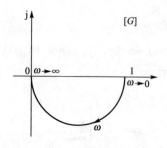

图 5.8　惯性环节的幅相特性图

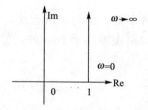

图 5.9　一阶微分环节的幅相特性图

6. 二阶振荡环节

二阶振荡环节 $G(s)=\dfrac{1}{T^2s^2+2\zeta Ts+1}(0<\zeta<1)$ 的频率特性为

$$G(j\omega)=\frac{1}{\left(1-\frac{\omega^2}{\omega_n^2}\right)+j2\zeta\frac{\omega}{\omega_n}},$$

即

$$A(\omega)=\frac{1}{\sqrt{\left(1-\frac{\omega^2}{\omega_n^2}\right)^2+4\zeta^2\frac{\omega^2}{\omega_n^2}}},\quad \varphi(\omega)=-\arctan\frac{2\zeta\frac{\omega}{\omega_n}}{1-\frac{\omega^2}{\omega_n^2}} \tag{5-18}$$

分析可知，二阶振荡环节的幅相特性起点是 $G(j0)=1\angle0°$（即 $\omega=0$），是实轴上的点；终点是 $G(j\infty)=0\angle-180°$（即 $\omega=\infty$），相频特性逆着实轴的负方向逐渐终止于坐标原点；中间点是 $G(\omega_n)=1/(2\zeta)\angle-90°$（即转折频率处 $\omega=\omega_n$），是一个经过虚轴的点。

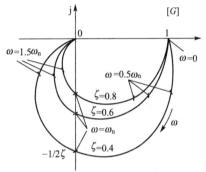

分析振荡环节的 $A(\omega)$ 和 $\varphi(\omega)$：ω 在 $0\to\infty$ 之间变化时，绘制二阶振荡环节的幅相特性如图 5.10 所示。从该图可知 ζ 越小，$A(\omega)$ 随 ω 的增加其衰减程度就越小；ζ 越大则相反。分别设 $\zeta=0.4$、0.6、0.8，绘制对应的幅相特性如图 5.10 所示。由该图也可知无论 ζ 取何值，幅相特性总是起始于实轴上的点，终点总是为坐标原点。$A(\omega)$ 达到极大值时对应的幅值称为谐振峰值，记为 M_r，对应的频率称为谐振频率，记为 ω_r，当然 ζ 值会影响谐振峰值和谐振频率。

图 5.10 二阶振荡环节的幅相特性图

经计算可推导出 M_r、ω_r 的计算公式为

$$\omega_r=\omega_n\sqrt{1-2\zeta^2}\quad(0<\zeta<0.707) \tag{5-19}$$

$$M_r=A(\omega_r)=\frac{1}{2\zeta\sqrt{1-\zeta^2}} \tag{5-20}$$

由式(5-19)和式(5-20)分析可知，当 $\zeta<0.707$ 时，二阶振荡环节存在 ω_r 和 M_r；随着 ζ 逐渐减小，ω_r 则随之增加，渐趋近于 ω_n 值，M_r 则越来越大，趋向于 ∞；当 $\zeta=0$ 时，$M_r=\infty$，此时会出现无阻尼系统的共振现象。

7. 二阶微分环节

二阶微分环节 $G(s)=T^2s^2+2\zeta Ts+1$ 的频率特性为

$$G(j\omega)=\left[1-\frac{\omega^2}{\omega_n^2}\right]+j2\zeta\frac{\omega}{\omega_n}$$

即

$$A(\omega)=\sqrt{\left[1-\frac{\omega^2}{\omega_n^2}\right]^2+4\zeta^2\frac{\omega^2}{\omega_n^2}},\quad \varphi(\omega)=\arctan\frac{2\zeta\frac{\omega}{\omega_n}}{1-\frac{\omega^2}{\omega_n^2}} \tag{5-21}$$

分析可知，二阶微分环节的幅相特性起始于 $G(j0)=1\angle0°$（即 $\omega=0$），是实轴上的点；终点是 $G(j\infty)=\infty\angle180°$（即 $\omega=\infty$），相频特性沿着实轴的负方向趋于无穷远处；中间点

是 $G(\omega_n)=2\zeta\angle 90°$（即 $\omega=\omega_n$），是一个经过虚轴的点。二阶微分环节的幅相特性如图 5.11 所示。

8. 延迟环节

延迟环节 $e^{-\tau s}$ 的频率特性为 $G(j\omega)=e^{-j\tau\omega}$，即

$$A(\omega)=1, \quad \varphi(\omega)=-\tau\omega \tag{5-22}$$

延迟环节的幅相特性是圆心在原点的单位圆，如图 5.12 所示。ω 值越大，其相角滞后就越大。

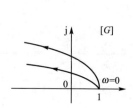

图 5.11　二阶微分环节的幅相特性图

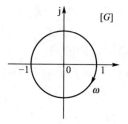

图 5.12　延迟环节的幅相特性图

例 5-2　若系统的开环传递函数 $G(s)=\dfrac{K}{Ts+1}$，测得系统的频率响应。当 $\omega=1\mathrm{rad/s}$ 时，幅频特性 $|G(j\omega)|=12/\sqrt{2}$，相频特性 $\varphi(j\omega)=-45°$。试问放大系数 K 及时间常数 T 各为多少？

解：系统的开环传递函数 $G(s)=\dfrac{K}{Ts+1}$，频率特性 $G(j\omega)=\dfrac{K}{j\omega T+1}$

幅频特性 $A(\omega)=|G(j\omega)|=\dfrac{K}{\sqrt{1+T^2\omega^2}}$；相频特性 $\varphi(\omega)=-\arctan T\omega$

当 $\omega=1\mathrm{rad/s}$ 时，$A(\omega)=\dfrac{K}{\sqrt{1+T^2}}=12/\sqrt{2}$，$\varphi(\omega)=-\arctan T=-45°$，则

$$K=12, \quad T=1 \Rightarrow G(s)=\frac{12}{s+1}$$

例 5-3　由实验得到某环节的幅相特性曲线如图 5.13 所示，试确定环节的传递函数 $G(s)$，并确定其 ω_r、M_r。

图 5.13　例 5-3 系统的幅相特性图

解：根据幅相特性曲线的形状可以确定 $G(s)$ 的形式

$$G(s)=\frac{K\omega_n^2}{s^2+2\zeta\omega_n s+\omega_n^2}$$

其频率特性为

$$A(\omega)=\frac{K}{\sqrt{\left[1-\dfrac{\omega^2}{\omega_n^2}\right]^2+4\zeta^2\dfrac{\omega^2}{\omega_n^2}}} \tag{5-23}$$

$$\varphi(\omega)=-\arctan\frac{2\zeta\dfrac{\omega}{\omega_n}}{1-\dfrac{\omega^2}{\omega_n^2}} \tag{5-24}$$

将 $A(0)=2$ 代入式(5-23)得 $K=2$；将 $\varphi(5)=-90°$ 代入式(5-24)得 $\omega_n=5$；将 $A(\omega_n)=3$ 代入式(5-23)得 $\zeta=\dfrac{K}{2\times3}=\dfrac{2}{2\times3}=\dfrac{1}{3}$。

故得
$$G(s)=\frac{50}{s^2+3.33s+25}$$

由式(5-19)有
$$\omega_r=\omega_n\sqrt{1-2\zeta^2}=5\sqrt{1-2\times\left(\frac{1}{3}\right)^2}=\frac{5}{3}\sqrt{7}$$

由式(5-20)有
$$M_r=\frac{1}{2\zeta\sqrt{1-\zeta^2}}=\frac{1}{2\times\frac{1}{3}\sqrt{1-\left(\frac{1}{3}\right)^2}}=\frac{9}{8}\sqrt{2}$$

5.2.2 开环幅相特性图的绘制

若已知系统的开环频率特性 $G(j\omega)$，令 $\omega\to\infty$，计算 $A(\omega)$ 和 $\phi(\omega)$，可以通过取点、计算和作图绘制系统的幅相特性图。当 $\omega=0\to\infty$ 时，分析各开环零极点指向 $s=j\omega$ 复向量的变化趋势，就能概略绘制开环系统的幅相特性图：

(1) 开环幅相特性图的起点($\omega=0$)和终点($\omega=\infty$)。

(2) 开环幅相特性图与实轴的交点。

设 $\omega=\omega_g$ 时，$G(j\omega)$ 的虚部为
$$\text{Im}\left[G(j\omega_g)\right]=0 \tag{5-25}$$
或
$$\varphi(\omega_g)=\angle G(j\omega_g)=k\pi \quad (k=0,\ \pm1,\ \pm2,\ \cdots) \tag{5-26}$$
称 ω_g 为相角交界频率，也称穿越频率。幅相特性图与实轴交点的坐标值为
$$\text{Re}\left[G(j\omega_g)\right]=G(j\omega_g) \tag{5-27}$$

(3) 开环幅相特性图的变化范围(象限、单调性)

当然，开环系统典型环节的分解和各典型环节幅相特性图的特点是绘制开环幅相特性图的基础，下面结合具体的系统进行介绍。

例 5-4 已知单位反馈控制系统的开环传递函数，试概略绘制系统的幅相特性图。
$$G(s)=\frac{K(1+2s)}{s^2(0.5s+1)(s+1)}$$

解： 由于 $v=2$，零极点分布如图 5.14(a)所示。

(1) 起点：$G(j0)=\infty\angle-180°$

(2) 终点：$G(j\omega)\big|_{\omega\to\infty}=0\angle-270°$

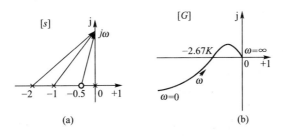

图 5.14 系统的零极点分布图及幅相特性图

（3）与坐标轴的交点：

$$G(j\omega) = \frac{k}{\omega^2(1+0.25\omega^2)}\left[-(1+2.5\omega^2)-j(0.5-\omega^2)\right]$$

当 $\omega_g^2 = 0.5$，即 $\omega_g = 0.707$ 时，极坐标图与实轴有一交点，其坐标为 $R(\omega_g) = -2.67K$。

在确定了上述三点后，就可概略绘制系统的幅相特性如图 5.14(b) 所示。

一般地，设系统的开环传递函数

$$G(s) = \frac{K(\tau_1 s+1)(\tau_2 s+1)\cdots(\tau_m s+1)}{s^v(T_1 s+1)(T_2 s+1)\cdots(T_n s+1)}$$

则幅相特性具有以下特点：

（1）起点：（$\omega=0$）完全由 $G(s)$ 中 $\frac{K}{s^v}$ 来确定，$G(j0) = \begin{cases} K\angle v(-90°) & v=0 \\ \infty\angle v(-90°) & v\neq 0 \end{cases}$

（2）$\omega \to 0$ 时，Ⅰ型系统的幅相曲线的渐近线是平行于虚轴的直线，其横坐标为

$$V_x = \lim_{\omega\to 0}R_e|G(j\omega)|$$

（3）终点：（$\omega \to \infty$），当 $n>m$ 时，$G(j\infty)=0\angle-90°(n-m)$，即幅相曲线以 $(n-m)$ 90°的相角与原点相切。

（4）当 $G(j\omega)$ 中不含有零点时，$|G(j\omega)|$ 及 $\angle G(j\omega)$ 一般会连续减小，曲线是连续收缩的。当含有微分环节时，$|G(j\omega)|$ 及 $\angle G(j\omega)$ 不一定会连续减小，曲线则可能会有凹凸。

（5）中间部分由零极点矢量随 ω 的变化趋势来大致确定。

特殊点的确定：

① $G(j\omega)$ 与负实轴的交点处的频率及幅值。

$s=j\omega$，当 $\angle G(j\omega_g)=\sum\varphi_i-\sum\theta_j=-180°$时

$$|G(j\omega_g)| = \frac{K\cdot|j\omega_g-z_1|\cdots|j\omega_g-z_m|}{|j\omega_g-p_1|\cdots|j\omega_g-p_n|}$$

② $|G(j\omega)|=1$ 时的频率和相角。

$s=j\omega$，当 $|G(j\omega_c)|=1$ 时，$\angle G(j\omega_c)=\sum\varphi_i-\sum\theta_j$

例 5-5 试绘制下列传递函数的幅相特性曲线图。

（1）$G(s)=\dfrac{5}{(2s+1)(8s+1)}$；（2）$G(s)=\dfrac{10(1+s)}{s^2}$

解：（1）$|G(j\omega)| = \dfrac{5}{\sqrt{(1-16\omega^2)^2+(10\omega)^2}}$

$$\angle G(j\omega) = -\arctan 2\omega-\arctan 8\omega = -\arctan\frac{10\omega}{1-16\omega^2}$$

取 ω 为不同值进行计算并描点画图，可以快速绘制出系统的幅相特性图：

① 起点：$\omega=0$ 时，$|G(j\omega)|_{\omega=0}=5$，$\angle G(j\omega)|_{\omega=0}=0°$

② 中间点：$\omega=0.25$ 时，$|G(j\omega)|_{\omega=0.25}=2$，$\angle G(j\omega)|_{\omega=0.25}=-90°$

③ 终点：$\omega=\infty$ 时，$|G(j\omega)|=0$，$\angle G(j\omega)=-180°$

所以概略绘制该系统的幅相特性如图 5.15(a) 所示。

（2）$|G(j\omega)| = \dfrac{10\sqrt{1+\omega^2}}{\omega^2}$，$\angle G(j\omega)=\arctan\omega-180°$

分析可知，系统的幅相特性曲线与负实轴没有交点。

① 起点：$\omega=0$ 时，$|G(j\omega)|=\infty$，$\angle G(j\omega)=-180°$

② 终点：$\omega=\infty$时，$|G(j\omega)|=0$，$\angle G(j\omega)=-90°$

所以概略绘制该系统的幅相特性如图 5.15(b)所示。

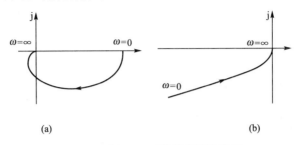

(a)   (b)

图 5.15 例 5-5 系统的幅相特性图

5.3 控制系统的对数频率特性图

对数频率特性图（又称 Bode 图）绘制方便且很容易估计出系统的性能，可以将幅频特性的乘除问题转化为对数幅频特性的加减问题，使分析方法简化，因此 Bode 图是广泛应用的工程法之一，也是频域分析方法中的一种重要图解方法。

5.3.1 典型环节的 Bode 图

控制系统通常由多个结构不同和性质不同的元件组成，依据它们的数学模型的特点或动态特性，可以将之归纳为几类典型环节。下面将介绍这些环节的 Bode 图。

1. 比例环节

比例环节的传递函数 $G(s)=K$，其特点是输出能够无滞后、无失真地复现输入信号。其频率特性为

$$G(j\omega)=K \qquad (5-28)$$

显然，它与频率无关，其对数幅频特性和对数相频特性分别为

$$\left.\begin{array}{l} L(\omega)=20\lg K \\ \varphi(\omega)=0° \end{array}\right\} \qquad (5-29)$$

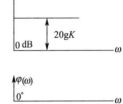

经分析可知，当 $K>1$ 时，其对数幅频特性 $L(\omega)$ 是一条平行于横轴且位于 0dB 之上的直线；当 $0<K<1$ 时，其对数幅频特性 $L(\omega)$ 是平行于横轴且位于 0dB 之下的直线。其相频曲线 $\varphi(\omega)=0°$。比例环节的 Bode 图如图 5.16 所示。

图 5.16 比例环节的 Bode 图

2. 微分环节

微分环节的传递函数 $G(s)=s$，频率特性为 $G(j\omega)=j\omega$，其对数幅频特性与对数相频特性分别为

$$\left.\begin{array}{l} L(\omega)=20\lg\omega \\ \varphi(\omega)=90° \end{array}\right\} \qquad (5-30)$$

自动控制原理

当 $\omega=1$ 时，$L(\omega)=0$ 所以微分环节的对数幅频曲线在 $\omega=1$ 处通过 0dB 线，其斜率为 20dB/dec，表示频率每增加十倍频程，幅值就增加 20dB；对数相频特性为 $90°$，因此其相频曲线是一条平行于横轴且距离纵坐标为 $90°$ 的直线。微分环节的 Bode 图如图 5.17 曲线① 所示。

3. 积分环节

积分环节的传递函数 $G(s)=1/s$，频率特性为 $G(j\omega)=1/j\omega$，其对数幅频特性与对数相频特性分别为

$$L(\omega)=-20\lg\omega \\ \varphi(\omega)=-90°$$ (5-31)

图 5.17 微/积分环节的 Bode 图

积分环节对数幅频曲线在 $\omega=1$ 处通过 0dB 线，其斜率为 -20dB/dec；对数相频特性为一条平行于横轴且距离纵坐标为 $-90°$ 的直线。积分环节的 Bode 图如图 5.17 曲线②所示。

由图 5.17 可知，积分环节与微分环节的 Bode 图对称于横轴。这是因为两个环节的传递函数互为倒数，所以其对数频率特性的幅值和相角总是大小相等、方向相反。事实上若任意两个环节的传递函数互为倒数，那么它们的对数幅相特性曲线总是对称于 0dB，对数相频特性曲线图则对称于 $0°$ 线。

4. 惯性环节

惯性环节的传递函数 $G(s)=\dfrac{1}{1+Ts}$，频率特性 $G(j\omega)=\dfrac{1}{1+j\omega t}$，其对数幅频特性与对数相频特性表达式为

$$L(\omega)=-20\lg\sqrt{1+\left(\dfrac{\omega}{\omega_1}\right)^2} \\ \varphi(\omega)=-\arctan\dfrac{\omega}{\omega_1}$$ (5-32)

式中，$\omega_1=\dfrac{1}{T}$，$\omega T=\dfrac{\omega}{\omega_1}$。

绘制时可以带入不同的 ω 值到式(5-32)计算不同的 $L(\omega)$，但一般用渐近线的方法先画出曲线的大致图形，然后再加以准确的修正。

低频段上，当 $\omega\ll\omega_1$（即 $\omega T\ll1$）时，则有

$$L(\omega)=20\lg|G(j\omega)|\approx-20\lg1=0\text{dB}$$ (5-33)

式(5-33)表明 $L(\omega)$ 的低频段渐近线是 0dB 水平线。

高频段上，当 $\omega\gg\omega_1$（即 $\omega T\gg1$）时，则有

$$L(\omega)=20\lg|G(j\omega)|=-20\lg(\omega T)$$ (5-34)

式(5-34)表明 $L(\omega)$ 的高频段渐近线是斜率为 -20dB/dec 的直线。两条渐近线的交点频率 $\omega_1=1/T$ 称为转折频率。

在确定出转折频率以后，就可以方便地绘制出惯性环节对数幅频特性 $L(\omega)$ 的高频和低频渐近线与精确曲线，以及其对数相频曲线 $\varphi(\omega)$，如图 5.18 曲线①所示。其中，幅值的最大误差发生在 $\omega_1=1/T$ 处，其值近似等于 -3dB，在要求精确的场合，可用图 5.19

所示的误差曲线来进行修正。惯性环节的对数相频特性从 $0°$ 变化到 $-90°$，且关于点 $(\omega_1, -45°)$ 对称。

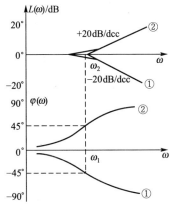

图 5.18　惯性环节/一阶微分
环节的 **Bode** 图

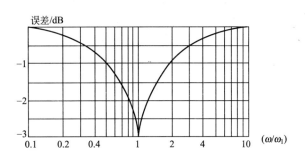

图 5.19　惯性环节对数相频特性误差修正曲线

5. 一阶微分环节

一阶微分环节的传递函数为 $G(s)=1+Ts$，是惯性环节的倒数，频率特性 $G(\mathrm{j}\omega)=1+\mathrm{j}\omega t$。其对数幅频特性与对数相频特性表达式为

$$\left.\begin{array}{l}L(\omega)=20\lg\sqrt{1+\left(\dfrac{\omega}{\omega_1}\right)^2}\\[4mm]\varphi(\omega)=\arctan\dfrac{\omega}{\omega_1}\end{array}\right\} \tag{5-35}$$

一阶微分环节的 Bode 图如图 5.18 曲线②所示。若一阶微分环节与惯性环节具有相同的时间常数，那么它们的对数幅相特性图基于横轴对称。

6. 二阶振荡环节

二阶振荡环节的传递函数为 $G(s)=\dfrac{1}{T^2s^2+2\zeta Ts+1}$，频率特性为

$$G(\mathrm{j}\omega)=\dfrac{1}{1-\left(\dfrac{\omega}{\omega_\mathrm{n}}\right)^2+\mathrm{j}2\zeta\left(\dfrac{\omega}{\omega_\mathrm{n}}\right)} \tag{5-36}$$

式中，$\omega_\mathrm{n}=\dfrac{1}{T}$，$0<\zeta<1$。

其对数幅频与对数相频特性表达式为

$$\left.\begin{array}{l}L(\omega)=-20\lg\sqrt{\left[1-\left(\dfrac{\omega}{\omega_\mathrm{n}}\right)^2\right]^2+\left(2\zeta\dfrac{\omega}{\omega_\mathrm{n}}\right)^2}\\[4mm]\varphi(\omega)=-\arctan\dfrac{2\zeta\omega/\omega_\mathrm{n}}{1-(\omega/\omega_\mathrm{n})^2}\end{array}\right\} \tag{5-37}$$

低频段上，$\dfrac{\omega}{\omega_\mathrm{n}}\ll1$（即 $\omega T\ll1$）时，忽略式(5-37)中的 $\left(\dfrac{\omega}{\omega_\mathrm{n}}\right)^2$ 和 $2\zeta\dfrac{\omega}{\omega_\mathrm{n}}$ 项，则有

$$L(\omega)\approx-20\lg1\mathrm{dB}=0\mathrm{dB} \tag{5-38}$$

式(5-38)表明 $L(\omega)$ 的低频段渐近线是一条 0dB 的直线,与 ω 轴重合。

高频段上,$\dfrac{\omega}{\omega_n} \gg 1$(即 $\omega T \gg 1$)时,忽略式(5-37)中的 1 和 $2\zeta\dfrac{\omega}{\omega_n}$ 项,则有

$$L(\omega) = -20\lg\left(\frac{\omega}{\omega_n}\right)^2 = -40\lg\frac{\omega}{\omega_n} \qquad (5-39)$$

式(5-39)表明 $L(\omega)$ 的高频段渐近线是一条斜率为 -40dB/dec 的直线。

由此可知,低频渐进线与高频渐近线相交于 $\omega = 1/T$,称为振荡环节的转折频率,转折频率就是其自然频率 ω_n,其对数幅相特性曲线如图 5.20 所示。从该图可以看出,曲线的精度随 ζ 的不同而不同,因此渐近线的误差也随 ζ 的不同而不同。当 $\zeta < 0.707$ 时,曲线出现谐振峰值,并且随着 ζ 值的减小,对数幅频特性在转折处附近呈现出越来越明显的"突起",表明振荡越来越厉害,误差越大。突起的峰值并不在转折频率上,而是略小于转折频率 ω_n,并且 ζ 越小越接近 ω_n。振荡环节的误差修正曲线如图 5.21 所示。从该图可以看出,不同 ζ 值的半对数相频特性在转折频率处都有 $-90°$ 的相位滞后,ζ 越小时,滞后主要发生在转折频率附近;ζ 越大时,滞后主要发生在转折频率前后的较宽频带。

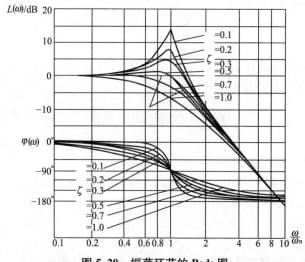

图 5.20　振荡环节的 Bode 图

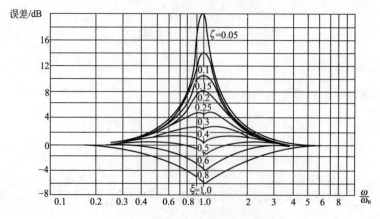

图 5.21　振荡环节的误差修正曲线

7. 二阶微分环节

二阶微分环节的传递函数为 $G(s)=T^2s^2+2\zeta Ts+1$，频率特性为

$$G(\mathrm{j}\omega)=1-\left(\frac{\omega}{\omega_n}\right)^2+\mathrm{j}2\zeta\left(\frac{\omega}{\omega_n}\right) \tag{5-40}$$

式中，$\omega_n=\dfrac{1}{T}$，$0<\zeta<1$。

其对数幅频特性与对数相频特性表达式为

$$\left.\begin{aligned}L(\omega)&=20\lg\sqrt{\left[1-\left(\frac{\omega}{\omega_n}\right)^2\right]^2+\left(2\zeta\frac{\omega}{\omega_n}\right)^2}\\ \varphi(\omega)&=\arctan\frac{2\zeta\omega/\omega_n}{1-(\omega/\omega_n)^2}\end{aligned}\right\} \tag{5-41}$$

二阶微分环节与振荡环节互为倒数，若它们的时间常数是相同的，则两个环节的 Bode 图关于频率轴对称。

8. 延迟环节

延迟环节的传递函数为 $G(s)=\mathrm{e}^{-\tau s}$，频率特性为

$$G(\mathrm{j}\omega)=\mathrm{e}^{-\mathrm{j}\tau\omega}=A(\omega)\mathrm{e}^{\mathrm{j}\varphi(\omega)} \tag{5-42}$$

式中，$A(\omega)=1$，$\varphi(\omega)=-\tau\omega$

其对数幅频特性与对数相频特性表达式为

$$\left.\begin{aligned}L(\omega)&=20\lg|G(\mathrm{j}\omega)|=0\\ \varphi(\omega)&=-\tau\omega\end{aligned}\right\} \tag{5-43}$$

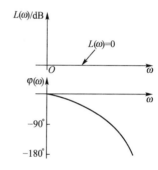

延迟环节的对数幅频特性与 $L(\omega)=0$ 的直线重合，即与 ω 轴重合；对数相频特性值与 ω 成正比，当 $\omega\to\infty$ 时，则 $\varphi(\omega)\to\infty$。延迟环节的 Bode 图如图 5.22 所示。

图 5.22　延迟环节的 Bode 图

5.3.2　开环系统的 Bode 图

复杂控制系统通常由多个同类或不同类型的环节组成，但直接绘制其对数幅相特性图是非常困难且很繁琐的事情。因此在实际应用中，先将系统的开环传递函数分解成多个典型环节乘积的形式，然后对各个环节的转折频率按照从小到大的顺序排列，并逐一绘制对应各环节的对数幅频和相频特性曲线，最后将它们进行叠加就可获得开环系统的 Bode 图。

设开环系统由 n 个环节串联组成，系统频率特性为

$$\begin{aligned}G(\mathrm{j}\omega)&=G_1(\mathrm{j}\omega)G_2(\mathrm{j}\omega)\cdots G_n(\mathrm{j}\omega)\\ &=A_1(\omega)\mathrm{e}^{\mathrm{j}\varphi_1(\omega)}\cdot A_2(\omega)\mathrm{e}^{\mathrm{j}\varphi_2(\omega)}\cdots A_n(\omega)\mathrm{e}^{\mathrm{j}\varphi_n(\omega)}\\ &=A(\omega)\mathrm{e}^{\mathrm{j}\varphi(\omega)}\end{aligned} \tag{5-44}$$

式中，$A(\omega)=A_1(\omega)\cdot A_2(\omega)\cdots A_n(\omega)$。对式(5-44)取对数，则有

$$\begin{aligned}L(\omega)&=20\lg A_1(\omega)+20\lg A_2(\omega)+\cdots+20\lg A_n(\omega)\\ &=L_1(\omega)+L_2(\omega)+\cdots+L_3(\omega)\end{aligned} \tag{5-45}$$

$$\varphi(\omega)=\varphi_1(\omega)+\varphi_2(\omega)+\cdots\varphi_n(\omega) \tag{5-46}$$

式中，$A_i(\omega)$ $(i=1,2,\cdots,n)$ 为各环节的幅频特性；$L_i(\omega)$ 和 $\varphi_i(\omega)$ 分别为各环节的对数幅频特性和相频特性。因此，通过绘制 $G(\mathrm{j}\omega)$ 的各环节的对数幅频特性和对数相频特性曲线，并将它们分别叠加即求得开环系统的 Bode 图。最小相位系统对数幅频特性与相频特性是一一对应的关系，是唯一确定的。对数幅频特性是下降的，表明系统具有低通滤波性。下面详细介绍 Bode 图的绘制步骤：

(1) 将开环传递函数写成唯一的标准形式，即各环节的传递函数的常数项为 1。

(2) 确定系统的开环增益 K，并计算 $20\lg K$ 的分贝值。

(3) 把各典型环节的转折频率由小到大排序，并依次标注在频率轴上。

(4) 绘制开环对数幅频特性的渐近线。由于系统低频段渐近的频率特性为 $K/(\mathrm{j}\omega)^v$，所以低频段渐近为过点 $(1, 20\lg K)$ 斜率为 $-20v\mathrm{dB/dec}$ 的直线（v 为积分环节数）。

(5) 从低频段开始，沿频率增大的方向每遇到一个转折频率就改变一次斜率。其规律是遇到惯性环节的转折频率，则斜率变化量为 $-20\mathrm{dB/dec}$；遇到一阶微分环节的转折频率，斜率变化量为 $20\mathrm{dB/dec}$；遇到振荡环节的转折频率，斜率变化量为 $-40\mathrm{dB/dec}$；遇到二阶微分环节，斜率变化量为 $40\mathrm{dB/dec}$ 等。渐近线最后一段（高频段）的斜率为 $-20(n-m)\mathrm{dB/dec}$，其中 n、m 分别为开环传递函数的分母与分子的阶次。

(6) 按照各典型环节的误差曲线对相应段的渐近线进行修正，即可获得精确的对数幅频特性曲线。

(7) 绘制相频特性曲线。分别绘出各环节的相频特性曲线，再沿频率增大的方向逐点叠加，最后将相加点连接成曲线。

(8) 为了获得准确的低频渐近线，还需要在该直线上确定一点。通常用下面三种方法。

① 在 $\omega<\omega_{\min}$ 范围内，任选一点 ω_0，计算 $L(\omega_0)=20\lg K-20v\lg\omega_0$，其中 $\omega_{\min}$ 为各环节中最小的转折频率值，v 为积分环节数。

② 取频率为特定值 $\omega_0=1$，则 $L(1)=20\lg K$。

③ 取 $L(\omega_0)$ 为特殊值 0，则有 $\dfrac{K}{\omega_0^v}=1$，$\omega_0=K^{\frac{1}{v}}$，于是，过点 $(\omega_0, L(\omega_0))$ 在 $\omega<\omega_{\min}$ 范围内是斜率为 $-20\mathrm{dB/dec}$ 的直线。若 $\omega>\omega_{\min}$，则点 $(\omega_0, L_a(\omega_0))$ 位于低频渐近特性曲线的延长线上。

注意，当系统的多个环节具有相同的交接频率的时候，该交接频率点处的斜率变化应该是各个环节对应的斜率变化的代数和。

例 5-6 已知系统的开环传递函数，试绘制其 Bode 图。

$$G(s)=\frac{64(s+2)}{s(s+0.5)(s^2+3.2s+64)}$$

解： 首先将 $G(s)$ 化成标准形式为

$$G(s)=\frac{4\left(\dfrac{s}{2}+1\right)}{s\left(\dfrac{s}{0.5}+1\right)\left(\dfrac{s^2}{8^2}+0.4\times\dfrac{s}{8}+1\right)}$$

此系统由比例环节、积分环节、惯性环节、一阶微分环节和振荡环节共 5 个环节组成。

确定转折频率：

惯性环节转折频率 $\qquad \omega_1=1/T_1=0.5$；

一阶复合微分环节转折频率 $\qquad \omega_2=1/T_2=2$；

振荡环节转折频率 $\qquad \omega_3=1/T_3=8$。

开环增益 $K=4$，系统型别 $v=1$，低频起始段由 $\dfrac{K}{s}=\dfrac{4}{s}$ 决定。

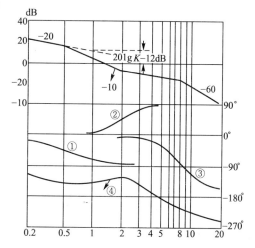

图 5.23　例 5-6 系统的开环对数频率特性曲线图

绘制 Bode 图的步骤如下（见图 5.23）。

（1）过 $\omega=1$，$20\lg K$ 点作一条斜率为 -20dB/dec 的直线，此即为低频段的渐近线。

（2）在 $\omega_1=0.5$ 处，将渐近线斜率由 -20dB/dec 变为 -40dB/dec，这是惯性环节作用的结果。

（3）在 $\omega_2=2$ 处，由于一阶微分环节的作用使渐近线斜率又增加 20dB/dec，即由原来的 -40dB/dec 变为 -20dB/dec。

（4）在 $\omega_3=8$ 处，由于振荡环节的作用，渐近线频率改变 -40dB/dec 形成了 -60dB/dec 的线段。

（5）若有必要，可利用误差曲线修正。

（6）对数相频特性，比例环节相角恒为零，积分环节相角恒为 $-90°$，惯性环节、一阶微分和振荡环节的对数相频曲线，分别如图 5.23 中①、②、③所示。开环系统的对数相频曲线由叠加得到，如曲线④所示。

5.3.3 最小相角系统和非最小相角系统

当系统开环传递函数中在 s 右半平面无极点或零点，且不包含延时环节时，称该系统为最小相角系统，否则称为非最小相角系统。具有相同幅频特性的系统，最小相角系统的相角变化范围最小，而任何非最小相角系统的相角变化都大于最小相角系统的相角变化范围，故由此得名最小相角。在系统分析中应当注意正确区分和处理非最小相角系统。

例 5-7 判断 $G_1(s)=\dfrac{1+T_1s}{1+T_2s}$，$G_2(s)=\dfrac{1-T_1s}{1+T_2s}$ 是否为最小相角系统。

解： 由频率特性

$$G_1(j\omega)=\frac{1+jωT_1}{1+jωT_2}=\frac{\sqrt{1+T_1^2\omega^2}}{\sqrt{1+T_2^2\omega^2}}\angle(\arctan^{-1}T_1\omega-\arctan^{-1}T_2\omega)$$

$$G_2(j\omega)=\frac{1-jωT_1}{1+jωT_2}=\frac{\sqrt{1+T_1^2\omega^2}}{\sqrt{1+T_2^2\omega^2}}\angle(-\arctan^{-1}T_1\omega-\arctan^{-1}T_2\omega)$$

分析可得 $\qquad |G_1(j\omega)|=|G_2(j\omega)|$，$\angle G_1(j\omega)\neq\angle G_2(j\omega)$

$G_1(s)$ 的相角变化范围最小，$G_2(s)$ 的相角变化范围较大，所以 $G_1(s)$ 为最小相角系统而 $G_2(s)$ 为非最小相角系统。

对于最小相角系统，对数幅频特性与对数相频特性之间存在唯一确定的对应关系，根据对数幅频特性就可以完全确定相应的对数相频特性和传递函数，反之亦然。由于对数幅频特性容易绘制，所以在分析最小相角系统时，通常只画其对数幅频特性，对数相频特性则只需概略画出，或者不画。

例 5-8 已知某些部件的开环对数幅频特性如图 5.24 所示，试写出它们的传递函数 $G(s)$，并计算出各环节参数值。

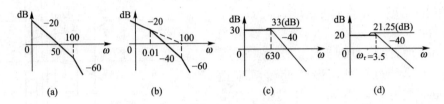

图 5.24 例 5-8 系统的开环对数幅频特性曲线图

解： 分析图 5.24 各图，计算出各图的传递函数如下：

(a) 图系统的传递函数 $G(s) = \dfrac{K}{s(s/\omega_1+1)^2} = \dfrac{50}{s(0.01s+1)^2}$

(b) 图系统的传递函数 $G(s) = \dfrac{K}{s(s/\omega_1+1)(s/\omega_2+1)} = \dfrac{100}{s(100s+1)(0.01s+1)}$

(c) 图系统的传递函数 $G(s) = \dfrac{K\omega_n^2}{s^2+2\zeta\omega_n s+\omega_n^2} = \dfrac{31.6\times644^2}{s^2+189s+644^2}$

式中，ω_n、ζ 由 $\omega_r = \omega_n\sqrt{1-2\zeta^2}$，$M_r = \dfrac{1}{2\zeta\sqrt{1-\zeta^2}}$，得 $\zeta = 0.147$，$\omega_n = 644$。

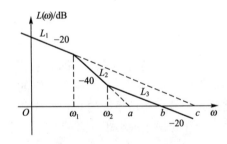

**图 5.25 例 5-9 系统的开环
对数幅频特性图**

(d) 图系统的传递函数 $G(s) = \dfrac{K\omega_n^2}{s^2+2\zeta\omega_n s+\omega_n^2} =$

$\dfrac{10\times3.55^2}{s^2+0.852s+3.55^2}$

式中，$\zeta = 0.12$，$\omega_n = 3.55$。

例 5-9 已知某最小相角系统的开环对数幅频特性如图 5.25 所示，其中 a、b 和 c 为已知频率值。试求该系统的开环传递函数 $G(s)$。

解： 由图 5.25 可知，系统的开环传递函数为

$G(s) = \dfrac{K(s/\omega_2+1)}{s(s/\omega_1+1)}$，式中 K、ω_1 和 ω_2 待定，且有

$L_1: K_1/s$，$K_1 = K = c$；$L_2: K_2/s^2$，$K_2 = a^2$；$L_3: K_3/s$，$K_3 = b$

ω_1 为 L_1 与 L_2 的交点，则有 $c/\omega_1 = a^2/\omega_1^2$，$\omega_1 = a^2/c$。

ω_2 为 L_2 与 L_3 的交点，则有 $a^2/\omega_2^2 = b/\omega_2$，$\omega_2 = a^2/b$。

故系统的开环传递函数为

$$G(s) = \frac{c\left(\dfrac{b}{a^2}s+1\right)}{s\left(\dfrac{c}{a^2}s+1\right)} = \frac{c(bs+a^2)}{s(cs+a^2)}$$

5.4 频域稳定判据

奈奎斯特稳定判据,简称奈氏判据,是控制系统的频域稳定判据,是利用系统的开环频率特性 $G(j\omega)H(j\omega)$ 来判断闭环系统的稳定性。奈氏判据不仅可以判断闭环系统是否稳定以及不稳定系统的不稳定闭环极点数,还能够给出系统的相对稳定性(即稳定裕度)。另外,奈氏判据是通过作图分析,计算量小,信息量大,且可以用实验手段获得频率特性。奈氏判据使用方便,易于推广。

5.4.1 奈氏判据的数学基础

1. 柯西幅角原理

对于复变函数

$$F(s)=\frac{k(s-z_1)(s-z_2)\cdots(s-z_m)}{(s-p_1)(s-p_2)\cdots(s-p_n)} \tag{5-47}$$

s 为复变量,以 s 复平面上的 $s=\sigma+j\omega$ 表示。$F(s)$ 为复变函数,$F(s)$ 复平面上的 $F(s)=Re+jIm$。对于 s 平面上除了有限奇点之外的任一点 s,复变函数 $F(s)$ 为解析函数,即单值、连续的函数,则 s 平面上的每一点都必将会在 $F(s)$ 平面上有与之对应的映射点。

设有 $F(s)=(s+2)/(s+3)$,则 s 平面与 F 平面的映射关系如图 5.26 所示。

若在 s 平面上绘制一条封闭曲线,并使其不通过 $F(s)$ 平面的任一奇点,则在 $F(s)$ 平面上必定有一条对应的映射曲线。若 s 平面上的封闭曲线是沿顺时针方向运动,则在 $F(s)$ 平面上的封闭曲线的运动方向由 $F(s)$ 函数的特性决定。

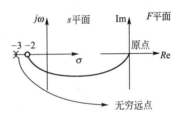

图 5.26 s 平面与 F 平面的映射关系

由式(5-47)可计算出 $F(s)$ 的相角为

$$\angle F(s) = \sum_{j=1}^{m} \angle(s-z_j) - \sum_{i=1}^{n} \angle(s-p_i) \tag{5-48}$$

设在 s 平面上的封闭曲线包围了一个零点 z_1,其他零极点都在封闭曲线之外。当 s 沿着 s 平面上的封闭曲线顺时针方向移动一周时,向量 $(s-z_1)$ 的相角变化了 $-2\pi \mathrm{rad}$,而其他各相量的相角变化为 0,也就是说在 $F(s)$ 平面上的映射曲线沿顺时针方向围绕原点旋转了一周;同理可以推知,若 s 平面上的封闭曲线包围了一个极点 p_1,当 s 沿着 s 平面上的封闭曲线顺时针方向移动一周时,则在 $F(s)$ 平面上的映射曲线沿逆时针方向围绕原点旋转了一周。综上所述,可以归纳如下:

柯西幅角原理 设 s 平面上不通过 $F(s)$ 任何奇点的某条封闭曲线 D,它包围了 $F(s)$ 在 s 平面上的 Z 个零点和 P 个极点。当 s 以顺时针方向沿封闭曲线 D 移动一周时,则在 F 平面上对应于封闭曲线 D 的像 D_F 将围绕原点旋转 R 圈。R 与 Z、P 的关系为

$$R=P-Z \tag{5-49}$$

$R>0$ 和 $R<0$ 分别表示 D_F 逆时针和顺时针包围 $F(s)$ 平面上的原点,$R=0$ 表示 D_F 不包围 $F(s)$ 平面上的原点。

2. 辅助函数 $F(s)$

控制系统的稳定性判定是利用已知的开环传递函数来判定闭环系统的稳定性。为应用柯西幅角原理，选择辅助函数的思路是：使 $F(s)$ 与系统传递函数相联系。选择 $F(s)$ 为

$$F(s)=1+G(s)H(s)=1+\frac{N_0(s)}{D_0(s)}=\frac{D_0(s)+N_0(s)}{D_0(s)}=\frac{D_C(s)}{D_0(s)} \qquad (5-50)$$

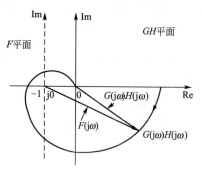

图 5.27 F 平面与 GH 平面的关系图

$F(s)$ 具有以下特点：

（1）$F(s)$ 的零点为闭环传递函数的极点，$F(s)$ 的极点为开环传递函数的极点。

（2）通常开环传递函数分母多项式的阶次一般大于或等于分子多项式的阶次，所以 $F(s)$ 的零、极点数相同。

（3）s 沿闭合曲线 D 运动一周所产生的两条闭合曲线 D_F 和 D_{GH} 只相差常数 1。这意味着 F 平面上的坐标原点就是 GH 平面上的 $(-1, j0)$ 点，如图 5.27 所示。

3. s 平面上闭合曲线 D 的选择

$F(s)$ 的零点位置就决定了系统的稳定性，因此若 D 曲线包围了右半 s 平面且 $Z=0$，则系统闭环稳定。

考虑到闭合曲线 D 应不通过 $F(s)$ 的零极点的要求，将 D 扩展为整个右半 s 平面，因此 D 由以下 3 段所组成：

（1）$s=j\omega$，$\omega\in[0, +\infty]$，即正虚轴。

（2）$s=\infty e^{j\theta}$，$\theta\in[90°, -90°]$，即半径为无限大的右半圆。

（3）$s=j\omega$，$\omega\in[-\infty, 0]$，即负虚轴。

由此 3 段构成的闭合曲线 D 又称为奈奎斯特路径，如图 5.28(a) 所示。

若 GH 平面在虚轴上有极点，为了避开开环虚极点，对 5.28(a) 上的曲线 D 进行扩展，使其沿着半径为无穷小($r \rightarrow 0$)的右半圆绕过虚轴上的极点，形成图 5.28(b) 所示的曲线。半径无穷小的右半圆的局部放大图如图 5.28(c) 所示。

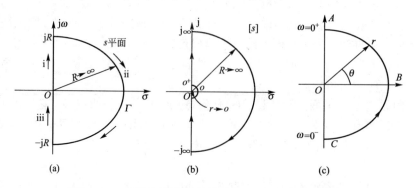

图 5.28 s 平面上扩展前后的闭合曲线 D 及局部放大图

若 GH 含有积分环节（即 GH 平面在原点处有极点），原点附近取 $s=re^{j\theta}(r\to0)$ $\theta\in[-90°，90°]$，即圆心为原点，半径为无穷小的圆；若 GH 含有等幅振荡环节（即 GH 平面在虚轴上有极点），在 $\pm j\omega$ 附近，取 $s=\pm j\omega+re^{j\theta}(r\to0,\ \theta\in[-90°，90°])$，即圆心为 $\pm j\omega$，半径为无穷小的圆。将图 5.28(a) 和图 5.28(b) 比较可知，扩展后的 D 除了存在无穷小的半圆外，其他部分与 D 相同。

函数 $F(s)$ 位于右半 s 平面的极点数，即开环传递函数 $G(s)H(s)$ 位于右半 s 平面的极点数 P，应不包括 $G(s)H(s)$ 位于 s 平面虚轴上的极点数。

4. 闭合曲线 D_{GH} 的绘制

第一类情况：开环传递函数中无纯积分环节或振荡环节。GH 平面上绘制与 D 相对应的映射曲线 D_{GH}，当 s 沿 D 顺时针变化一周时，分析 D_{GH} 将由下面几段组成：

(1) 正虚轴对应的是系统的开环幅相特性曲线 $G(j\omega)H(j\omega)$。

(2) 半径为无穷大的右半圆对应的是 $G(s)H(s)\to0$。由于 $G(s)H(s)$ 的分母阶次高于分子阶次，当 $s\to\infty$ 时，$G(s)H(s)\to0$。

(3) 负虚轴对应的是 $G(j\omega)H(j\omega)$ 对称于实轴的镜像。

s 平面上的闭合曲线 D 关于实轴对称，$G(s)H(s)$ 又为实系数有理分式函数，所以闭合曲线 D_{GH} 也关于实轴对称，因此只需绘制 D_{GH} 在 $\text{Im}s\geqslant0$，$s\in D$ 对应的曲线段，得到 $G(s)H(s)$ 的半闭合曲线，称为奈奎斯特路径（简称奈氏路径），仍然记为 D_{GH}。

第二类情况：当开环传递函数中有纯积分环节或振荡环节，就表示 s 平面原点或虚轴上有极点。以纯积分环节为例，图 5.28(b) 所示的小半圆绕过了原点处的极点，使奈氏路径避开了极点，又包围了整个右半 s 平面，因此在绘制幅相曲线时，s 取值需要先从 $j0$（对应图 5.28(c) 中的 B 点）绕半径无限小的圆弧逆时针转 90° 至 $j0^+$（对应图 5.28(c) 中的 A 点），然后再沿虚轴到 $j\infty$。这样需补充 $s=j0\to j0^+$ 小圆弧所对应的 $G(j\omega)H(j\omega)$ 特性曲线。

设系统开环传递函数为

$$G(s)H(s)=\frac{1}{s^v}G_1(s)H_1(s)(v>0,\ |G_1(j0)H_1(j0)|\neq\infty) \tag{5-51}$$

式中，v 为系统型别。当沿着无穷小半圆逆时针方向移动时，有 $s=\lim\limits_{r\to0}re^{j\theta}$，映射到 GH 平面的曲线可求得

$$G(s)H(s)\Big|_{s=\lim\limits_{r\to0}re^{j\theta}}=\frac{1}{s^v}G_1(s)H_1(s)\Big|_{s=\lim\limits_{r\to0}re^{j\theta}}=\lim\limits_{r\to0}\frac{1}{r^v}e^{-j\theta}=\infty e^{-j\theta} \tag{5-52}$$

经上述分析可知，当 s 沿小半圆从 $\omega=0$ 变化到 $\omega=0^+$ 时，θ 角沿逆时针方向从 0 变化到 $\pi/2$，GH 平面上的 D_{GH} 将从 $G_1(j0)H_1(j0)$ 点起，沿半径为 ∞ 的圆弧按顺时针方向转过 $-v\pi/2$ 角度。

例 5-10 已知系统的开环传递函数

$$G(s)H(s)=\frac{k}{s(s+1)}$$

试绘制其在 GH 平面上的闭合曲线 D_{GH}。

解： $v=1$，系统为 I 型系统。起点：$\omega=0$，$G(j0)H(j0)=\infty\angle-90°$；终点：$\omega\to\infty$，$G(j\infty)H(j\infty)=0\angle-180°$。由于系统无开环零点，因此其开环幅相特性曲线是单调减小，如图 5.29(a) 所示，并添加 $\omega=-\infty\to0$ 部分的奈氏路径。

由于该系统有一个开环节点，因此应当在图 5.29(a) 上补充 $s=j0\to j0^+$ 小圆弧（见图 5.28(c)）所对应的 $G(j\omega)H(j\omega)$ 特性曲线。由前可知，该段 $G(j\omega)H(j\omega)$ 特性曲线将从 $G_1(j0)H_1(j0)$ 点起，沿半径为∞的圆弧按顺时针方向转过 $-\pi/2$ 角度，并添加 $\omega=-\infty\to0$ 部分的奈氏路径，从而获得完整的 D_{GH}，如图 5.29(b) 所示。

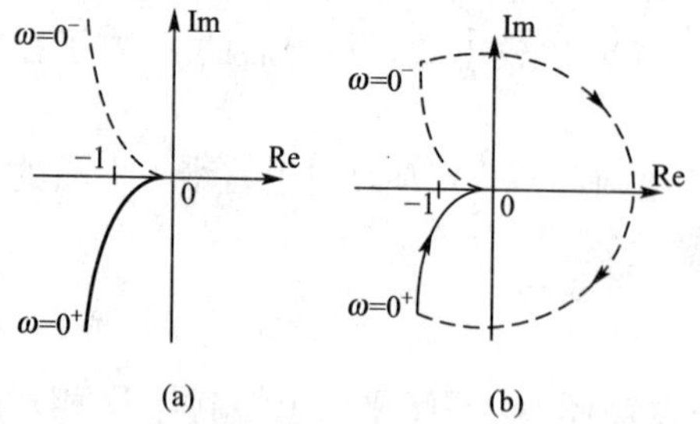

图 5.29 系统在 GH 平面上的闭合曲线 D_{GH}

5.4.2 奈氏判据

式(5-49)中的 Z 和 P 分别为闭环传递函数和开环传递函数在右半 s 平面上的极点数，R 是 F 平面上 D_F 包围原点的圈数，即 GH 平面上的系统开环幅相特性曲线及其镜像包围 $(-1,j0)$ 的圈数。实际上通常只绘制半闭合曲线 D_{GH} 而不绘制其镜像曲线，有

$$R=2N=2(N_+-N_-) \tag{5-53}$$

式中，N 为半闭合曲线 D_{GH} 穿越 GH 平面上 $(-1,j0)$ 点左侧负实轴的次数，N_+ 表示正穿越的次数和（从上向下穿越），N_- 表示负穿越的次数和（从下向上穿越）。在奈氏图上，正穿越一次，对应于幅相曲线逆时针包围 $(-1,j0)$ 点一圈，而负穿越一次，对应于顺时针包围点 $(-1,j0)$ 一圈。

奈氏判据 闭环控制系统稳定的充要条件是半闭合曲线 D_{GH} 不穿过点 $(-1,j0)$ 且逆时针包围临界点 $(-1,j0)$ 的圈数 R 等于开环传递函数位于右半 s 平面的极点数 P。

将式(5-53)代入式(5-49)，可得奈氏判据为

$$Z=P-2N \tag{5-54}$$

式中，Z 是右半 s 平面中闭环极点的个数；P 是右半 s 平面中开环极点的个数；N 是 GH 平面上 $G(j\omega)H(j\omega)$ 包围 $(-1,j0)$ 点的圈数（逆时针为正）。显然，只有当 $Z=P-2N=0$ 时，闭环系统才是稳定的。

当半闭合曲线 D_{GH} 穿过 $(-1,j0)$ 点时，表示存在 $s=\pm j\omega_n$，使得 $G(\pm j\omega_n)H(\pm j\omega_n)=-1$，表示系统的闭环特征方程存在共轭纯虚根，则系统可能临界稳定。因此计算 D_{GH} 的穿越次数 N 时，应注意不计及 D_{GH} 穿越点 $(-1,j0)$ 的次数。

例 5-11 已知系统的开环传递函数，其中 $K>0$。试用奈氏判据判断系统的稳定性。

$$G(s)H(s)=\frac{K}{(T_1s+1)(T_2s+1)}$$

解： 绘出系统的开环幅相特性曲线如图 5.30 所示。当 $\omega=0$ 时，曲线起点在实轴上 $G(j0)H(j0)=K\angle0°$；当 $\omega=\infty$ 时，曲线终点为 $G(j\infty)H(j\infty)=0\angle-180°$。

分析： 在右半 s 平面上，系统的开环极点数 $P=0$。开

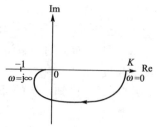

图 5.30 例 5-11 系统的开环幅相特性曲线

环频率特性 $G(j\omega)H(j\omega)$ 随着 ω 从 $0\rightarrow+\infty$ 时，逆时针方向包围 $(-1,j0)$ 点 0 圈，即 $N=0$。由式 $(5-54)$ 可求得闭环系统在右半 s 平面的极点数为 $Z=P-2N=0-0=0$，所以闭环系统稳定。

例 5 - 12 已知系统的开环传递函数，试用奈氏判据判断系统的稳定性。

$$G(s)H(s)=\frac{100}{(s+1)(0.5s+1)(0.2s+1)}$$

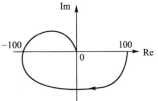

图 5.31 例 5 - 12 系统的
开环幅相特性曲线

解：绘出系统的开环幅相特性曲线如图 5.31 中的实线所示。

当 $\omega=0$ 时，曲线起点为 $G(j0)H(j0)=100\angle 0°$；

当 $\omega=\infty$ 时，曲线终点为 $G(j\infty)H(j\infty)=0\angle-270°$；

幅相特性曲线和负实轴相交，即令 $\mathrm{Im}[G(j\omega)H(j\omega)]=0\Rightarrow\omega_g=\sqrt{17}$，计算开环幅相特性曲线与实轴的交点：$\mathrm{Re}[G(j\omega)H(j\omega)]|_{\omega=\omega_g}=-100$。

分析：右半 s 平面上的开环极点数 $P=0$。开环频率特性 $G(j\omega)H(j\omega)$ 随着 ω 从 $0\rightarrow+\infty$ 时，$N_+=0$，$N_-=1$，即 $N=N_+-N_-=-1$。由式 $(5-54)$ 可求得闭环系统在右半 s 平面的极点数为 $Z=P-2N=0-(-2)=2$，有两个闭环极点在右半平面，所以系统不稳定。

例 5 - 13 已知系统开环传递函数为

$$G(s)H(s)=\frac{K(s+3)}{s(s-1)}$$

试绘制奈氏曲线图，并分析闭环系统的稳定性。

解：由于 $G(s)H(s)$ 在右半 s 平面有一极点，故 $P=1$。当 $0<K<1$ 时，其奈氏曲线如图 5.32(a)所示，图中可见 ω 从 0 到 $+\infty$ 变化时，奈氏曲线逆时针包围 $(-1,j0)$ 点 $-1/2$ 圈，即 $N_+=0$，$N_-=1/2$，$N=N_+-N_-=-1/2$，$Z=P-2N=2$，因此闭环系统不稳定。当 $K>1$ 时，其奈氏曲线如图 5.32(b)所示，当 ω 从 0 到 $+\infty$ 变化时，奈氏曲线逆时针包围 $(-1,j0)$ 点 $1/2$ 圈，$N_+=1$，$N_-=1/2$，$N=N_+-N_-=1/2$，$Z=P-2N=0$，此时闭环系统是稳定的。

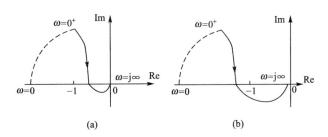

图 5.32 例 5 - 13 系统的奈氏曲线图

5.4.3 对数频率稳定判据

实际上，系统的频域分析设计除了应用奈氏判据还通常利用 Bode 图进行判定。由于半闭合曲线 D_{GH} 可以转换为半对数坐标下的曲线，因此可以将奈氏判据推广到 Bode 图上，以 Bode 图的形式表现出来，即为对数频率稳定判据。在 Bode 图上运用奈氏判据的关键在

于确定 D_{GH} 曲线的穿越次数 N。

系统开环频率特性的奈氏曲线与 Bode 图存在一定的对应关系,如图 5.33 所示。奈氏曲线图上 $|G(j\omega)H(j\omega)|=1$ 的单位圆与 Bode 图对数幅频特性的零分贝线相对应,单位圆以外对应于 $L(\omega)>0$,奈氏曲线图上的负实轴对应于 Bode 图上相频特性的 $-180°$ 线。

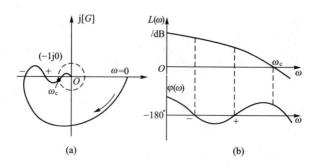

图 5.33　奈氏曲线与 Bode 图的对应关系

在 Bode 图上,在 $L(\omega)>0$ 的频段内随着 ω 的增加,对数相频特性曲线自下而上(意味着相角增加)穿过 $-180°$ 线称为正穿越;反之曲线自上而下(意味着相角减小)穿过 $-180°$ 为负穿越。同样,若沿 ω 增加方向,对数相频曲线自 $-180°$ 线开始向上或向下,分别称为半次正穿越或半次负穿越,如图 5.33(b)所示。

一般地,当系统的开环增益大为降低或提高时,系统的开环幅相特性曲线将在 $G(j\omega)H(j\omega)$ 平面上按比例缩小和放大。图 5.33 所示系统在这样的开环增益下,闭环是稳定的,但在开环增益降低或提高到一定程度时,有可能将点 $(-1,j0)$ 包围在其开环幅相特性之内,则闭环不稳定,通常此类系统又称为条件稳定系统。

由上面分析可归纳出对数频率稳定判据:闭环系统稳定的充要条件是,当 ω 从 $0\to\infty$ 时,在开环对数幅频特性 $L(\omega)\geqslant 0$ 的频段内,相频特性 $\varphi(\omega)$ 穿越的次数(即正穿越与负穿越之差)为 $P/2$,P 为右半 s 平面的开环极点数。

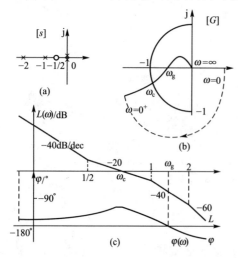

图 5.34　例 5-14 系统的开环零极点分布、幅相特性和对数频率特性图

例 5-14　单位反馈系统的开环传递函数为

$$G(s)=\frac{K^*\left(s+\frac{1}{2}\right)}{s^2(s+1)(s+2)}$$

当 $K^*=0.8$ 时,判断闭环系统的稳定性。

解: 首先计算 $G(j\omega)$ 曲线与实轴交点坐标。

$$G(j\omega)=\frac{0.8\left(\frac{1}{2}+j\omega\right)}{-\omega^2(1+j\omega)(2+j\omega)}$$

$$=\frac{-0.8\left[1+\frac{5}{2}\omega^2+j\omega\left(\frac{1}{2}-\omega^2\right)\right]}{\omega^2\left[(2-\omega^2)^2+9\omega^2\right]}$$

令 $\mathrm{Im}[G(j\omega)]=0$,解出 $\omega=1/\sqrt{2}$。计算相应实部的值 $\mathrm{Re}[G(j\omega)]=-0.5333$。由此可绘出开环幅相特性和开环对数频率特性分别如图 5.34(b)和图 5.34(c)所示。系统是 Ⅱ 型的。

在 $G(j\omega)$、$\phi(\omega)$ 上补上 $180°$ 的大圆弧(如图 5.34(b)中虚线所示)。依据对数稳定判据,在 $L(\omega)>0$ 的频段范围($0\sim\omega_c$)内,$N=N_+-N_-=0$,$Z=P-2N=0$,可知闭环系统是稳定的。

5.5 稳 定 裕 度

奈氏判据能给出控制系统稳定与否的信息,但在实际工程应用中,还需知道控制系统的稳定程度大小,即稳定系统离不稳定边缘还有多远,即系统的相对稳定性。设计一个控制系统时,不仅要求它必须是绝对稳定的,而且还应保证系统具有一定的稳定裕度。只有这样,才能不致因系统参数变化而导致系统性能变差甚至不稳定,由此引出稳定裕度的概念。

奈氏判据不仅可以定性判断系统的稳定性,而且还能定量反映系统的相对稳定性。对一个最小相角系统而言,若系统开环稳定,则闭环系统稳定的条件是,开环频率特性曲线 $G(j\omega)H(j\omega)$ 不包围点 $(-1,j0)$。若 $G(j\omega)H(j\omega)$ 曲线穿过该点则表示系统临界稳定。所以 $G(j\omega)H(j\omega)$ 曲线靠近点 $(-1,j0)$ 的程度表征了系统的相对稳定性。若该曲线靠近 $(-1,j0)$ 点越近,系统阶跃响应的振荡就越强烈,系统的相对稳定性就越差。通常用相角裕度 γ 和幅值裕度 K_g 作为衡量系统相对稳定性大小的指标,这两者与闭环系统的动态性能密切相关。

5.5.1 相角裕度

当 $\omega\in[0,+\infty)$,若幅相频率特性 $G(j\omega)H(j\omega)$ 与单位圆相交,则交点处的频率 ω_c 称为截止频率(又称为幅值穿越频率或剪切频率),此时有 $A(\omega_c)=|G(j\omega_c)H(j\omega_c)|=1$。与负实轴的夹角即定义为相角裕度,用 γ 表示

$$\gamma=180°+\angle G(j\omega_c)H(j\omega_c) \tag{5-55}$$

相角裕度的物理意义在于:稳定系统在截止频率 ω_c 处若相角再滞后一个 γ 角度,则系统处于临界状态;若相角滞后大于 γ,系统将变成不稳定。为使最小相角系统稳定,系统的相角裕度必须为正。

5.5.2 幅值裕度

当 $\omega\in[0,+\infty)$,若幅相频率特性 $G(j\omega)H(j\omega)$ 与负实轴相交,则交点处的频率 ω_g 称为相位穿越频率,此时有 $\varphi(\omega_g)=\angle G(j\omega_g)H(j\omega_g)=-180°$。幅值裕度定义为相位穿越频率 ω_g 所对应的开环频率特性幅值的倒数,用 K_g 表示。幅值裕度的物理意义在于:稳定系统的开环增益再增大 K_g 倍,则 $\omega=\omega_g$ 处的幅值 $A(\omega_g)$ 等于 1,曲线正好通过 $(-1,j0)$ 点,系统处于临界稳定状态;若开环增益增大 K_g 倍以上,系统将变成不稳定。显然对于稳定的最小相位系统,幅值裕度应该大于 1,一阶和二阶系统的幅值裕度为 ∞。

$$K_g=\frac{1}{|G(j\omega_g)H(j\omega_g)|} \tag{5-56}$$

在对数坐标下,幅值裕度按下式定义

$$K_g(dB)=20\lg\frac{1}{|G(j\omega_g)H(j\omega_g)|}=-20\lg|G(j\omega_g)H(j\omega_g)| \tag{5-57}$$

对于最小相角系统，若$|G(j\omega_g)H(j\omega_g)|<1$或$K_g(dB)>0$时，闭环系统稳定；反之，若$|G(j\omega_g)H(j\omega_g)|>1$或$K_g(dB)<0$时，闭环系统不稳定；若$|G(j\omega_g)H(j\omega_g)|=1$或$K_g(dB)=0$时，闭环系统临界稳定。

相角裕度和幅值裕度在极坐标和对数坐标图上的表示分别如图5.35和图5.36所示。

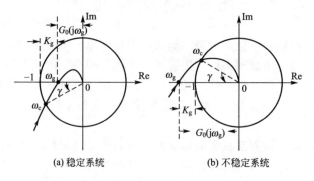

图5.35　极坐标图上的相角裕度和幅值裕度

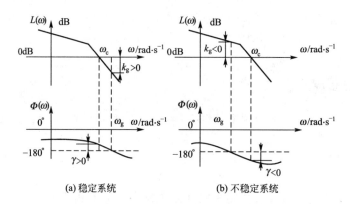

图5.36　对数坐标图上的相角裕度和幅值裕度

严格地讲，相角裕度和幅值裕度同时才能确定系统的相对稳定性。但在粗略估计系统的暂态响应指标时，主要是对相角裕度提出要求。对于最小相角系统，这样做是合理的。保持适当的稳定裕度，可以预防系统中元件性能变化可能带来的不利影响。为了获得满意的暂态响应，通常相角裕度在$30°\sim60°$之间，而幅值裕度应大于6dB。这就意味着开环对数频率特性图在截止频率ω_c处的斜率应大于-40dB/dec，而在实际中常取-20dB/dec。

稳定裕度可以用解析法或图解法计算。解析法是根据定义分别求出幅值裕度和相角裕度。计算相角裕度γ需先求ω_c，通常由幅频特性曲线$A(\omega)=|G(j\omega)H(j\omega)|$与单位圆的交点来确定。求幅值裕度$K_g$要先求相位穿越频率$\omega_g$，对阶数不高的系统，直接解三角方程$\angle G(j\omega_g)H(j\omega_g)=-180°$便可方便求解$\omega_g$。通常是将$G(j\omega)H(j\omega)$写成复数形式，令虚部为零而解得$\omega_g$。图解法是在极坐标图或对数坐标图上通过量取相角裕度γ和幅值裕度的倒数。图解法是一种近似方法，它的精确度取决于作图的准确性，可以避免复杂的计算。

例5-15　已知单位反馈系统的开环传递函数，试确定相角裕度为45°时的a值。

$$G(s)H(s)=\frac{as+1}{s^2}$$

解： 系统的频率特性为 $G(\mathrm{j}\omega)H(\mathrm{j}\omega)=\dfrac{\sqrt{1+(a\omega)^2}}{\omega^2}\angle(\arctan a\omega-180°)$

计算幅频特性曲线 $A(\omega)$ 与单位圆的交点，以便获得 ω_c。

$$A(\omega)=\frac{\sqrt{1+a^2\omega_c^2}}{\omega_c^2}=1$$

即

$$\omega_c^4=a^2\omega_c^2+1 \tag{5-58}$$

相角裕度
$$\gamma=180°+\varphi(\omega_c)=45°$$
$$\Rightarrow\varphi(\omega_c)=\arctan a\omega_c-180°=45°-180°=-135°$$
$$\Rightarrow a\omega_c=1 \tag{5-59}$$

联立求解式(5-58)和式(5-59)可得 $\omega_c=1.19$，$a=0.84$。

例 5-16 某最小相角系统的开环对数幅频特性如图 5.37 所示。要求：

(1) 写出系统开环传递函数；

(2) 利用相角裕度判断系统的稳定性；

(3) 将其对数幅频特性向右平移十倍频程，试讨论对系统性能的影响。

解： (1) 由图 5.37 可写出系统开环传递函数为

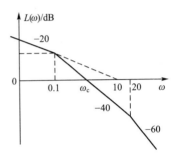

图 5.37 例 5-16 系统的开环对数幅频特性图

$$G(s)=\frac{10}{s\left(\dfrac{s}{0.1}+1\right)\left(\dfrac{s}{20}+1\right)}$$

(2) 该系统是最小相角系统，系统的相频特性为

$$\varphi(\omega)=-90°-\arctan\frac{\omega}{0.1}-\arctan\frac{\omega}{20}$$

由图 5.37 分析有
$$-40\lg\frac{\omega_c}{0.1}=-20\lg\frac{10}{0.1}\Rightarrow\omega_c=1$$

相角裕度
$$\gamma=180°+\varphi(\omega_c)=2.85°>0$$
故系统稳定。

(3) 将系统的对数幅频特性向右平移十倍频程后，可得系统新的开环传递函数

$$G(s)=\frac{100}{s(s+1)\left(\dfrac{s}{200}+1\right)}$$

其截止频率 $\omega_{c1}=10\omega_c=10$，相角裕度 $\gamma_1=180°+\varphi(\omega_{c1})=2.85°=\gamma$，故系统稳定性不变。

由时域指标估算公式可得

$$\delta_1\%=0.16+0.4\left(\frac{1}{\sin\gamma_1}-1\right)=\delta\%$$

$$t_{s1}=\frac{K_0\pi}{\omega_{c1}}=\frac{K_0\pi}{10\omega_c}=0.1t_s$$

故系统的超调量不变，调节时间缩短，动态响应加快。

5.6　频率特性分析

时域分析法是用暂态性能指标来评价系统的品质,频域分析法则用频域性能指标来评价系统的品质。频率特性法比时域分析法更简单,可以从频率特性上直接修改系统的结构参数来满足要求。由于人们习惯时域分析法及其暂态性能指标,因此为了加深对频率性能分析的理解,本节还将介绍频域指标与时域指标之间的关系。

5.6.1　应用开环频率特性分析系统的性能

1. 利用开环对数幅频特性求闭环系统的稳态误差

前面章节讨论了闭环系统的稳态误差,是指系统误差函数当 t 趋于无穷大时的解。用拉氏变换终值定理求其值时,它是 s 乘以误差象函数取 s 趋于 0 的极限。低频渐近线是开环对数幅频特性取 ω 趋于 0 的极限,又因为 ω 是 s 的子域,因此低频渐近线(即低频段)包含了控制系统稳态误差的全部信息。

由第 3 章可知阶跃输入时 0 型系统是有差系统,斜坡输入时 Ⅰ 型系统是有差系统,抛物线输入时 Ⅱ 型系统是有差系统。位置误差系数 K_p、速度误差系数 K_v 和加速度误差系数 K_a 分别为

$$K_p = \lim_{s \to 0} G(s)H(s) = \lim_{s \to 0} \frac{K \prod_{j=1}^{m} (\tau_j s + 1)}{\prod_{i=1}^{n} (T_i s + 1)} = K \tag{5-60}$$

$$K_v = \lim_{s \to 0} s G(s)H(s) = \lim_{s \to 0} s \frac{K \prod_{j=1}^{m} (\tau_j s + 1)}{s \prod_{i=1}^{n} (T_i s + 1)} = K \tag{5-61}$$

$$K_a = \lim_{s \to 0} s^2 G(s)H(s) = \lim_{s \to 0} s^2 \frac{K \prod_{j=1}^{m} (\tau_j s + 1)}{s^2 \prod_{i=1}^{n} (T_i s + 1)} = K \tag{5-62}$$

式中,K_p、K_v 和 K_a 都等于开环放大系数 K。0 型系统的低频渐进线为 $L_d' = \lim_{\omega \to 0} L(\omega) = 20\lg K$,Ⅰ 型系统的低频渐进线为 $L_d'(\omega) = 20\lg K - 20\lg\omega$,Ⅱ 型系统的低频渐近线为 $L_d'(\omega) = 20\lg K - 40\lg\omega$,故由渐近线上 K 的信息即可确定 K_p、K_v 和 K_a 的值。0 型系统的阶跃响应稳态误差为 $e_{ss} = u/(1+K_p)$(u 为阶跃输入函数的幅值),Ⅰ 型系统的斜坡响应稳态误差为 $e_{ss} = u/K_v$(u 为斜坡输入函数的幅值),抛物线函数输入时的稳态误差为 $e_{ss} = u/K_a$(u 为抛物线函数的强度)。

例 5-17　已知系统的开环传递函数。当 $\omega = 1$ 时,$\angle G(j\omega)H(j\omega) = -180°$,$|G(j\omega)H(j\omega)| = 0.5$;当输入为单位速度信号时,系统的稳态误差为 1。试写出系统开环频率特性表达式 $G(j\omega)H(j\omega)$。

$$G(s)H(s) = \frac{K(-T_2 s + 1)}{s(T_1 s + 1)} \quad (K, T_1, T_2 > 0)$$

解： 将开环传递函数改写为 $G(s)H(s) = \dfrac{-K(T_2 s - 1)}{s(T_1 s + 1)}$

先绘制 $G_0(s)H_0(s) = \dfrac{K(T_2 s - 1)}{s(T_1 s + 1)}$ 的幅相曲线，然后顺时针转 $180°$ 即可得到 $G(j\omega)H(j\omega)$ 幅相曲线。$G_0(s)H_0(s)$ 的零、极点分布图及极坐标图分别如图 5.38(a)、图 5.38（b）所示。$G(s)H(s)$ 的极坐标图如图 5.38(c) 所示。

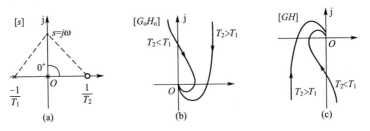

图 5.38 例 5 - 17 系统的开环零、极点图和极坐标图

依题意有 $K_v = \lim\limits_{s \to 0} sG(s)H(s) = K$，$e_{\text{ssv}} = 1/K = 1$，因此 $K = 1$。

$$\angle G(j1)H(j1) = -\arctan T_2 - 90° - \arctan T_1 = -180°$$

$$\arctan T_1 + \arctan T_2 = \arctan \frac{T_1 + T_2}{1 - T_1 T_2} = 90° \Rightarrow T_1 T_2 = 1$$

另有

$$|G(j1)H(j1)| = \left| \frac{(1 - jT_2)(1 - jT_1)}{1 + T_1^2} \right| = \frac{|1 - T_1 T_2 - j(T_1 + T_2)|}{1 + T_1^2} = \frac{(T_1 + T_2)}{1 + T_2^2} = 0.5$$

$$T_2^2 - 2T_2 + 1 - 2T_1 = T_2^2 - 2T_2 + 1 - 2/T_2 = 0$$

$$\Rightarrow T_2^3 - 2T_2^2 + T_2 - 2 = (T_2^2 + 1)(T_2 - 2) = 0$$

可得

$$T_2 = 2, \quad T_1 = 1/T_2 = 0.5, \quad K = 1。$$

所以

$$G(j\omega)H(j\omega) = \frac{1 - j2\omega}{j\omega(1 + j0.5\omega)}$$

2. 二阶系统的开环频域指标与时域指标

由前可知，系统的稳态误差完全由系统的低频渐近线的斜率和幅值决定。而暂态响应主要取决于截止频率 ω_c 前后的一段频率（即中频段），此时系统的频域指标和时域指标都能够反映系统的振荡程度和响应速度，且两类指标之间有着准确或近似的换算关系。

典型二阶系统的开环传递函数为 $G(s)H(s) = \dfrac{K}{s(Ts + 1)} = \dfrac{\omega_n^2}{s(s + 2\zeta\omega_n)}(0 < \zeta < 1)$，其闭环传递函数为

$$\Phi(s) = \frac{\omega_n^2}{s^2 + 2\zeta\omega_n s + \omega_n^2}$$

1）γ 和 $\delta\%$ 的关系

系统开环频率特性为

$$G(\mathrm{j}\omega)H(\mathrm{j}\omega)=\frac{\omega_\mathrm{n}^2}{\mathrm{j}\omega(\mathrm{j}\omega+2\zeta\omega_\mathrm{n})} \tag{5-63}$$

开环幅频和相频特性分别为

$$A(\omega)=\frac{\omega_\mathrm{n}^2}{\omega\sqrt{\omega^2+(2\zeta\omega_\mathrm{n})^2}},\quad \phi(\omega)=-90°-\arctan\frac{\omega}{2\zeta\omega_\mathrm{n}}$$

$\omega=\omega_\mathrm{c}$ 处 $A(\omega)=1$，即

$$A(\omega_\mathrm{c})=\frac{\omega_\mathrm{n}^2}{\omega_\mathrm{c}\sqrt{\omega_\mathrm{c}^2+(2\zeta\omega_\mathrm{n})^2}}=1$$

解得

$$\omega_\mathrm{c}=\omega_\mathrm{n}\sqrt{\sqrt{4\zeta^4+1}-2\zeta^2} \tag{5-64}$$

$\omega=\omega_\mathrm{c}$ 时，有 $\phi(\omega_\mathrm{c})=-90°-\arctan\dfrac{\omega_\mathrm{c}}{2\zeta\omega_\mathrm{n}}$。

故系统的相角裕度为

$$\gamma=180°+\phi(\omega_\mathrm{c})=\arctan\frac{2\zeta\omega_\mathrm{n}}{\omega_\mathrm{c}} \tag{5-65}$$

将式(5-64)代入式(5-65)，得

$$\gamma=\arctan\frac{2\zeta}{\sqrt{\sqrt{4\zeta^4+1}-2\zeta^2}} \tag{5-66}$$

而典型二阶系统的超调量

$$\delta\%=\mathrm{e}^{-\pi\zeta/\sqrt{1-\zeta^2}}\times100\% \tag{5-67}$$

由式(5-66)、式(5-67)分析可知，$\gamma\downarrow\Rightarrow\zeta\downarrow\Rightarrow\delta\%\uparrow$；反之，$\gamma\uparrow\Rightarrow\zeta\uparrow\Rightarrow\delta\%\downarrow$。其中↑表示增大，↓表示减小，通常 $30°\leqslant\gamma\leqslant60°$ 为宜。

2) γ、ω_c 与 t_s 的关系

由前可知典型二阶系统的调节时间(取 $\Delta=0.05$ 时)为

$$t_\mathrm{s}=\frac{3.5}{\zeta\omega_\mathrm{n}}\quad(0.3<\zeta<0.8) \tag{5-68}$$

式(5-68)与式(5-64)相乘可得

$$t_\mathrm{s}\omega_\mathrm{c}=\frac{3.5}{\zeta}\sqrt{\sqrt{4\zeta^4+1}-2\zeta^2} \tag{5-69}$$

由式(5-66)和式(5-69)可得

$$t_\mathrm{s}\omega_\mathrm{c}=\frac{7}{\tan\gamma} \tag{5-70}$$

从式(5-70)可知，调节时间 t_s 与相角裕度 γ 和截止频率 ω_c 都有关。当 γ 确定时，t_s 与 ω_c 成反比。若两个典型二阶系统的 γ 相同，则它们的 $\delta\%$ 也相同。这样对于 ω_c 较大的系统，其调节时间 t_s 必然较短。

例5-18 已知单位反馈系统的开环传递函数。若已知单位速度信号输入下的稳态误差 $e_\mathrm{ss}(\infty)=1/9$，相角裕度 $\gamma=60°$，试确定系统的时域指标 $\delta\%$ 和 t_s。

$$G(s)=\frac{K}{s(Ts+1)}$$

解：该系统为 I 型系统，单位速度输入下的稳态误差为 $1/K$，由已知条件可得 $K=9$。

将 $\gamma = 60°$ 代入式(5-66)，计算出 $\xi = 0.62$。所以有

$$\delta\% = e^{-\pi\zeta/\sqrt{1-\zeta^2}} \times 100\% = 7.5\%$$

由于
$$K/T = \omega_n^2, \quad 1/T = 2\zeta\omega_n$$

所以
$$\omega_n = 2K\zeta = 11.16, \quad t_s = \frac{3.5}{\zeta\omega_n} = 0.506 \quad (\Delta = 5\%)$$

3. 高阶系统的开环频域指标与时域指标

对于三阶或三阶以上的高阶系统，要准确推导出开环频域特征量(γ 和 ω_c)与时域指标($\sigma\%$ 和 t_s)之间的关系是很困难的，而且实用意义不大。实际应用中常常采用以下几个近似公式由频域指标估算系统的动态性能指标：

$$\delta\% = \left[0.16 + 0.4\left(\frac{1}{\sin\gamma} - 1\right)\right] \times 100\% \quad (35° \leqslant \gamma \leqslant 90°) \tag{5-71}$$

$$t_s = \frac{\pi}{\omega_c}\left[2 + 1.5\left(\frac{1}{\sin\gamma} - 1\right) + 2.5\left(\frac{1}{\sin\gamma} - 1\right)^2\right] \quad (35° \leqslant \gamma \leqslant 90°) \tag{5-72}$$

从式(5-71)和式(5-72)可知，随着 γ 的增加，高阶系统的超调量 $\delta\%$ 和调节时间 t_s(ω_c 一定时)都会降低。

4. 开环对数幅频特性高频段对噪声抑制的作用

高频段特性通常是由较小时间常数的环节构成的，其转折频率均远离截止频率 ω_c，所以对系统的动态响应影响不大，但是从系统抗干扰的角度出发，对抑制噪声具有实际的意义。控制系统本身的高频衰减性能常使低频信号容易通过闭环系统传输，而高频部分却很难通过闭环系统传输。单位负反馈控制系统的幅频特性可由开环频率特性 $G(j\omega)$ 表示为

$$|\Phi(j\omega)| = \frac{|G(j\omega)|}{|1+G(j\omega)|}$$

开环对数幅频特性在 ω 高于截止频率 ω_c 以后的部分位于横轴的下方，高频段通常有 $20\lg|G(j\omega)| \ll 0$ 即 $|G(j\omega)| \ll 1$，所以 $|\Phi(j\omega)| \approx |G(j\omega)|$。这就表明，闭环幅频特性的高频段与开环幅频特性的高频段有近似相等的幅频特性，所以将开环对数频率特性的高频段设置成负的斜率并陡一些，可实现对噪声的抑制。

综上分析，期望的开环对数幅频特性应具有下特点：

(1) 若系统在阶跃或斜坡作用下无稳态误差，则开环对数幅频特性 $L(\omega)$ 的低频段应具有 $-20\mathrm{dB/dec}$ 或 $-40\mathrm{dB/dec}$ 的斜率，且应有较高的分贝数。

(2) 为了保证系统有足够的稳定裕度和平稳性，开环对数幅频特性 $L(\omega)$ 应以 $-20\mathrm{dB/dec}$ 的斜率穿过零分贝线，且具有一定的中频段宽度。

(3) 为了提高闭环系统的快速性，开环对数幅频特性 $L(\omega)$ 应有较高的截止频率 ω_c。

(4) 开环对数幅频特性 $L(\omega)$ 的高频段应有较高负值斜率的渐近线，以增强系统的抗高频干扰能力。

5.6.2　应用闭环频率特性分析系统的性能

系统的输入信号除了控制输入外，常伴随输入端和输出端其他的确定性和不确定性扰动，因而闭环系统的频域性能指标应该反映控制系统跟踪控制输入信号和抑制扰动信号的

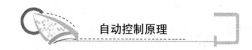

能力。单位反馈系统的闭环频率特性为

$$\Phi(j\omega) = \frac{G(j\omega)}{1+G(j\omega)} = M(\omega) \cdot e^{j\phi(\omega)}$$

$$\left. \begin{array}{l} M(\omega) = |\Phi(j\omega)| = \left| \dfrac{G(j\omega)}{1+G(j\omega)} \right| \\[3mm] \phi(\omega) = \angle\Phi(j\omega) = \angle \dfrac{G(j\omega)}{1+G(j\omega)} \end{array} \right\}$$

(5-73)

闭环频率特性的求法比较多，大致分为两类：解析法和工程法。解析法主要是指向量法，该方法是在系统的开环幅相频率曲线 $G(j\omega)H(j\omega)$ 上，在 $\omega=0\sim\infty$ 的范围内逐点采用图解法求出整个系统的闭环频率特性。此方法几何意义清晰，容易理解，但求解过程比较麻烦。工程中比较常用的是等 M 圆、等 N 圆和尼柯尔斯（Nichols）图。

1. 闭环频率性能指标

一般地，系统的闭环幅频特性 $M(\omega)$ 如图 5.39 所示，常用来评价系统性能的闭环频率性能指标主要有：

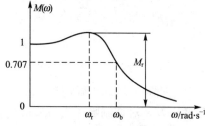

图 5.39 典型的闭环幅频特性

（1）谐振峰值 M_r：是指 ω 由 $0 \rightarrow \infty$ 变化时，闭环系统幅频特性的最大值。随着 M_r 值逐渐增加，表明系统的相对稳定性也随之变差，其单位阶跃响应的超调量也不断变大。

（2）谐振频率 ω_r：表示出现谐振峰值时的角频率。它在一定程度上反映了系统瞬态响应的速度。ω_r 越大，则瞬态响应速度也越快。

（3）带宽频率 ω_b：表示当频率特性的幅值 $M(\omega)$ 从其初始值 $M(0)$ 到 $0.707M(0)$ 时的频率范围，用 ω_b 表示，也称频带宽度。ω_b 越大，上升时间和调节时间越短，系统瞬态响应的速度越快，但对高频干扰的过滤能力就越差；ω_b 越小，抑制高频干扰的能力增强，但时域响应通常较慢。

2. 二阶系统的闭环频域指标与时域指标

正如开环频域指标与时域指标存在一定的换算关系一样，闭环频域指标 M_r、ω_r 或 ω_b 与时域指标 $\delta\%$、t_s 之间亦会存在某种关系，在二阶系统中可以准确表示它们之间的关系。

典型二阶系统的闭环传递函数为

$$\Phi(s) = \frac{\omega_n^2}{s^2+2\zeta\omega_n s+\omega_n^2} = M(\omega) \cdot e^{j\varphi(\omega)}$$

1）$\delta\%$ 与 M_r 的关系

系统的幅频特性和相频特性为

$$M(\omega) = \frac{1}{\sqrt{\left(1-\dfrac{\omega^2}{\omega_n^2}\right)^2 + \left(2\zeta\dfrac{\omega}{\omega_n}\right)^2}}, \varphi(\omega) = -\arctan\frac{2\zeta\dfrac{\omega}{\omega_n}}{1-\left(\dfrac{\omega}{\omega_n}\right)^2}$$

(5-74)

对式(5-74)求导，有

$$\frac{\mathrm{d}M(\omega)}{\mathrm{d}\omega}\Big|_{\omega=\omega_r} = 0 \Rightarrow \omega_r = \omega_n\sqrt{1-2\zeta^2} \quad (0\leqslant\zeta\leqslant0.707)$$

(5-75)

将式(5-75)代入式(5-74)，得

$$M_r = \frac{1}{2\zeta\sqrt{1-\zeta^2}} \quad (0 \leq \zeta \leq 0.707) \tag{5-76}$$

二阶系统的超调量为

$$\delta\% = e^{\frac{-\pi\zeta}{\sqrt{1-\zeta^2}}} \times 100\% \tag{5-77}$$

由式(5-76)和式(5-77)可得

$$\delta\% = e^{-\pi\sqrt{\frac{M_r-\sqrt{M_r^2-1}}{M_r+\sqrt{M_r^2-1}}}} \tag{5-78}$$

图 5.40 所示的曲线表征了 $\delta\% = f(M_r)$（即式(5-78)所描述的 M_r 与 ζ 的函数关系）。由图可知 M_r 越小，$\delta\%$ 也越小，系统的阻尼性能越好。若 M_r 值较高，则系统的动态过程超调量大，收敛慢。从图 5.40 还可看出，$M_r = 1.2\sim1.5$ 时对应 $\delta\% = 20\%\sim30\%$，这时系统有较好的性能。若 M_r 过大(如 $M_r > 2$)，则闭环系统的超调量可达 40% 以上。

2) M_r、ω_b 与 t_s 的关系

在带宽频率 ω_b 处，典型二阶系统闭环频率特性的幅值为

$$M(\omega_b) = \frac{\omega_n^2}{\sqrt{(\omega_n^2-\omega_b^2)^2+(2\zeta\omega_n\omega_b)^2}} = 0.707$$

得到带宽 ω_b 与 ω_n、ξ 的关系为

$$\omega_b = \omega_n\sqrt{1-2\zeta^2+\sqrt{2-4\zeta^2+4\zeta^4}} \tag{5-79}$$

将式(5-68)与式(5-79)相乘，得

$$\omega_b t_s = \frac{3.5}{\zeta}\sqrt{1-2\zeta^2+\sqrt{2-4\zeta^2+4\zeta^4}} \tag{5-80}$$

由式(5-80)与式(5-76)相乘，可得 $\omega_b t_s$ 与 M_r 的函数关系，并绘成曲线如图 5.41 所示。

从图 5.41 可以看到，对于给定的谐振峰值 M_r，调节时间 t_s 与带宽 ω_b 成反比，频带宽度越宽，则调节时间越短。

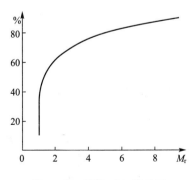

图 5.40　$\delta\%$ 与 M_r 的关系

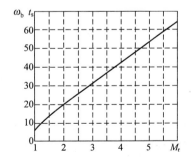

图 5.41　二阶系统 $\omega_b t_s$ 与 M_r 的关系曲线

3. 高阶系统的闭环频域指标与时域指标

高阶系统的闭环频域指标的求解过程类似于二阶系统，但由于高阶系统模型的复杂

性，导致难以求解出其闭环频率指标和时域指标之间的准确换算关系。当高阶系统的主导极点为一对共轭复数极点时，就可用前述二阶系统的两类指标之间的换算关系来近似。当然，实际工程中通常采用下面的经验公式来估算高阶系统的动态指标，即

$$\delta\% = \left[0.16 + 0.4\left(\frac{1}{\sin\gamma} - 1\right)\right] \times 100\% \quad (35° \leqslant \gamma \leqslant 90°)$$

$$t_s = \frac{\pi}{\omega_c}\left[2 + 1.5\left(\frac{1}{\sin\gamma} - 1\right) + 2.5\left(\frac{1}{\sin\gamma} - 1\right)^2\right] \quad (35° \leqslant \gamma \leqslant 90°) \qquad (5-81)$$

$$M_r = \frac{1}{\sin\gamma}$$

上述经验公式计算出的值，一般偏于保守，实际性能要好于估算结果。式(5-81)表明高阶系统的 $\delta\%$ 和调节时间 t_s 都随 M_r 增大而增大，且 t_s 还随 ω_c 的增大而减小。图 5.42 直观地表示了它们之间的关系。

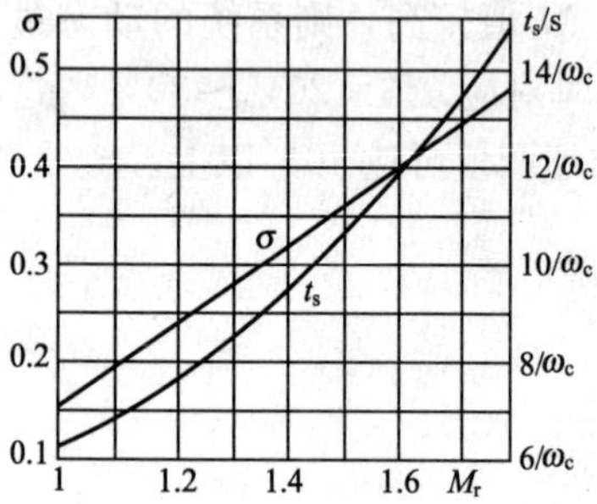

图 5.42 高阶系统 $\sigma\%$、t_s 与 M_r 的关系曲线

例 5-19 设有某 I 型单位反馈的典型欠阻尼二阶系统，当输入正弦信号 $r(t) = \sin\omega t$，并调整频率 $\omega = 7.07$ 时，系统稳态输出幅值达到最大值 1.1547。

(1) 计算系统的动态性能指标 $\delta\%$ 和 t_s；

(2) 求系统的截止频率 ω_c 和相角裕度 γ；

(3) 计算系统的速度稳态误差 e_{ss}。

解：(1) 求 $\delta\%$ 和 t_s。

由题意，可得系统的闭环传递函数为

$$\Phi(s) = \frac{\omega_n^2}{s^2 + 2\zeta\omega_n s + \omega_n^2} = M(\omega) \cdot e^{j\varphi(\omega)}$$

由于输入正弦信号的振幅为 1，故当输出幅值最大时 $M(\omega) = M_r$，$\omega = \omega_r$，所以

$$M_r = 1.1547, \quad \omega_r = 7.07$$

根据 $\omega_r = \omega_n\sqrt{1 - 2\zeta^2}$，$M_r = \frac{1}{2\zeta\sqrt{1-\zeta^2}}$，可得 $\zeta_1 = 0.866$，$\zeta_2 = 0.5$

因系统产生谐振峰值时，要求 $\zeta \leqslant 0.707$，所以舍去 $\zeta_1 = 0.866$ 的解。于是

$$\zeta = 0.5, \quad \omega_n = \frac{\omega_r}{\sqrt{1-2\zeta^2}} = 10, \quad t_s = \frac{3.5}{\zeta\omega_n} = 0.7, \quad \delta\% = e^{\frac{-\pi\zeta}{\sqrt{1-\zeta^2}}} \times 100\% = 16.3\%.$$

(2) 求 ω_c 和相角裕度 γ。

$$\omega_c = \omega_n\sqrt{\sqrt{4\zeta^4 + 1} - 2\zeta^2} = 7.86, \quad \gamma = \arctan\frac{2\zeta}{\sqrt{\sqrt{1+4\zeta^4} - 2\zeta^2}} = 51.83°$$

(3) 求 e_{ss}。

因 $v = 1$，$K_v = \frac{\omega_n}{2\zeta} = 10$，故速度稳态误差 $e_{ss} = \frac{1}{K_v} = 0.1$。

5.6.3 开环频域指标和闭环频域指标的关系

1. M_r 与 γ 的关系

闭环谐振峰值 M_r 与开环相角裕度 γ 都可以反映系统超调量的大小，表征系统的平稳

性，它们的函数关系由式(5－66)和式(5－76)来确定。

对于高阶系统，通常采用图解法找到它们的近似关系，图 5.43 给出了单位负反馈控制系统的开环幅相频率特性在 ω_c 前至 ω_g 后一段的曲线。设置 M_r 出现在 ω_c 附近，这意味着 $\omega_r \approx \omega_c$，用 ω_r 代替 ω_c 来计算谐振峰值。在 γ 取较小值时，$AB = |1+G(j\omega)|$，有

$$M_r \approx \frac{|G(j\omega_c)|}{|1+G(j\omega_c)|} \approx \frac{|G(j\omega_c)|}{AB} = \frac{|G(j\omega_c)|}{|G(j\omega_c)|\sin\gamma} = \frac{1}{\sin\gamma}$$

$$(5-82)$$

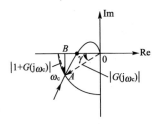

图 5.43 M_r 和 γ 之间的近似关系

2. 带宽频率 ω_b 与穿越频率 ω_c 的关系

ω_b 与 ω_c 都有频带宽的含义，且都与调节时间成反比，这同时也说明 ω_b 与 ω_c 成反比。对于二阶系统，可通过式(5－64)和式(5－79)联立求解，可得

$$\frac{\omega_b}{\omega_c} = \sqrt{\frac{1-2\zeta^2+\sqrt{(1-2\zeta^2)^2+1}}{-2\zeta^2+\sqrt{1+4\zeta^4}}}$$

$$(5-83)$$

式中，$\dfrac{\omega_b}{\omega_c}$ 的比值是 ζ 的函数。例如，$\zeta=0.4$，$\omega_b=1.6\omega_c$；$\zeta=0.4$，$\omega_b=1.6\omega_c$。对于高阶系统，初步设计时近似采用 $\omega_b=1.8\omega_c$。

5.7 MATLAB 在频域分析中的应用

本节主要介绍在 MATLAB 环境中绘制系统频率特性的函数。MATLAB 的控制系统工具箱具有丰富的线性连续系统频域分析功能，通过相应频率函数计算系统的相角裕度和幅值裕度，可实现系统频率特性的分析。

例 5－20 绘制典型二阶系统在自然振荡频率 $\omega_n=6$，阻尼比 $\zeta=0.1$ 以 0.1 的递增率增加到 10 时系统的 Bode 图。

解： 程序设计如下

```
wn=6;
kosi=[0.1:0.1:1.0];
w=logspace(-1,1,10000);
num=wn^2;
for kos=kosi
    den=[1 2*kos*wn wn^2];
    [mag,pha,w1]=bode(num,den,w);
    % mag 的单位不是分贝,若需要分贝表示需通过 20*log10(mag)进行转换
    subplot(221);
    hold on;
    semilogx(w1,20*log10(mag))
    subplot(222)
    grid on;
```

```
    hold on;
    semilogx(w,20*log10(mag))
    subplot(223);
    hold on;
    semilogx(w1,pha)
    subplot(224)
    grid on;
    hold on;
    semilogx(w,pha)
end
subplot(221)
grid on
title('bode plot')
xlabel('frequency w(rad/sec)')
ylabel('amplitude(dB)')
text(6.2,5,'kosi=0.1')
text(2,0.5,'kosi=1.0')
subplot(223)
grid on
xlabel('frequency w(rad/sec)')
ylabel('phase deg')
text(5,-20,'kosi=0.1')
text(2,-85,'kosi=1.0')
hold off
```

执行后的结果如图 5.44 所示的 Bode 图。

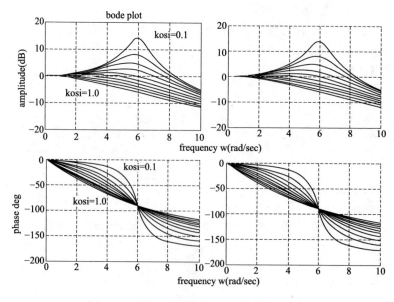

图 5.44　例 5 - 20 典型二阶系统的 Bode 图

从图 5.44 可以看出，当 $\omega_n \to 0$ 时，$\varphi(\omega) \to 0°$；随着 ω_n 越大，$\varphi(\omega) \to -180°$。在 ω_n 固定不变的情况下，$\zeta=0.1$ 时系统出现较大超调量，平稳性能较差；随着 ζ 的逐渐增加超调量也随之减小，平稳性能增强；当 $\zeta=1.0$ 时，系统的超调量为 0，处于临界阻尼状态。

例 5 - 21 已知某系统的开环传递函数为 $G(s) = \dfrac{K}{s(s^2+52s+100)}$，求当 K 分别取 1300 和 5500 时，试绘制系统的奈奎斯特图，并判断系统的稳定性。

解： 程序设计如下

```
clear
k1=1300;
k2=5200;
num1=k1;
num2=k2;
den=[1 52 100 0];
subplot(221)
nyquist(num1, den);
[numc1, denc1] =cloop(num1, den);
subplot(222)
step(numc1, denc1)
subplot(223)
nyquist(num2, den);
subplot(224)
[numc2, denc2] =cloop(num2, den);
step(numc2, denc2)
```

从图 5.45 可以看出该系统是 I 型系统。当 $K=1300$，系统的闭环极点均位于右半 s 平面，此时是稳定的系统，对应的阶跃响应是衰减振荡；$K=5200$，系统有两个闭环极点且

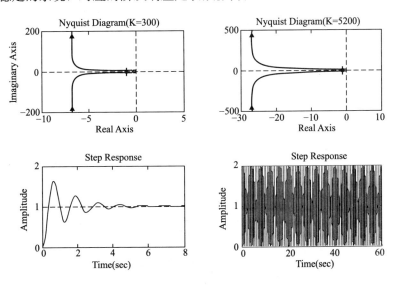

图 5.45 例 5 - 21 系统的奈奎斯特图、阶跃响应图和闭环零、极点图

为一对纯虚数根，系统为临界稳定系统，其阶跃响应应则表现为等幅振荡。

例 5 - 22 已知某系统的开环传递函数为 $G(s) = \dfrac{K}{s(s+1)(0.2s+1)}$，求 $K=2$，20 时系统的幅值裕度与相角裕度。

解： 程序设计如下

```
num1=2;num2=20;
den=conv([1 0], conv([1 1], [0.2 1]));
w=logspace(-1, 2, 100);
figure(1)
[mag1, pha1]=bode(num1, den, w);
margin(mag1, pha1, w)
figure(2)
[mag2, pha2]=bode(num2, den, w);
margin(mag2, pha2, w)
```

程序运行结果如图 5.46 所示。从该图可知，开环放大系数 K 取不同值时系统的幅值裕度和相角裕度发生了明显的变化。$K=2$ 时，系统的幅值裕度 $K_g=9.55\mathrm{dB}$，相角裕度 $\gamma=25.4°$；$K=20$ 时，系统的幅值裕度 $K_g=-10.5\mathrm{dB}$，相角裕度 $\gamma=-23.6°$。由于该系统为开环稳定的 I 型系统，由对数稳定判据可得：$K=2$ 时系统闭环稳定，$K=20$ 时系统闭环不稳定。

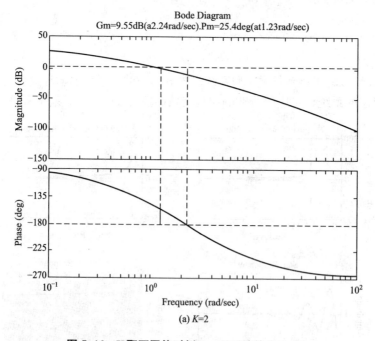

图 5.46 K 取不同值时例 5 - 22 系统的 Bode 图

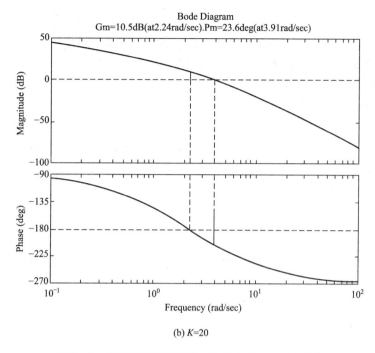

(b) $K=20$

图 5.46 K 取不同值时例 5-22 系统的 Bode 图(续)

习 题

5-1 已知单位反馈系统的开环传递函数,试绘制其开环频率特性的极坐标图。

(1) $G(s)=\dfrac{1}{s(5s+1)}$;

(2) $G(s)=\dfrac{1}{s(5s+1)(s+1)}$;

(3) $G(s)=\dfrac{1}{(5s+1)(s+1)}$;

(4) $G(s)=\dfrac{1}{s^2(5s+1)(s+1)}$。

5-2 已知某一控制系统的单位阶跃响应,试求系统频率特性。

$$c(t)=1-1.8\mathrm{e}^{-4t}+0.8\mathrm{e}^{-9t} \quad (t\geqslant 0)$$

5-3 绘制下列传递函数的幅相曲线:

(1) $G(s)=K/s$; (2) $G(s)=K/s^2$; (3) $G(s)=K/s^3$

5-4 已知系统的开环传递函数,试绘制其 Bode 图、奈氏曲线,并计算系统频率响应的性能指标。

$$G(s)=\frac{10}{s(5s+1)(10s+1)}$$

5-5 绘制下列传递函数的渐近对数幅频特性曲线。

(1) $G(s)=\dfrac{2}{(2s+1)(8s+1)}$;

(2) $G(s)=\dfrac{200}{s^2(s+1)(10s+1)}$

5-6 已知系统的开环传递函数,其中各时间常数满足 T_1、T_2、$T_3>T_0>T_4$,试概略绘制系统的 Nyquist 图和 Bode 图。

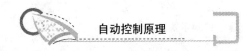

$$G_0(s) = \frac{k(T_0 j\omega + 1)}{(T_1 j\omega + 1)(T_2 j\omega + 1)(T_3 j\omega + 1)(T_4 j\omega + 1)}$$

5-7 请根据如题 5.7 图所示的开环对数幅频特性图确定系统的开环传递函数。

5-8 已知最小相位开环系统的渐进对数幅频特性曲线如题 5.8 图所示，试求：

(1) 系统的开环传递函数；

(2) 利用稳定裕度判断系统稳定性。

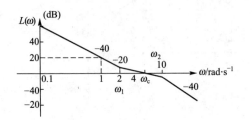

题 5.7 图　系统的开环对数幅频特性图

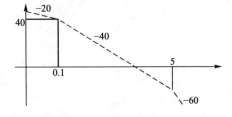

题 5.8 图　系统的开环对数幅频特性图

5-9 某系统的结构图和 Nyquist 图如题 5.9 图所示，其中 $G(s) = \dfrac{1}{s(s+1)^2}$，$H(s) = \dfrac{s^3}{(s+1)^2}$，试根据奈氏判据判别闭环系统稳定性，并决定闭环特征方程正实部根的个数。

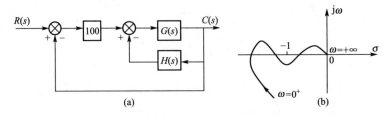

题 5.9 图　系统的结构框图和 Nyquist 图

5-10 设系统的开环频率特性曲线如题 5.10 图所示，试用奈氏判据判别对应闭环系统的稳定性。已知对应开环传递函数分别为

(1) $G(s) = \dfrac{K}{(T_1 s + 1)(T_2 s + 1)(T_3 s + 1)}$；　(2) $G(s) = \dfrac{K(T_1 s + 1)(T_2 s + 1)}{s^3}$；

(3) $G(s) = \dfrac{K(T_5 s + 1)(T_6 s + 1)}{s(T_1 s + 1)(T_2 s + 1)(T_3 s + 1)(T_4 s + 1)}$；

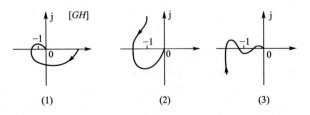

题 5.10 图　各系统的开环频率特性曲线

第6章

控制系统的校正

 本章学习目标

★ 了解系统校正的基本概念和基本方法；
★ 掌握串联校正的伯德图设计方法；
★ 理解反馈校正和复合校正的特点及其作用。

 本章教学要点

知识要点	能力要求	相关知识
系统校正的基本概念和基本方法	了解系统校正的基本概念和基本方法	系统性能指标、校正方式、基本校正规律和校正方法
串联校正的伯德图设计方法	掌握串联校正的伯德图设计方法	串联超前、串联滞后和串联滞后-超前校正的伯德图设计方法
反馈校正的特点及其作用	理解反馈校正特点及其作用	反馈校正原理、特点及设计
复合校正特点及其作用	理解复合校正特点及其作用	按扰动补偿和按输入补偿的复合校正

 导入案例

　　系统校正中需要考虑的问题是多方面的，既要保证所设计的系统有良好的性能，满足给定技术指标的要求，又要照顾到便于加工，具有良好的经济性和较高的可靠性。图1为用于执行联合国维和使命的一种遥控侦察车模型。由无线电指令传递给侦察车预期速度，路面上的颠簸冲击作为扰动。通过系统设计最终形成一个综合性能均能满意的、具有较好性价比的系统。

图1　用于执行联合国维和使命的遥控侦察车

6.1　系统校正的基本概念

控制系统可划分为广义对象（或被控系统）和控制器两大部分。广义对象（包括被控对象、执行机构、阀门以及检测装置等）是系统的基本部分，它们在设计过程中往往是已知不变的，通常称为系统的"原有部分"或"固有部分"、"不可变部分"。一般来说，仅由这部分构成系统，系统的性能较差，难以满足对系统提出的性能要求，甚至是不稳定的，必须引入附加装置进行校正，这样的附加装置称为校正装置或补偿装置。控制器的核心组成部分是校正装置。当被控对象确定后，对系统的设计就是对控制器的设计，即对控制系统的校正。所谓对控制系统的校正，是指在控制系统的结构和参数确定的条件下，按照对系统提出的性能指标，设计计算附加的校正装置和元件，使系统性能达到要求。

6.1.1　性能指标

在设计控制系统时，对不同的控制系统提出不同的性能指标，或对同一控制系统提出不同形式的性能指标。性能指标的提出，应符合实际系统的需要与可能。

在控制系统设计中，采用的设计方法一般依据性能指标的形式而定。如果系统的性能指标以时域形式给出，一般采用根轨迹法进行校正较为方便；如果系统的性能指标以频域形式给出，通常采用频率法进行校正。

控制系统的性能指标通常包括稳态性能指标和动态性能指标两方面。

1. 稳态性能指标

1）稳态误差 e_{ss}

稳态误差表示系统对于跟踪给定信号准确性的定量描述。

2）系统的无差度 v

无差度 v 是系统前向通路中积分环节的个数，表示系统对于给定信号的跟踪能力的度量。系统对于给定的信号能够跟踪还是不能跟踪，有差跟踪还是无差跟踪，是由系统的无差度 v 来决定的。

3) 静态误差系数

静态误差系数有三个,分别为静态位置误差系数 K_p、静态速度误差系数 K_v 和静态加速度误差系数 K_a。对于有差系统,其误差与静态误差系数成反比。因此,由它们分别可以确定有差系统的误差大小。

2. 动态性能指标

动态性能指标是表征系统瞬态响应的品质,可以分为时域动态性能指标和频域动态性能指标。

1) 时域动态性能指标

常以系统的阶跃响应来进行描述,通常有上升时间 t_r、峰值时间 t_p、超调量 $\delta\%$、调节时间 t_s、振荡次数 N 等。

2) 频域动态性能指标

频域动态性能指标有开环频域指标和闭环频域指标之分。开环频域指标指相角裕度 γ、幅值裕度 h 和截止频率 ω_c 等。闭环频域指标指谐振峰值 M_r、谐振频率 ω_r 和带宽频率 ω_b 等。

6.1.2 系统带宽确定

性能指标中的带宽频率 ω_b 是一个重要的技术指标。无论采用哪种校正方式,都要求校正后的系统既能以所需精度跟踪输入信号,又能抑制噪声。因此,合理选择控制系统的带宽,在系统设计中是一个很重要的问题。

为了使系统能够准确复现输入信号,要求系统具有较大的带宽;但从抑制噪声的角度,又不希望系统的带宽过大。此外,为了使系统具有较高的稳定裕度,希望开环对数幅频特性在截止频率 ω_c 处的斜率为 $-20\mathrm{dB/dec}$,但从要求系统具有较强的从噪声中辩识信号的能力来考虑,又希望 ω_c 处的斜率小于 $-40\mathrm{dB/dec}$。由于不同的开环系统截止频率 ω_c 对应不同的闭环系统带宽 ω_b,因此,在系统设计时,必须选择切合实际的带宽。

通常,一个设计良好的实际运行系统,其相角裕度在 $45°$ 左右。若过低,系统的动态性能较差,且对参数变化的适应能力较弱;若过高,意味着对整个系统及其组成部件要求较高,则造成实现上的困难,同时由于稳定程度过高,往往造成动态过程缓慢。要实现 $45°$ 左右的相角裕度,开环对数幅频特性在中频区的斜率应为 $-20\mathrm{dB/dec}$,且要求中频区占据一定的宽度,以确保系统参数变化时,相角裕度变化不大。在此中频区后,要求系统幅频特性迅速衰减,以削弱噪声对系统的影响,这是确定系统带宽的一个重要方面。往往进入系统输入端的信号,既有输入信号 $r(t)$,又有噪声信号 $n(t)$,如果输入信号的带宽为 $0\sim\omega_m$,噪声信号的带宽为 $\omega_1\sim\omega_n$,则控制系统的带宽频率通常为

$$\omega_b = (5\sim10)\omega_m \qquad\qquad (6-1)$$

且使 $\omega_1\sim\omega_n$ 处于 $0\sim\omega_b$ 之外,如图 6.1 所示,此带宽既能尽量复现输入信号,又能抑制干扰信号。

6.1.3 校正方式

校正装置加入系统中的位置不同,所起的作用不同,按照校正装置在系统中的连接方式,可分为串联校正、反馈校正、前馈校正和复合校正四种基本的校正方式。

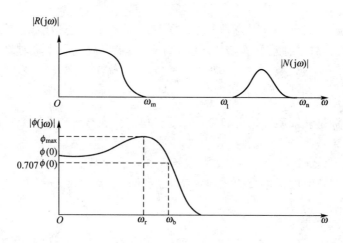

图 6.1　系统带宽的选择

串联校正装置一般接在系统误差测量点之后和放大器之前，串接在系统前向通道之中。串联校正时，通常需要附加放大器，以提高系统的增益。由于串联校正装置位于低能源端，从设计到具体实现都比较简单，成本低、功耗比较小，因此设计中常常使用这种方式，缺点是对参数变化比较敏感。反馈校正装置接在系统局部反馈通道之中。反馈校正装置的信号直接取自系统的输出信号，是从高能源端得到的，一般不需要附加放大器。采用反馈校正可以抑制系统的参数波动或非线性因素对系统性能的影响，缺点是调整不方便，设计相对较为复杂。串联校正与反馈校正连接方式如图 6.2 所示。

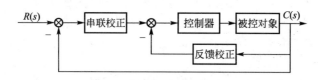

图 6.2　串联校正与反馈校正

前馈校正又称顺馈校正，是在系统主反馈回路之外采用的校正方式，前馈校正装置接在系统给定值之后，主反馈作用点之前的前向通道上，如图 6.3(a)所示。这种校正方式的作用相当于对给定信号进行整形或滤波后，再送入反馈系统。另一种前馈校正装置接在系统可测扰动作用点与误差测量点之间，对扰动信号进行直接或间接测量，经变换后接入系统，形成一条附加的扰动进行补偿的通道，如图 6.3(b)所示。前馈校正可以单独作用于开环控制系统，也可以作为反馈控制系统附加校正而组成复合控制系统。

复合校正方式是在反馈控制回路中，加入前馈校正通路，如图 6.4 所示。其中图 6.4(a)为按扰动的复合补偿形式，图 6.4 (b)为按输入补偿的复合控制形式。复合校正适用于既要求稳态误差小，又要求暂态响应平稳快速的系统。

在控制系统设计中，选用何种校正装置，主要取决于系统结构的特点、选择的元件、信号的性质、经济条件及设计者的经验等。一般来说，串联校正简单，较易实现，应用广泛。

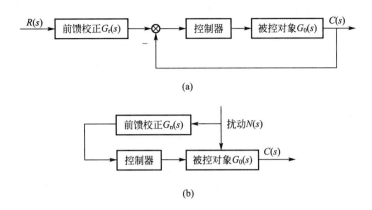

(a)

(b)

图 6.3　前馈校正系统

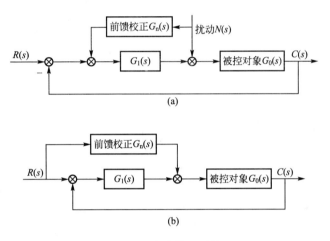

(a)

(b)

图 6.4　复合校正系统

6.1.4　基本校正规律

确定校正装置的具体形式时，应先了解校正装置提供的控制规律，以便选择相应的元件。包含校正装置在内的控制器，常常采用比例、积分、微分等基本控制规律，或者这些基本控制规律的某些组合，如比例-微分、比例-积分、比例-积分-微分等控制规律，以实现对被控对象的有效控制。

1．比例(P)控制规律

具有比例控制规律的控制器，称为 P 控制器，如图 6.5 所示。P 控制器实质上是一个具有可调增益的放大器。在信号变换过程中，比例控制器只改变信号的增益而不影响其相位。在串联校正中，加大控制器增益，可以提高系统的开环增益 K_p，减小系统稳态误差，从而提高系统的控制精度，但会降低系统的相对稳定性，甚至可能造成闭环系统不稳定。因此，在系统校正设计中，很少单独使用比例控制规律。

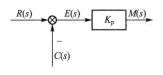

图 6.5　P 控制器

2. 比例-微分(PD)控制规律

具有比例-微分控制规律的控制器，称为 PD 控制器。其输出信号 $m(t)$ 与输入信号 $e(t)$ 的关系为

$$m(t)=K_pe(t)+K_p\tau\frac{de(t)}{dt} \tag{6-2}$$

式中，K_p 为比例系数；τ 为微分时间常数；K_p 和 τ 都是可调的参数。PD 控制器如图 6.6 所示。

对式(6-2)取拉氏变换，可得 PD 控制器的传递函数

$$G_c(s)=\frac{M(s)}{E(s)}=K_p(1+\tau s) \tag{6-3}$$

PD 控制器相当于系统开环传递函数增加了一个 $-\frac{1}{\tau}$ 的开环零点，提高系统的相角裕度，因此又称为超前校正装置或微分校正装置。工程实践中可应用这个特性来改善系统的动态性能。

PD 控制器中的微分控制规律，$\frac{de(t)}{dt}$ 是 $e(t)$ 随时间的变化率，能预见输入信号的变化趋势，产生有效的早期修正信号，以增加系统的阻尼程度，从而改善系统的稳定性。但也需注意，微分控制作用只对动态过程起作用，而对稳态过程没有影响，且对系统噪声非常敏感，存在放大噪声，降低系统抗干扰能力的缺点，所以单一的 D 控制器在任何情况下都不宜与被控对象串联起来单独使用。通常，微分控制规律总是与比例控制规律或比例-积分控制规律结合起来，构成 PD 或 PID 控制器，应用于实际的控制系统。

例 6-1　设比例-微分控制系统如图 6.7 所示，试分析 PD 控制器对系统性能的影响。

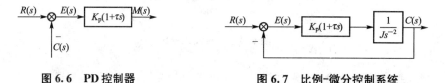

图 6.6　PD 控制器　　　　　图 6.7　比例-微分控制系统

解： 无 PD 控制器时，系统的特征方程为 $Js^2+1=0$，此时系统的阻尼比等于零，其输出 $C(t)$ 为不衰减的等幅振荡形式，系统处于临界稳定状态。

加入 PD 控制器后，系统的特征方程为 $Js^2+K_p\tau s+K_p=0$，其阻尼比 $\zeta=\tau\sqrt{K_p}/2\sqrt{J}>0$，因此闭环系统是稳定的。PD 控制器通过改变参数 K_p 及 τ 可提高系统的阻尼程度。

3. 积分(I)控制规律

具有积分控制规律的控制器，称为 I 控制器。其输出信号 $m(t)$ 与其输入信号 $e(t)$ 的关系为

$$m(t)=K_i\int_0^t e(t)dt \tag{6-4}$$

式中，K_i 为可调比例系数。积分元件在信号变换中起着对信号积分的作用，且相位滞后。由于 I 控制器的积分作用，当输入 $e(t)$ 信号消失后，输出信号 $m(t)$ 有可能是一个不为零的常量。对上述微分方程取拉氏变换，可得 I 控制器的传递函数

$$G_c(s) = \frac{M(s)}{E(s)} = \frac{K_i}{s} \tag{6-5}$$

在串联校正中，采用 I 控制器可以提高系统的无差度，提高系统的稳态性能。但积分控制使系统增加一个位于原点的开环极点，使信号产生 90° 的相角滞后，对系统的稳定性不利。因此，在系统校正设计中，很少单独使用 I 控制器。I 控制器如图 6.8 所示。

4. 比例-积分(PI)控制规律

具有比例-积分控制规律的控制器，称为 PI 控制器。输出信号 $m(t)$ 和输入信号 $e(t)$ 的关系为

$$m(t) = K_p e(t) + \frac{K_p}{T_i} \int_0^t e(t) \mathrm{d}t \tag{6-6}$$

式中，K_p 为可调比例系数；T_i 为可调积分时间常数。PI 控制器如图 6.9 所示。

图 6.8   I 控制器   图 6.9   PI 控制器

对上述微分方程取拉氏变换，可得 PI 控制器的传递函数为

$$G_C(s) = \frac{M(s)}{E(s)} = K_p \left(1 + \frac{1}{T_i s}\right) \tag{6-7}$$

由式(6-7)看出，PI 控制器不仅增加了一个位于原点的开环极点，同时也增加了一个位于 s 左半平面的开环零点。位于原点的开环极点提高了系统的型别，改善了系统的稳态性能，但是又使系统稳定性下降。由于开环零点能改善系统的稳定性，PI 控制器传递函数 $G_c(s)$ 中的零点，缓和了 PI 控制器极点对系统稳定性产生的不利影响。只要积分时间常数 T_i 足够大，PI 控制器对系统稳态性产生的不利影响可大为减弱。在控制工程实践中，PI 控制器主要用来改善系统的稳态性能。

5. 比例-积分-微分(PID)控制规律

具有比例-积分-微分控制规律的控制器，称为 PID 控制器。这种组合具有三种基本控制规律的各自特点，其输出信号 $m(t)$ 与输入信号 $e(t)$ 满足

$$m(t) = K_p e(t) + \frac{K_p}{T_i} \int_0^t e(t) \mathrm{d}t + K_p \tau \frac{\mathrm{d}e(t)}{\mathrm{d}t} \tag{6-8}$$

相应的传递函数为

$$G_c(s) = K_p \left(1 + \frac{1}{T_i s} + \tau s\right) = \frac{K_p}{T_i} \left(\frac{T_i \tau s^2 + T_i s + 1}{s}\right) \tag{6-9}$$

PID 控制器如图 6.10 所示。

由式(6-8)可知，当利用 PID 控制器进行串联校正时，除了系统的无差度增加，还增加两个负实数零点。与 PI 控制器相比，除提高了系统的稳态性能，还提高了系统的动态性能。因而在控制系统中，广泛使用 PID 控制器。

图 6.10   PID 控制器

6.1.5 校正方法

系统校正方法常见的有两种。

1. 频率法

频率法是利用适当校正装置的伯德图，配合开环增益的调整，来修改原有的开环系统的伯德图，使得开环系统经校正与增益调整后的伯德图符合性能指标的要求。在频域内进行系统设计是一种简便的设计方法，频率法进行校正的实质，就是在系统中加入频率特性形状合适的校正装置，使开环系统对数频率特性形状变成期望的形式，即低频段增益足够大，以保证稳态误差要求；中频段对数频率特性斜率一般为 -20dB/dec，并具有较宽的频带，以保证系统具备适当的相角裕度；高频段增益尽快减小，以抑制噪声影响。目前，工程技术界多习惯采用频率法。

2. 根轨迹法

根轨迹法是在系统中加入校正装置，即加入新的开环零、极点，这些新的零、极点将改变原有系统的闭环根轨迹，即改变闭环极点而改善系统的性能，这样通过增加开环零、极点使闭环零、极点重新布置，从而满足闭环系统的性能要求。本章由于篇幅所限不作介绍。

6.2 系统串联校正

本节主要介绍串联校正特性，在开环系统对数频率特性基础上，以满足稳态误差、开环系统截止频率和相角裕度等要求为出发点，进行串联校正的方法。常用的校正网络有无源网络和有源网络，无源网络由电阻、电容、电感器件构成，有源网络主要由直流运算放大器构成。为简明起见，本章主要以无源网络为例来说明校正装置及其特性。

6.2.1 串联超前校正

1. 无源超前网络

无源超前校正网络的电路如图 6.11 所示。设输入信号源内阻为零，输出端负载阻抗无穷大，则超前网络的传递函数为

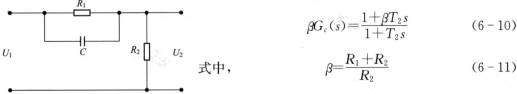

$$\beta G_c(s) = \frac{1 + \beta T_2 s}{1 + T_2 s} \qquad (6-10)$$

图 6.11 无源超前网络

式中，

$$\beta = \frac{R_1 + R_2}{R_2} \qquad (6-11)$$

$$T_2 = \frac{R_1 R_2}{R_1 + R_2} C \qquad (6-12)$$

通常，β 称为分度系数，T_2 称为时间常数。由式(6-10)可看出，采用无源超前网络进行串联校正时，整个系统的开环增益要下降 β 倍，因此需要提高放大器增益加以补偿。

根据式(6-10)画出无源超前网络 $\beta G_c(s)$ 的对数频率特性，如图6.12所示。由特性图可看出，在频率 ω 为 $1/\beta T_2$ 至 $1/T_2$ 之间对输入信号有明显的微分作用，即为 PD 控制。在上述频率范围内，输出信号相角比输入信号相角超前，超前网络的名称由此而得。图6.12表明，在 $\omega=\omega_m$ 处，具有最大超前角 φ_m，且 ω_m 正好处于 $1/\beta T_2$ 和 $1/T_2$ 的几何中心。证明如下。

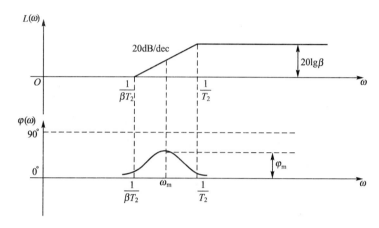

图6.12　无源超前网络对数幅相特性

由式(6-10)可将其传递函数看成由两个典型环节构成，其相角计算为

$$\varphi_c(\omega)=\arctan\beta T_2\omega-\arctan T_2\omega$$

由两角和公式得

$$\varphi_c(\omega)=\arctan\beta T_2\omega-\arctan T_2\omega=\arctan\frac{(\beta-1)T_2\omega}{1+\beta T_2^2\omega^2} \qquad (6-13)$$

式(6-13)对 ω 求导并令其等于零，得最大超前角频率为

$$\omega_m=\frac{1}{T_2\sqrt{\beta}} \qquad (6-14)$$

而 $1/\beta T_2$ 和 $1/T_2$ 的几何中心为

$$\lg\omega=\frac{1}{2}\left(\lg\frac{1}{\beta T_2}+\lg\frac{1}{\beta T_2}\right)=\lg\frac{1}{T_2\sqrt{\beta}}$$

即

$$\omega=\frac{1}{T_2\sqrt{\beta}}$$

正是式(6-14)的 ω_m。将式(6-14)代入式(6-13)得最大超前角为

$$\varphi_m=\arctan\frac{(\beta-1)T_2\dfrac{1}{T_2\sqrt{\beta}}}{1+\beta T_2^2\dfrac{1}{T_2^2\beta}}=\arctan\frac{\beta-1}{2\sqrt{\beta}}$$

或写为

$$\beta=\frac{1+\sin\varphi_m}{1-\sin\varphi_m} \qquad (6-15)$$

式(6-15)表明，φ_m 仅与 β 值有关。β 值选得越大，超前网络的微分效应越强。为了保护较高的信噪比，实际选用的 β 值一般不大于 20。通过计算，可以求出 ω_m 处的对数值

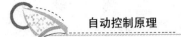

$$L_c(\omega_m)=20\lg|\beta G_c(j\omega_m)|=10\lg\beta$$

2. 串联超前校正

应用超前网络进行串联校正的基本原理是，利用超前网络的相角超前特性，即安排串联超前校正网络最大超前角出现的频率等于要求的系统截止频率 ω_c''。充分利用超前网络相角超前的特点，保证系统的快速性。显然，$\omega_m=\omega_c''$ 的条件是原系统的 ω_c'' 处的对数幅值 $L(\omega_c'')$ 与超前网络在 ω_m 处的对数幅值之和为零，即 $-L(\omega_c'')=L'(\omega_m)=10\lg\beta$，正确地选择好转角频率 $1/\beta T_2$ 和 $1/T_2$，串入超前网络后，就能使被校正系统的截止频率和相角裕度满足性能指标要求，从而改善闭环系统的动态性能。闭环系统的稳态性能要求，可通过选择已校正系统的开环增益来保证。

用频率特性法设计无源超前网络的步骤如下：

(1) 根据稳态误差的要求，确定开环增益 K。

(2) 利用已确定的开环增益，绘制原系统的对数频率特性，计算原系统的相角裕度 γ、幅值裕度 h 和截止频率 ω_c。

(3) 确定使相角裕度达到希望值 γ'' 所需要增加的相位超前相角 φ_m，即 $\varphi_m=\gamma''-\gamma+(5°\sim15°)$（裕度），计算超前网络参数 β。

(4) 将对应最大超前相位角 φ_m 的频率 ω_m 作为校正后新的对数幅频特性的截止频率 ω_c''，即令 $\omega_c''=\omega_m$，利用作图法可以求出 ω_m，因为校正装置在 $\omega=\omega_m$ 时的幅值为 $10\lg\beta$。所以可知在未校正系统的 $L(\omega)$ 曲线上的截止频率 ω_c 的右距横轴 $-10\lg\beta$ 处即为新的截止频率 ω_c'' 的对应点。

(5) 求出超前校正装置的另一个参数 T_2。

$$T_2=\frac{1}{\omega_m\sqrt{\beta}}$$

(6) 画出校正后系统的对数频率特性，检验已校正系统的相角裕度 γ'' 性能指标是否满足设计要求。验算时，已知 ω_c'' 计算校正后系统在 ω_c'' 处的相角裕度 $\gamma''(\omega_c'')$ 为

$$\gamma''(\omega_c'')=180°+\varphi''(\omega_c'')$$

当验算结果 γ'' 不满足指标要求时，需另选 ω_m 值，并重复以上计算步骤，直到满足指标为止。重选 ω_m 值，一般是使 $\omega_m=\omega_c''$ 的值增大。

例 6-2 已知一个单位反馈控制系统的开环传递函数 $G_k(s)=\dfrac{4k}{s(s+2)}$，要求稳态速度误差系数 $K_v=20(1/s)$，相角裕度不小于 $50°$，增益裕量不小于 $10dB$，试设计一个满足性能指标要求的超前校正装置。

解： 在设计时，应先根据要求的 K_v 值求出应调整的放大系数 K。

$$K_v=\lim_{s\to0}sG_k(s)=\lim_{s\to0}s\frac{4k}{s(s+2)}=2k=20$$

求得 $k=10$。

然后画出未校正系统的伯德图，如图 6.13 的虚线所示。由图 6.13 可以看出：如不加校正装置，未校正系统的相角裕度为 $17°$，增益裕量为 $+\infty$(dB)，这说明相角裕度未满足要求。虽然幅值裕度已满足要求，仍需进行校正装置的设计。

上述未校正系统的相角裕度 γ 也可由对数幅频特性图中的 $\omega_c=6.3$ 通过计算求得

$$\gamma=180°-90°-\arctan\frac{1}{2}\times 6.3=17°$$

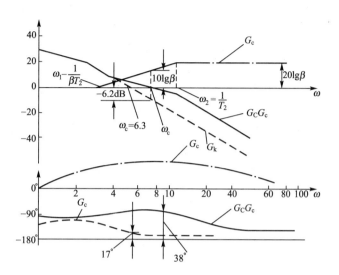

图6.13 超前校正装置校正前后系统的伯德图

根据题意，至少要求超前相角为 $50°-17°=33°$。考虑到串联超前校正装置后幅频特性的截止频率 ω_c 要向右移，将使原有的 $17°$ 还要减小，因此需增加约 $5°$ 的超前相角，故共需增加超前相角 $\varphi_m=33°+5°=38°$。则有

$$\beta=\frac{1+\sin\varphi_m}{1-\sin\varphi_m}=4.17$$

再用作图法求 ω_m，因为 $-10\lg\beta=-10\lg 4.17\text{dB}=-6.2\text{dB}$，所以在未校正的对数幅频特性曲线 $L(\omega)-\omega$ 上找出与 -6.2dB 平行线的交点，再作垂直线与 ω 轴相交。可得 $\omega_m=\omega_c''=9\text{rad/s}$（见图6.13中的 ω_c''）。

再计算 T_2

$$T_2=\frac{1}{\omega_m\sqrt\beta}=\frac{1}{9\times\sqrt{4.17}}=0.054$$

故可得超前校正装置的传递函数为

$$G_c(s)=\frac{1}{\beta}\left(\frac{1+\beta T_2 s}{1+T_2 s}\right)=0.24\left(\frac{1+0.225s}{1+0.054s}\right)$$

为了补偿超前校正造成的衰减（0.24倍），要串联一个放大器，其放大倍数为 $\frac{1}{0.24}=4.17=\beta$。故由放大器和超前校正装置组成的校正装置的传递函数为

$$G_c(s)=\frac{1+0.225s}{1+0.054s}$$

校正后总的传递函数为

$$G_k(s)G_c(s)=\frac{20}{s\left(\frac{1}{2}s+1\right)}\frac{1+0.225s}{1+0.054s}$$

因 $\omega_c''=9$，计算校验 γ'' 为

$$\gamma''=180°+\arctan 0.225\times 9-90°-\arctan\frac{1}{2}\times 9-\arctan 0.054\times 9=50°$$

图 6.13 的实线为校正后系统的伯德图，点划线是校正装置的伯德图。从图 6.13 可以看出，校正后系统的截止频率 ω_c'' 从 6.3dB 增加到 9dB，即增加了系统的带宽和反应速度。校正后相角裕度增加到 50°，故校正后的系统满足了希望的性能指标。

应当指出，有些情况采用串联校正装置是无效的。串联超前校正受以下两个因素的限制。

(1) 闭环带宽要求。若原系统不稳定，为了获得要求的相角裕度，超前网络应具有很大的相角超前量，这样，超前网络的 β 值必须选得很大，从而造成已校正系统带宽过大，使通过系统的高频噪声电平很高，很可能使系统失控。

(2) 如果原系统在截止频率附近相角迅速减小，一般不宜采用串联超前校正。因为随着截止频率向 ω 轴右方移动，原系统相角迅速下降，尽管串联超前网络提供超前角，而校正后系统相角裕度的改善不大，很难产生足够的相角裕度。

在上述情况下，可采取其他方法对系统进行校正。

6.2.2 串联滞后校正

1. 无源滞后网络

控制系统具有满意的动态特性，但其稳态性能不能满足要求时，可采用串联滞后校正。无源滞后网络的电路图如图 6.14 所示，设输入信号内阻为零，负载阻抗为无穷大，可推出滞后网络的传递函数为

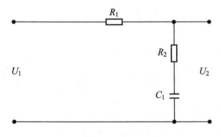

图 6.14 无源滞后网络

$$G_c(s)=\frac{1+\alpha T_1 s}{1+T_1 s} \tag{6-16}$$

式中，$\alpha=\dfrac{R_2}{R_1+R_2}<1$，$T_1=(R_1+R_2)C$。通常，$\alpha$ 称为滞后校正网络的分度系数，表示滞后深度。

无源滞后网络的对数频率特性如图 6.15 所示。由图可见，滞后网络在频率 $1/T_1$ 至 $1/\alpha T_1$ 之间呈积分效应，即为 PI 控制，而对数相频特性呈滞后特性。与超前网络相似，最大滞后角 φ_m，出现在最大滞后角频率 ω_m 处，且 ω_m 正好处于频率 $1/T_1$ 与 $1/\alpha T_1$ 的几何中心处。可以算得

$$\omega_m=\frac{1}{\sqrt{\alpha}T_1} \tag{6-17}$$

$$\varphi_m=\arcsin\frac{1-\alpha}{1+\alpha} \tag{6-18}$$

从图 6.15 看出，滞后网络对低频有用信号不产生衰减，而对于高频噪声信号有削弱作用。α 值越小，通过网络的噪声电平越低。

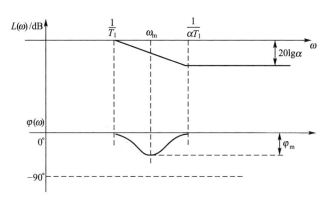

图 6.15 无源滞后网络对数频率特性

2. 串联滞后校正

采用滞后网络进行校正，主要是利用其高频幅值衰减特性，使已校正系统的截止频率下降，从而使系统获得足够的相角裕度。因此，滞后网络的最大滞后角应避免发生在已校正系统开环截止频率 ω_c'' 附近，否则将使系统动态性能恶化。因此选择滞后网络参数时，总是使网络的第 2 个转角频率 $1/\alpha T_1$ 远小于 ω_c''，一般取

$$\frac{1}{\alpha T_1}=\frac{\omega_c''}{5\sim10} \tag{6-19}$$

在系统响应速度要求不高而抑制噪声电平性能要求较高的情况下，可考虑采用串联滞后校正。此外，如果未校正系统已具备满意的动态性能指标，仅稳态性能不满足指标要求，也可采用串联滞后校正以提高系统的稳态精度，同时保持其动态性能基本不变。

应用频率法设计串联滞后网络的步骤如下：

（1）根据稳态误差的要求，确定开环增益 K。

（2）作出原系统的对数频率特性，计算原系统的相角裕度 γ、幅值裕度 h 和截止频率 ω_c。

（3）如原系统的相角和增益裕量不满足要求，找一新的截止频率 ω_c''，在 ω_c'' 处开环传递函数的相角应等于 $-180°$ 加上要求的相角裕度，再加上 $5°\sim12°$，以补偿滞后校正网络的相角滞后。

（4）确定使幅值曲线在新的截止频率 ω_c'' 处下降到 0dB 所需的衰减量 $20\lg|G_k(\mathrm{j}\omega_c'')|$，再令 $20\lg\alpha=-20\lg|G_k(\mathrm{j}\omega_c'')|$，由此求出校正装置的参数 α。

（5）取滞后校正装置的第 2 个转折频率 $\omega_2=\dfrac{1}{\alpha T_1}=\left(\dfrac{1}{5}\sim\dfrac{1}{10}\right)\omega_c''$，$\omega_2$ 太小将使 T_1 很大，这是不允许的。ω_2 确定后，T_1 就确定了。

（6）验算已校正系统的相角裕度和幅值裕度。

例 6 - 3 已知单位反馈系统的开环传递函数，要求的性能指标为 $K_v=20(1/s)$，相角裕度不低于 $35°$，增益裕量不低于 10dB，试求串联滞后网络的传递函数。

$$G_k(s)=\frac{K}{s(0.2s+1)(0.5s+1)}$$

解：（1）根据稳态指标要求求出 K 值。

以 $K_v = K = 20$ 作出系统的伯德图如图 6.16 所示，求出相角裕度为 $-30.6°$，增益裕量为 -12dB。系统不稳定，谈不上满足性能指标要求，因此要对原系统进行校正。

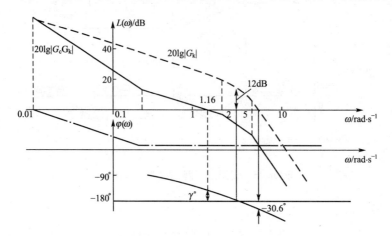

图 6.16 滞后校正装置前后系统的对数特性

(2) 性能指标要求 $\gamma'' \geqslant 35°$，取 $\gamma'' = 35°$，为补偿滞后校正装置的相角滞后，相角裕度应按 $35° + 12° = 47°$ 计算，要获得 $47°$ 的相角裕量，相角应为 $-180° + 47° = -133°$，即选择 $\omega_c'' = 1.16$rad/s。

(3) 选择 $\omega_c'' = 1.16$rad/s，即校正后系统的伯德图在 $\omega = \omega_c''$ 处应为 0dB。由图 6.16 可求出原系统伯德图在 $\omega = \omega_c''$ 处为 24.73dB，因此，滞后校正装置必须产生的幅值衰减为 -24.73dB，因此可求出校正装置参数 α 为

$$20\lg\alpha = -24.73\text{dB}, \quad \alpha = 0.058$$

由 $\dfrac{1}{\alpha T_1} = \left(\dfrac{1}{5} \sim \dfrac{1}{10}\right)\omega_c''$ 可求得 T_1。为使滞后校正装置的时间常数 T_1 不过分大，取 $\dfrac{1}{\alpha T_1} = \dfrac{1}{5}\omega_c''$，求出 $T_1 = 74.32$。这样，滞后校正装置的传递函数为

$$G_c(s) = \frac{1 + \alpha T_1 s}{1 + T_1 s} = \frac{4.3s + 1}{74.32s + 1}$$

校正后系统的开环传递函数为

$$G_c(s)G_k(s) = \frac{20(4.3s + 1)}{s(0.2s + 1)(0.5s + 1)(74.32s + 1)}$$

(4) 作出校正后系统的伯德图（见图 6.16），检验校正后系统是否满足性能指标要求。由图 6.16 可求出校正后系统相角裕度为 $\gamma = 35°$，增益裕量 $K_g = 12$dB，且 $K_v = K = 20$，说明校正后系统的稳态、动态性能均满足指标的要求。

串联滞后校正网络，从其频率特性来看，本质上是一种低通滤波器。因此，经滞后校正的系统对低频信号具有较高的放大能力，这样便可降低系统的稳态误差；但对频率较高的信号，系统却表现出显著的衰减特性。这样就可能在控制系统中防止不稳定现象的出现。

由于串联滞后校正对高频信号具有明显的衰减特性，它使控制系统的带宽变窄，从而降低了系统反应控制信号的快速性。这是在应用串联滞后校正提高控制系统稳态性能的同时，给系统动态性能带来的不利影响。但系统带宽变窄，却能增强抑制扰动信号的能力。

串联滞后校正与串联超前校正有以下不同。

（1）超前校正是利用超前网络的相角超前特性，而滞后校正是利用滞后网络的高频幅值衰减特性。

（2）为了满足严格的稳态性能要求，当采用无源校正网络时，超前校正要求一定的附加增益，而滞后校正一般不需要附加增益。

（3）对于同一系统，采用超前校正的系统带宽大于采用滞后校正的系统带宽。从提高系统响应速度的观点来看，希望系统带宽越大越好；与此同时，带宽越大则系统越易受噪声干扰的影响，因此如果系统输入端噪声电平较高，一般不宜选用超前校正。

最后指出，在有些应用方面，采用滞后校正可能会使得时间常数大到不能实现的情况。这种不良后果的出现，是由于需要在足够小的频率值上安置滞后网络第一个交接频率 $1/T$，从而保证在需要的频率范围内产生有效的高频幅值衰减特性。在这种情况下，最好采用串联滞后-超前校正。

6.2.3 串联滞后-超前校正

这种校正方法兼有滞后和超前校正的优点。超前校正主要作用是提高系统的相角裕度，增加系统的稳定性，改善系统的动态性能；滞后校正主要作用是改善系统的稳态性能。当待校正系统不稳定，且要求校正后系统的响应速度快、相角裕度和稳态精度较高时，以采用串联滞后-超前校正为宜。串联滞后-超前校正可以用比例-积分-微分控制器（PID 控制器）实现，下面介绍用无源网络实现。

1. 无源滞后-超前网络

图 6.17(a)是无源滞后-超前网络的电路图，其传递函数为

$$G_c(s) = \frac{(T_1 s + 1)(T_2 s + 1)}{T_1 T_2 S^2 + (T_1 + T_2 + T_{12})s + 1} \qquad (6-20)$$

式中，$T_1 = R_1 C_1$，$T_2 = R_2 C_2$，$T_{12} = R_1 C_2$，令式(6-20)的分母多项式具有两个不等的负实根，则可将式(6-20)写成

$$G_c(s) = \frac{(T_1 s + 1)(T_2 s + 1)}{(T_1' s + 1)(T_2' + 1)} \qquad (6-21)$$

将式(6-21)分母展开，与式(6-20)分母比较有

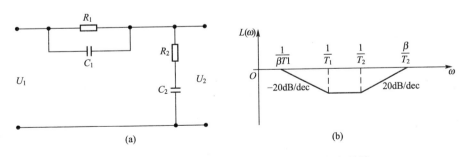

图 6.17　无源滞后-超前网络及其对数渐近幅频特性

$$T_1' T_2' = T_1 T_2 \quad \text{或} \quad \frac{T_1}{T_1'} = \frac{T_2'}{T_2} \qquad (6-22)$$

$$T_1' + T_2' = T_1 + T_2 + T_{12} \qquad (6-23)$$

设 $T_1' > T_1$，$\dfrac{T_1}{T_1'} = \dfrac{T_2'}{T_2} = \dfrac{1}{\beta}$ $(\beta > 1)$，有

$$T_1' = \beta T_1 \qquad\qquad (6-24)$$

$$T_2' = T_2/\beta \qquad\qquad (6-25)$$

将式(6-24)、式(6-25)代入式(6-21)得

$$G_c(s) = \frac{(T_1 s + 1)(T_2 s + 1)}{(\beta T_1 s + 1)\left(\dfrac{T_2}{\beta}s + 1\right)} \qquad\qquad (6-26)$$

式中，$(T_1 s + 1)/(\beta T_1 s + 1)$ 为网络的滞后部分，$(T_2 s + 1)/\left(\dfrac{T_2 s}{\beta} + 1\right)$ 为网络的超前部分，无源滞后-超前网络的对数幅频渐近特性如图 6.17(b)所示。由图可见，确定了参数 T_1、T_2 和 β，图 6.17(b)的形状即可确定。

2. 串联滞后-超前校正

用频率法设计滞后-超前校正网络参数，其步骤如下：

(1) 根据稳态性能要求确定开环增益 K。

(2) 绘制未校正系统的对数幅频特性，并求出未校正系统的截止频率 ω_c、相角裕度 γ 及幅值裕度 h。

(3) 在未校正系统的对数幅频特性上，选择斜率从 -20dB/dec 变为 -40dB/dec 的转折频率作为校正网络超前部分的转折频率 $\omega_b = \dfrac{1}{T_2}$。$\omega_b$ 这种选法，可以降低校正后系统的阶次，并使中频段有较宽的 -20dB/dec 斜率频段。

(4) 根据响应速度的要求，计算出校正后系统的截止频率 ω_c''，以校正后系统对数渐进幅频特性 $L(\omega_c'') = 0\text{dB}$ 为条件，求出衰减因子 $\dfrac{1}{\beta}$。

(5) 根据校正后系统相角裕度的要求，估算校正网络滞后部分的转折频率 $\omega_a = \dfrac{1}{T_1}$。

(6) 验算已校正系统的各项性能指标。

例 6-4　设某单位反馈系统，其开环传递函数为

$$G_k(s) = \frac{K}{s(s+1)(0.125s+1)}$$

要求 $K_v = 20(1/s)$，相角裕度 $\gamma'' = 50°$，截止频率 $\omega_c'' \geqslant 2$，试设计串联滞后-超前校正装置，使系统满足性能指标要求。

解： 根据对 K_v 的要求，可求出 K 值。

$$K_v = \lim_{s \to 0} s G_k(s) = K = 20$$

以 $K = 20$ 作出原系统的开环对数渐近幅频特性，如图 6.18 虚线所示。求出原系统的截止频率 $\omega_c = 4.47\text{rad/s}$，相角裕度为 $-16.6°$，说明原系统不稳定。选择 $\omega_b = \dfrac{1}{T_2} = 1$ 作为校正网络超前部分的转折频率。根据对校正后系统的相角裕度及截止频率的要求，确定出校正后系统的截止频率为 2.2rad/s，原系统在频率 2.2rad/s 处的幅值为 12.32dB，串入校正网络后的频率 2.2rad/s 处为 0dB，则有下式成立：

$$-20\lg\beta+20\lg2.2+12.32=0$$

求得 $\beta=9.1$，$\dfrac{T_2}{\beta}=0.11$。

校正网络的另一个转折频率 $\beta\omega_b=9.1\times1\mathrm{rad/s}=9.1\mathrm{rad/s}$。写出滞后-超前网络的传递函数为

$$G_c(s)=\frac{(T_1s+1)(T_2s+1)}{(\beta T_1s+1)\left(\dfrac{T_2}{\beta}s+1\right)}=\frac{\left(\dfrac{1}{\omega_a}s+1\right)(s+1)}{\left(\dfrac{\beta}{\omega_a}s+1\right)(0.11s+1)}$$

校正后系统的开环传递函数为

$$G_c(s)G_k(s)=\frac{20\left(\dfrac{1}{\omega_a}s+1\right)(s+1)}{s(0.125s+1)\left(\dfrac{\beta}{\omega_a}s+1\right)(0.11s+1)}$$

根据性能指标的要求，取校正后系统的相角裕度 $\gamma=50°$，即有

$$\gamma=180°+\arctan\frac{\omega_c}{\omega_a}-90°+\arctan0.125\omega_c-\arctan\frac{\beta\omega_c}{\omega_a}-\arctan\omega_c$$

$$=61.01°+\arctan\frac{2.2}{\omega_a}-\arctan\frac{19.11}{\omega_a}=50°$$

式中，$-\arctan\dfrac{19.11}{\omega_a}\approx-90°$，则

$$\arctan\frac{2.2}{\omega_a}=78.99°$$

得 $\omega_a=0.43\mathrm{rad/s}$

则校正网络的传递函数为

$$G_c(s)=\frac{(2.33s+1)(s+1)}{(21.2s+1)(0.11s+1)}$$

校正后系统的开环传递函数为

$$G_c(s)G_k(s)=\frac{20(2.33s+1)}{s(0.125s+1)(21.2s+1)(0.11s+1)}$$

校正后系统的对数渐近幅频特性为图 6.18 中的实线。经校验，校正后系统的 $K_v=20$ $(1/s)$，相角裕度为 $51.21°$，截止频率为 $2.2\mathrm{rad/s}$，达到了对系统提出的稳态、动态指标要求。

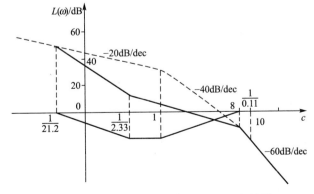

图 6.18　系统校正前后的对数渐近幅频特性

6.2.4 串联校正的期望频率特性综合法

按期望特性进行校正，是工程实践中广泛应用的一种方法。期望特性综合法是指将性能指标要求转化为期望对数幅频特性，再与未校正系统的开环对数幅频特性比较，从而确定校正装置的形式和参数，适用于最小相位系统。

在根据期望特性设计校正装置时，通常按下面几个步骤进行。

（1）根据对系统型别及稳态误差要求，通过性能指标中 v 及开环增益 K，绘制期望特性的低频段。

（2）根据系统要求的暂态响应性能，通过截止频率 ω_c、相角裕度 γ、中频区频段宽度，绘制期望特性的中频段，并取中频区特性的斜率为 -20dB/dec。

（3）绘制期望特性的低频段、中频段之间的过渡频段，其斜率一般与前后频段相差 -20dB/dec，否则对期望特性的性能有较大影响。

（4）根据对系统幅值裕度 h 及抑制高频噪声的要求，绘制期望特性的高频段。通常，为使校正装置比较简单，便于实现，一般使期望特性的高频段斜率与未校正系统的高频段斜率一致，或完全重合。

（5）绘制期望特性的中频段、高频段之间的衔接频段，其斜率一般取 -40dB/dec。

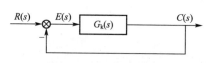

图 6.19 位置随动系统

例 6-5 位置随动系统如图 6.19 所示，其中：

$$G_k(s) = \frac{K}{s(0.9s+1)(0.007s+1)}$$

要求串入校正装置 $G_c(s)$，使系统校正后满足下列性能指标：

（1）系统仍为 I 型，稳态速度误差系数 $K_v \geqslant 1000(1/s)$；

（2）调节时间 $t_s \leqslant 0.25s$，超调量 $\delta\% \leqslant 30\%$。

解：（1）作原系统开环对数渐近幅频特性。系统为 I 型，令 $K=K_v=1000(1/s)$，如图 6.20 所示。由图 6.20 看出，特性以 -40dB/dec 的斜率通过零分贝线，进一步计算表明，原系统的相角裕度为负值，系统不稳定，不满足动态指标的要求。

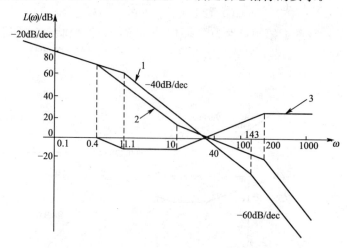

图 6.20 校正前后系统的开环对数幅频特性

（2）根据动态指标要求作期望特性。由公式

$$\delta\% = [0.16 + 0.4(M_r - 1)]\ 100\% \ (当\ 1 \leqslant M_r \leqslant 1.8)$$

$$t_s = \frac{k\pi}{\omega_c}$$

$$k = 2 + 1.5(M_r - 1) + 2.5(M_r - 1)^2 \ (当\ 1 \leqslant M_r \leqslant 1.8)$$

求得 $\omega_c = 35.56$rad/s，取校正后系统开环截止频率 $\omega_c'' = 40$rad/s。为使校正后的系统具有足够的相角裕度（保证系统能满足动态性能指标要求），在截止频率 ω_c'' 附近特性应是 -20dB/dec 的斜率，且应有一定的宽度，同时又要考虑原系统的特性，即高频段应与原系统特性尽量有一致的斜率。由于原系统特性是按 $K = K_v = 1000(1/s)$ 绘制的，因为期望特性的低频段应与原系统特性重合。这样考虑后，可使校正网络简单且易于实现。根据以上分析作期望特性：

① 在 $\omega_c'' = 40$rad/s 处作斜率为 -20dB/dec 的直线。按 $\omega_a = \dfrac{\omega_c''}{2 \sim 5}$ 和 $\omega_b = (2 \sim 5)\omega_c''$ 选择 ω_c'' 左右的转角频率 ω_a 和 ω_b，以保证系统具有一定的 -20dB/dec 斜率的频带宽度。

② 在 $\omega_b = \dfrac{1}{0.007}$rad/s ≈ 143rad/s 处，期望特性斜率由 -20dB/dec 转为 -40dB/dec；在 $\omega = 200$rad/s 处，期望特性由 -40dB/dec 转为 -60dB/dec，高频部分的期望特性以此斜率到底。

③ 选择期望特性使得在 $\omega_a = 10$rad/s 处斜率由 -20dB/dec 转为 -40dB/dec。这样的变化使期望特性有可能与原系统低频段特性相交，其交点为 $\omega = 0.4$rad/s。

④ 低于交点 $\omega = 0.4$rad/s 的频段，令期望特性与原系统特性重合。

在考虑了性能指标并照顾了原系统特性后作出了期望特性，如图 6.20 特性 2 所示。对求出的期望特性进行验算。由图 6.20 上看出，低频段特性 1、2 重合，说明 $K = K_v = 1000(1/s)$，满足稳态性能指标的要求。期望特性 $\omega_c'' = 40$rad/s，算出相角裕度 $\gamma = 49.59°$，超调量 $\delta\% = 28.5\%$，$t_s = 0.213s$，这就说明以期望特性作为校正后系统的开环模型，校正后系统能满足性能指标的要求。如经校验后，作出的期望特性不满足性能指标的要求，应根据具体情况修改期望特性（主要是中频段），直到满足性能指标为止。

⑤ 确定校正装置由于采用串联校正，因此在图 6.20 上用特性 2 减去特性 1 就得到校正装置特性，如图 6.20 上的特性 3 所示。由特性 3 写出校正装置的传递函数为

$$G_c(s) = \frac{(0.9s + 1)(0.1s + 1)}{(2.5s + 1)(0.005s + 1)}$$

校正后系统开环对数渐近幅频特性，即期望特性的传递函数为

$$G_c(s)G_k(s) = \frac{1000(0.1s + 1)}{s(2.5s + 1)(0.007s + 1)(0.005s + 1)}$$

6.3 反馈校正

为了改善控制系统的性能，除了采用串联校正方式外，反馈校正也是广泛应用的校正方式。采用反馈校正来改善系统性能，实质上是利用反馈校正的特点，通过改变未校正系统的结构及参量，达到改善系统性能的目的。

6.3.1 反馈校正的原理

设反馈校正系统如图 6.21 所示，图中 $G_1(s)$ 为系统固有特性的一部分及串联校正装置，$G_2(s)$ 为系统固有特性的另一部分，$G_c(s)$ 为反馈校正装置。由 $G_2(s)$ 和 $G_c(s)$ 构成的回路称为局部闭环或内环回路，而 $G_1(s)$ 和内环回路串联后构成的闭合回路称为主回路或外环回路。其开环传递函数为

$$G(s) = G_1(s)\frac{G_2(s)}{1+G_2(s)G_c(s)} \tag{6-27}$$

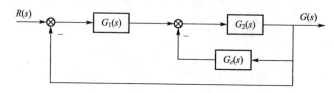

图 6.21 反馈校正系统典型结构图

如果在对系统动态性能起主要影响的频率范围内，下列关系式成立

$$|G_2(s)G_c(s)| \gg 1 \tag{6-28}$$

则式(6-27)可近似表示为

$$G(s) \approx \frac{G_1(s)}{G_c(s)} \tag{6-29}$$

式(6-29)表明，当小闭环的开环传递函数幅值远远大于 1 时，等效串联传递函数 $G(s)$ 近似等于反馈校正环节传递函数 $G_c(s)$ 的倒数，而与固有传递函数 $G_2(s)$ 几乎无关。而当

$$|G_2(s)G_c(s)| \ll 1 \tag{6-30}$$

时，式(6-27)可变为

$$G(s) \approx G_1(s)G_2(s) \tag{6-31}$$

式(6-31)表明此时已校正系统与待校正系统特性一致。因此，适当选取反馈校正装置 $G_c(s)$ 的参数，可以使已校正系统的特性发生期望的变化。

反馈校正的基本原理是：用反馈校正装置包围未校正系统中对动态性能改善有重大防碍的某些环节，形成一个局部反馈回路，在局部反馈回路的开环幅值远大于 1 的条件下，局部反馈回路的特性主要取决于反馈校正装置，而与被包围部分无关；适当选择反馈校正装置的形式与参数，可以使已校正系统的性能满足给定指标的要求。在初步设计中，常把 $|G_2(s)G_c(s)| \gg 1$ 的条件简化为 $|G_2(s)G_c(s)| > 1$，在 $|G_2(s)G_c(s)| = 1$ 附近不满足远大于 1 的条件，此时产生的误差最大不超过 3dB，在工程允许误差范围内。

6.3.2 反馈校正的特点

1. 减小系统的时间常数

反馈校正(通常指负反馈校正)有减小被包围环节时间常数的功能，这是反馈校正的一个重要特点。设图 6.21 中 $G_2(s)$ 为惯性环节，其传递函数为

$$G_2(s) = \frac{K_1}{T_1 s + 1} \quad (K_1, T_1 > 0) \tag{6-32}$$

现设校正装置 $G_c(s)=K_C$ 与其构成局部环节，可以求出局部闭环传递函数为

$$\frac{C(s)}{R_1(s)}=\frac{\dfrac{K_1}{T_1s+1}}{1+\dfrac{K_1K_c}{T_1s+s}}=\frac{K'}{T's+1} \tag{6-33}$$

式中，$K'=\dfrac{K_1}{1+K_1K_C}$，$T'=\dfrac{T_1}{1+K_1K_C}$。

可以看出，原来的惯性环节加局部比例反馈后仍等效为一个惯性环节，但时间常数和放大系数都缩小了，且 K_C 越大，则 T' 和 K' 的值就越小，这有助于加快整个系统的响应速度，即负反馈越强。

2. 降低系统对参数变化的敏感性

在控制系统中，为了减弱参数变化对系统性能的影响，除可采用鲁棒控制技术外，还可以采用负反馈校正方法。如图 6.21 的位置反馈包围惯性环节为例，设无位置反馈时，惯性环节 $G_2(s)=K_1/(T_1s+1)$ 中的传递系数 K_1 变为 $K_1+\Delta K_1$，则其相对增量为 $\Delta K_1/K_1$；采用位置反馈后，此传递系数变为

$$K_1'=\frac{K_1}{1+K_1K_C} \tag{6-34}$$

而变化后的增量为

$$\Delta K_1'=\frac{\partial K_1'}{\partial K_1}\Delta K_1=\frac{\Delta K_1}{(1+K_1K_C)^2} \tag{6-35}$$

相对增量可写为

$$\frac{\Delta K_1'}{K_1'}=\frac{1}{1+K_1K_C}\times\frac{\Delta K_1}{K_1} \tag{6-36}$$

式(6-36)表明，反馈校正后传递系数的相对增量比校正前小 $1+K_1K_C$ 倍。对于反馈校正包括其他比较复杂环节的情况，也有类似效果。

反馈校正的这一特点十分重要。一般来说，系统不可变部分的特征，包括被控对象特性在内，其参数稳定性大都与被控对象自身因素有关，无法轻易改变，而反馈校正装置的特性则是由设计者确定的，其参数稳定性取决于选用元部件的质量，若加以精心挑选，可使其特性基本不受工作条件改变的影响，从而降低系统对参数变化的敏感性。

3. 抑制系统噪声

在控制系统局部反馈回路中，接入不同形式的反馈校正装置，可以起到与串联校正装置同样的作用，同时可以削弱噪声对系统性能的影响。采用反馈校正的控制系统，必然是多环系统。在频域内进行多环系统的反馈校正，除采用期望特性综合法外，也可采用分析法校正。反馈校正还用在许多场合，如正反馈增益提升、微分负反馈增加阻尼比等。

6.3.3 反馈校正装置的设计

在图 6.22 所示的反馈校正控制系统中，其开环传递函数为

$$G_K(s)=\frac{G_1(s)G_2(s)G_3(s)}{1+G_2(s)G_C(s)} \tag{6-37}$$

若 $20\lg|G_2(j\omega)G_C(j\omega)|<0$，则

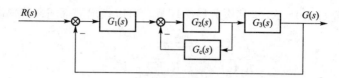

图 6.22 反馈校正控制系统结构图

$$G_K(s) \approx G_0(s) \tag{6-38}$$

若 $20\lg|G_2(j\omega)G_C(j\omega)| > 0$，则

$$G_K(s) = \frac{G_0(s)}{G_2(s)G_C(s)} \tag{6-39}$$

式中，$G_0(s) = G_1(s)G_2(s)G_3(s)$ 为待校正系统的开环传递函数。

由式(6-39)得

$$G_2(s)G_C(s) = \frac{G_0(s)}{G_K(s)}, \quad |G_2(j\omega)G_C(j\omega)| > 1 \tag{6-40}$$

因此，若绘制了待校正系统 $G_0(s)$ 的对数幅频特性，$20\lg|G_0(j\omega)|$ 再减去按性能指标绘出的期望对数幅频特性 $20\lg|G_K(j\omega)|$，即可获得近似的 $G_2(s)G_C(s)$。由于 $G_2(s)$ 是已知的，故反馈校正装置 $G_C(s)$ 可立即求得。

在反馈校正过程中应该注意两点：一是在 $20\lg|G_2(j\omega)G_C(j\omega)| > 0$ 的校正频段内，应使 $20\lg|G_0(j\omega)| > 20\lg|G_K(j\omega)|$ 且大得越多精度越高；二是局部反馈回路必须稳定。

综合法设计的步骤如下：

(1) 绘制满足稳态性能指标要求的原系统的开环对数幅频特性 $L_0(\omega)$。

(2) 绘制满足性能指标要求的期望对数幅频特性 $L'(\omega)$。

(3) 用 $L_0(\omega)$ 减去 $L'(\omega)$，取其中大于零分贝的对数幅频特性作为 $20\lg|G_2(j\omega)G_C(j\omega)|$，从而求得 $G_2(s)G_C(s)$。

(4) 校验局部反馈回路的稳定性，检查 $L'(\omega)$ 的截止频率 ω_c 附近 $20\lg|G_2(j\omega)G_C(j\omega)| > 0$ 的程度。

(5) 由 $G_2(s)G_C(s)$ 得 $G_C(s)$。

(6) 校验校正后系统的性能指标。

(7) 采用相应的校正网络实现 $G_C(s)$。

反馈校正的综合法设计步骤仅适用最小相位系统。

例 6-6 设某控制系统结构如图 6.22 所示，若 $G_1(s) = K_1$，$G_2(s) = \dfrac{10K_2}{(0.1s+1)(0.01s+1)}$，$G_3(s) = \dfrac{0.1}{s}$，要求设计 $G_C(s)$ 使系统满足性能指标：稳态位置误差等于零，稳态速度误差系数 $K_v = 200s^{-1}$，相角裕度 $\gamma \geqslant 45°$。

解：(1) 根据系统稳态误差要求，所以选 $K_1K_2 = 200$，绘制下列对象特性的伯德图，如图 6.23 所示，有

$$G_0(s) = \frac{200}{s(0.1s+1)(0.01s+1)}$$

其中，局部反馈部分的原系统传递函数为

$$G_2(s) = \frac{10K_2}{(0.1s+1)(0.2s+1)}$$

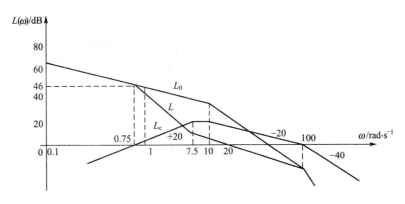

图 6.23　例 6-6 的伯德图

由图 6.23 可见，$L_0(\omega)$ 以 $-40\mathrm{dB/dec}$ 过零，显然不能满足要求。

（2）期望特性的设计。采用为满足 γ 的要求来设计期望特性，首先，低频段不变。中频段由于指标中未提 ω_c 的要求，考虑近似设计在 $\omega=\omega_c$ 处的精度及较高的 ω_c 对系统快速性有利，选 $\omega_c=20\mathrm{rad/s}$。

高中频连线，直接延长于 $L_0(\omega)$ 交于 $\omega_2=100\mathrm{rad/s}$ 正好和 L_0 的一个交接频率重合，高频段同 $L_0(\omega)$ 一致。

低中频连线，考虑到中频区应有一定的宽度且必须满足的 $\gamma \geqslant 45°$ 要求，预选 $\omega_1=7.5\mathrm{rad/s}$。过 ω_1 作 $-40\mathrm{dB/dec}$ 斜率的直线交 $L_0(\omega)$ 于 $\omega_0=0.75\mathrm{rad/s}$，则整个期望特性设计如图 6.23 所示。

（3）校验。从校正后的期望特性上很容易求得 $\omega_c=20\mathrm{rad/s}$，$\gamma(\omega_c)=49°$，满足性能指标的要求。

（4）校正装置的求取，使 $L_0(\omega)-L(\omega)=L_c(\omega)$，$L_c(\omega)>0$。至于 $L_0(\omega)<0$ 部分，在低频区用直线延长的办法得到，在高频区为了包含 $G_2(s)$ 的交接频率，在 $\omega=100$ 处转换成 $-40\mathrm{dB/dec}$ 的斜率，整个 $L_c(\omega)$ 曲线也绘在图 6.23 中。于是

$$G_C(s)=\frac{\dfrac{1}{0.75K_2}s}{\left(\dfrac{1}{7.5}s+1\right)}$$

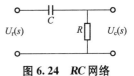

图 6.24　RC 网络

（5）选取图 6.24 所示的 RC 网络来实现 $G_C(s)$。

由于 $G_C(s)=\dfrac{Ts}{Ts+1}$，故选择 $K_2=1$，从而得到 $K_1=200$。

6.4　复　合　校　正

利用串联校正和反馈校正，在一定的程度上可以使已校正系统满足给定的性能指标要求。但对于控制系统中存在强扰动，特别是低频强扰动，或者系统的稳定精度和响应速度要求很高时，仅靠这两种校正方式是不够的，常采用复合控制。如果在系统的反馈控制回路中加入前馈通路，组成一个前馈控制和反馈控制相结合的系统，只要参数选择得当，不但可以保持系统的稳定，极大地减小乃至消除稳态误差，而且可以抑制几乎所有的可量测

扰动，其中包括低频强扰动。这样的系统就称为复合控制系统，相应的控制方式称为复合控制。把复合控制的思想用于系统设计，就是复合校正。在高精度的控制系统中，复合控制得到了广泛的应用。复合校正中的前馈装置是按不变性原理进行设计的，可分为按扰动补偿和按输入补偿两种方式。

6.4.1 按扰动补偿的复合校正

设按扰动补偿的复合控制系统如图 6.25 所示。图中的 $G_1(s)$ 和 $G_2(s)$ 为反馈控制中的前向通路的传递函数，$G_n(s)$ 为前馈装置的传递函数，$N(s)$ 为可测量扰动。按扰动补偿的复合控制系统，利用附加干扰的前馈装置 $G_n(s)$ 的补偿，使扰动 $N(s)$ 输入不影响系统输出 $C(s)$，从而克服干扰的影响。由图 6.25 可知，扰动作用下的输出为

$$C(s) = \frac{G_2(s)\ [1+G_1(s)G_n(s)]}{1+G_1(s)G_2(s)} N(s) \tag{6-41}$$

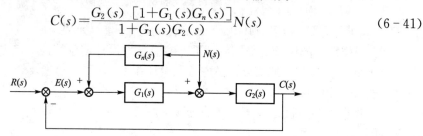

图 6.25　按扰动补偿的复合控制系统

要完全消除扰动对系统输出的影响，则必有 $1+G_1(s)G_n(s)=0$，即

$$G_n(s) = -\frac{1}{G_1(s)} \tag{6-42}$$

式(6-42)称为对扰动的误差全补偿条件。

具体设计时，可以先选择 $G_1(s)$ 设计反馈闭环，使系统获得满意的动态性能和稳态性能；然后按式(6-42)确定前馈补偿装置 $G_n(s)$。但误差全补偿条件即式(6-42)在物理上往往无法准确实现，因为由物理装置实现的 $G_1(s)$，其分母多项式次数总是大于或等于分子多项式的次数。其倒数往往难以实现，在实际使用时即使不能获得动、静态完全补偿，能够做到部分补偿或稳态补偿也是可取的。从抑制扰动的角度来看，前馈控制可以减轻反馈控制的负担，反馈控制系统的开环增益可以取得小一些，有利于系统的稳定性。

例 6-7　设按扰动补偿的复合校正随动系统如图 6.26 所示。图中的 K_1 为系统放大器的传递函数，$1/(T_1s+1)$ 为滤波器的传递函数，$K_m/[s(T_ms+1)]$ 为伺服电动机的传递函数，$N(s)$ 为负载转动扰动，试设计前馈补偿装置 $G_n(s)$，使系统输出不受扰动的影响。

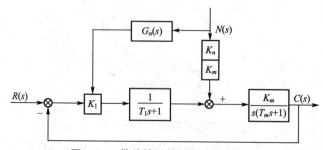

图 6.26　带前馈补偿的复合控制系统

解：由图 6.26 可见，扰动对系统输出的影响由下式描述

$$C(s)=\frac{K_m}{s(T_ms+1)}\left[\frac{K_n}{K_m}+\frac{K_1}{T_1s+1}G_n(s)\right]N(s)$$

令扰动对系统输出的影响为零即

$$\frac{K_n}{K_m}+\frac{K_1}{T_1s+1}G_n(s)=0$$

得到对扰动的误差全补偿条件为

$$G_n(s)=-\frac{K_n}{K_1K_m}(T_1s+1)$$

系统输出便不受负载转矩扰动影响。但是由于 $G_n(s)$ 的分子次数高于分母次数，故不便于物理实现。若令

$$G_n(s)=-\frac{K_n}{K_1K_m}\frac{(T_1s+1)}{(T_2s+1)}\quad(T_1\gg T_2)$$

则 $G_n(s)$ 在物理上能够实现，且达到近似全补偿要求，即在扰动信号的主要频段内进行了全补偿，此外，若取

$$G_n(s)=-\frac{K_n}{K_1K_m}$$

则由扰动对输出影响的表达式可见：在稳态时，系统输出完全不受可量测扰动的影响。这就是所谓误差全补偿，它在物理上更易于实现。

由上述分析可知，采用前馈控制补偿扰动信号对系统输出的影响，是提高系统控制准确度的有效措施。但采用前馈补偿，首先要求扰动信号可以量测，其次要求前馈补偿装置在物理上是可实现的，并应力求简单。在实际应用中，多采用近似全补偿或稳态全补偿的方案。一般来说，主要扰动引起的误差，由前馈控制进行全部或部分补偿；次要扰动引起的误差，由反馈控制给以抑制。这样，在不提高开环增益的情况下，各种扰动引起的误差均可得到补偿，从而有利于同时兼顾提高系统稳定性和减小系统稳态误差的要求。此外，由于前馈控制是一种开环控制，因此要求构成前馈补偿装置的元件具有较高的参数稳定性，否则将削弱补偿效果，并给系统输出造成新的误差。

6.4.2 按输入补偿的复合校正

设按输入补偿的复合控制系统如图 6.27所示。图中的 $G(s)$ 为反馈系统的开环传递函数，$G_\tau(s)$ 为前馈补偿装置的传递函数。由图可知，系统的输出量为

$$C(s)=[R(s)-C(s)+G_\tau(s)R(s)]G(s)\tag{6-43}$$

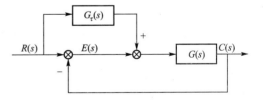

图 6.27 按输入补偿的复合校正控制系统

可得

$$C(s)=\frac{[1+G_\tau(s)]G(s)}{1+G(s)}R(s)\tag{6-44}$$

如果选择前馈补偿装置的传递函数

$$G_\tau(s)=\frac{1}{G(s)}\tag{6-45}$$

则式(6-44)变为

$$C(s) = R(s)$$

这表明在式(6-45)成立的条件下，系统的输出量在任何时刻都可以完全无误地复现输入量，具有理想的时间响应特性。

对输入信号的误差进行全补偿条件是式(6-45)，由于 $G(s)$ 是原系统的开环传递函数，一般均具有比较复杂的形式，因此全补偿条件即式(6-45)的物理实现相当困难。在工程实践中，大多采用满足跟踪精度要求的部分补偿条件，或者在对系统性能起主要影响的频段内实现近似全补偿，以使 $G_r(s)$ 的形式简单并易于物理实现。

在一般情况下，前馈补偿信号不是加在系统的输入端，而是加在系统的前向通道上某个环节的输入端，以简化误差全补偿条件，如图 6.28 所示。由该图可知，复合控制系统的输出量为

$$C(s) = \frac{[G_1(s) + G_r(s)]G_2(s)}{1 + G_1(s)G_2(s)} R(s) \qquad (6-46)$$

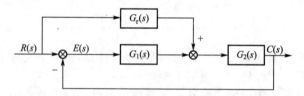

图 6.28 按输入补偿的复合校正控制系统

则等效系统的闭环传递函数

$$\Phi(s) = \frac{[G_1(s) + G_r(s)]G_2(s)}{1 + G_1(s)G_2(s)} \qquad (6-47)$$

等效系统的误差传递函数

$$\Phi_e(s) = \frac{1 - G_r(s)G_2(s)}{1 + G_1(s)G_2(s)} \qquad (6-48)$$

由式(6-48)可见，当取

$$G_r(s) = \frac{1}{G_2(s)} \qquad (6-49)$$

时，复合控制系统将实现误差全补偿。同样，基于物理实现的困难，通常只进行部分补偿，将系统误差减小至允许范围内即可。由于前馈控制信号不是加在靠近输入端处，而是加在靠近输出端处，因此要求前馈信号具有较大的功率，从而使前馈补偿装置的结构比较复杂，所以前馈信号通常加在系统信号综合放大器的输入端，以使前馈补偿装置 $G_r(s)$ 具有比较简单的结构。

从控制系统的稳定性的角度来考虑，引入前馈控制通道使系统的型别提高，达到部分补偿的目的，同时控制系统并不因为引入前馈控制而影响其稳定性。因此，复合控制系统很好地解决了一般反馈控制系统在提高控制精度与确保系统稳定性之间存在的矛盾。

6.5 MATLAB 在系统校正设计中的应用

把 MATLAB 用于控制系统的校正，不仅可免去大量的手工计算，直接获得系统的相

角裕度、超调量等性能指标，而且通过校正前与校正后系统的仿真曲线，能直观地看到校正装置在改善系统性能中所起的作用。下面结合实例，说明 MATLAB 在控制系统串联校正中的具体应用。

例 6-8　已知单位负反馈系统开环传递函数为 $G(s)=\dfrac{K}{s(0.8s+1)(0.6s+1)}$，试设计系统的滞后－超前校正，使之满足：

（1）在单位斜坡信号 $r(t)=t$ 作用下，系统的速度误差系数 $K_v=10s^{-1}$；

（2）校正后系统的相角裕度满足 $50°<\gamma<60°$；

（3）校正后系统的截止频率 $\omega_{c2}\geq1\text{rad/s}$。

解：（1）由稳态误差要求，计算系统开环增益 K。由速度误差系数 K_v 定义有

$$K_v=\lim_{s\to0}sG(s)=\lim_{s\to0}s\frac{K}{s(0.8s+1)(0.6s+1)}=10$$

可得 $K=10$，则被控对象的传递函数为 $G(s)=\dfrac{10}{s(0.8s+1)(0.6s+1)}$。

（2）绘制原系统的伯德图和闭环系统单位阶跃响应曲线，程序设计如下：

```
s=tf('s');
G0=10/(s*(0.8*s+1)*(0.6*s+1));
sys=feedback(G0,1);
figure(1)
margin(G0);grid;
figure(2)
step(sys)
```

运行程序后，得到原系统的伯德图和闭环系统单位阶跃响应曲线分别如图 6.29 和图 6.30 所示。校正前系统的增益裕量 $G_m=-10.7\text{dB}$、相角裕度 $P_m=-29.6°$、截止频率 $\omega_{c1}=2.491\text{rad/s}$。原系统的增益裕量和相角裕度均为负值，系统是不稳定的，阶跃响应曲线也是发散的。

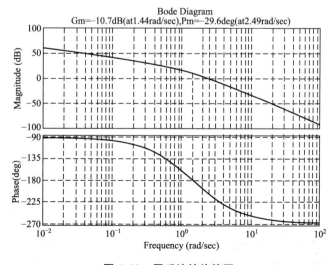

图 6.29　原系统的伯德图

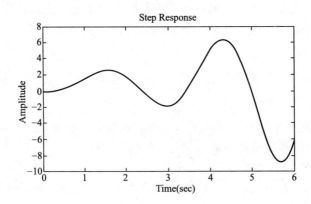

图 6.30 原系统的单位阶跃响应曲线

(3) 计算滞后-超前校正器的传递函数。先计算滞后校正器的参数，然后计算超前校正器的参数，最后绘制原系统与滞后-超前校正器串联后的开环传递函数的伯德图，以及构成单位负反馈控制系统的单位阶跃响应曲线。程序设计如下：

```
wc2=3;                          % wc2 为可调参数
s=tf('s');
G0=10/(s*(0.8*s+1)*(0.6*s+1));
[Gm,Pm,wc1]=margin(G0);
alfal=9;T1=1/(0.1*wc1);
alfatl=alfal*T1;
Gc1=tf([G1 1],[alfatl 1])       % 计算并显示滞后校正器传递函数
sope=G0*Gc1;                    % 计算原系统与滞后校正器串联后的传递函数
num=sope.num{1};den=sope.den{1};
na=polyval(num,j*wc2);
da=polyval(den,j*wc2);
G=na/da;
g1=abs(G);
L=20*log10(g1);
alfa=10^(L/20);
T=1/(wc2*(alfa)^(1/2));
alfat=alfa*T;
Gc2=tf([T 1],[alfat 1])         % 计算并显示超前校正器传递函数
G=G0*Gc1*Gc2;                   % Gc1*Gc2 即为滞后-超前校正器的传递函数
sys=feedback(G,1);
figure(1)
margin(G);grid;
figure(2)
step(sys)
```

采用试凑法，调节 wc2 的值，直到满足系统要求的性能指标为止。在本例中，当 wc2＝3 时，绘制经滞后-超前校正后的伯德图和单位阶跃响应曲线分别如图 6.31 和

图 6.32 所示。从图上可以看出，校正后系统的增益裕量 $G_{\mathrm{m}}=19.3\mathrm{dB}$、相角裕度 $P_{\mathrm{m}}=55.3°$、截止频率 $\omega_{c2}=1.19\mathrm{rad/s}$，均满足题目设计要求，系统在 20s 后趋于稳定。可得，滞后-超前校正器的传递函数为

$$G_c(s)=G_{c1}(s)G_{c2}(s)=\frac{6.928s+1}{62.35s+1}\times\frac{1.267s+1}{0.08772s+1}\approx\frac{8.778s^2+8.195s+1}{5.47s^2+62.44s+1}$$

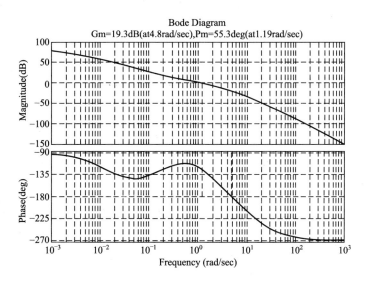

图 6.31 系统校正后的伯德图

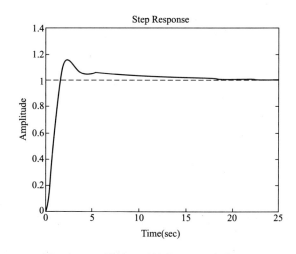

图 6.32 系统校正后的单位阶跃响应曲线

习 题

6-1 已知系统的开环传递函数，试采用频率法设计超前校正装置 $G_C(s)$，使得系统实现如下的性能指标：①静态速度误差系数 $K_v\geqslant100$；②开环截止频率 $\omega_c>30$；③相角裕

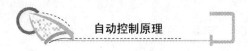

度 $\gamma_c > 20°$。

$$G(s)H(s) = \frac{K}{s(0.2s+1)}$$

6-2 已知单位负反馈控制系统的开环传递函数，试设计一个串联超前校正装置，使系统满足如下指标：①在单位斜坡输入下的稳态误差 $e_{ss} < \frac{1}{15}$；②截止频率 $\omega_c \geqslant 7.5\text{rad/s}$；③相角裕度 $\gamma \geqslant 45°$。

$$G(s) = \frac{K}{s(s+1)}$$

6-3 已知单位负反馈控制系统的开环传递函数为

$$G(s) = \frac{K}{s(0.05s+1)(0.2s+1)}$$

试设计串联超前校正网络，使系统的静态速度误差系数 $K_v \geqslant 5\text{rad/s}$，超调量 $\delta\% \leqslant 25\%$，调节时间 $t_r \leqslant 1\text{s}$。

6-4 已知单位反馈系统的结构图如题 6.4 图所示，其中 K 为前向增益，$\frac{1+T_1 s}{1+T_2 s}$ 为超前校正装置，$T_1 > T_2$，试用频率法确定使得系统具有最大相角裕度的增益 K 值。

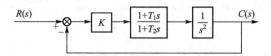

题 6.4 图 单位反馈系统结构图

6-5 已知系统的开环传递函数，试采用频率法设计滞后校正装置 $G_c(s)$，使得系统实现如下的性能指标：①静态速度误差系数 $K_v \geqslant 50$；②开环截止频率 $\omega_c > 10$；③相角裕度 $\gamma_c > 60°$。

$$G(s)H(s) = \frac{K}{s(0.02s+1)}$$

6-6 已知单位负反馈控制系统的开环传递函数，要求校正后系统的静态速度误差系数 $K_v \geqslant 5\text{rad/s}$，相角裕度 $\gamma \geqslant 45°$，试设计串联滞后校正装置。

$$G(s) = \frac{K}{s(s+1)(0.25s+1)}$$

6-7 已知单位负反馈控制系统的开环传递函数，要求设计一串联校正装置，使系统满足：①输入速度为 1rad/s 时，稳态误差不大于 $1/126\text{rad}$；②相角裕度不小于 $30°$，截止频率为 20rad/s；③放大器的增益不变。

$$G(s) = \frac{126 \times 10 \times 60}{s(s+10)(s+60)}$$

6-8 已知单位负反馈控制系统的开环传递函数，(1)若要求校正后系统的相角裕度为 $30°$，幅频裕度为 $10 \sim 12\text{dB}$，试设计串联超前校正装置；

(2)若要求校正后系统的相角裕度为 $50°$，幅频裕度为 $30 \sim 40\text{dB}$，试设计串联滞后校正装置。

$$G(s) = \frac{40}{s(0.2s+1)(0.0625s+1)}$$

6-9 已知系统结构图如题 6.9 图所示，$K_1 > 0$，试完成：

(1) 选取 $G_C(s)$ 使干扰 N 对系统无影响；

(2) 选取 K_2 使系统具有阻尼比 $\zeta = 0.707$。

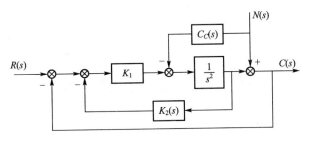

题 6.9 图　系统结构图

6-10　控制系统如题 6.10 图所示，试做复合校正设计，使得：①系统的超调量 $\delta\% < 20$，确定前向增益值 K；②设计输入补偿器 $G_r(s)$，使得该系统可以实现 II 型精度。

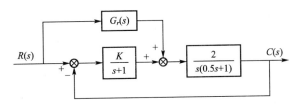

题 6.10 图　系统的结构图

第**7**章

离散控制系统

本章学习目标

★ 了解离散控制系统的基本概念；
★ 理解信号的采样与复现；
★ 掌握 z 变换和脉冲传递函数；
★ 能够对离散控制系统进行性能分析。

本章教学要点

知识要点	能力要求	相关知识
离散控制系统的基本概念	了解离散控制系统的基本概念	采样控制系统和计算机控制系统
信号的采样与复现	理解信号的采样与复现	信号采样、采样定理、采样信号复现和零阶保持器
z 变换和脉冲传递函数	掌握 z 变换和脉冲传递函数	z 变换定义、方法和反 z 变换，脉冲传递函数定义、开环及闭环脉冲传递函数
离散控制系统的性能分析	能够对离散控制系统进行性能分析	离散控制系统稳定性、稳态性能和动态性能

导入案例

含有在时间上离散的信号的控制系统称为离散控制系统。目前，在制造业中，工作台运动控制系统是一个重要的定位系统，可以使工作台运动至指定的位置，工作台在每个轴上由电动机和导引螺杆驱动，其中 x 轴上的运动控制系统框图如图 1 所示。用计算机实现的数字控制器取代了模拟控制器，具有很好的通用性，且由软件实现的控制规律易于改变，控制灵活。因此离散控制系统的应用日益广泛。

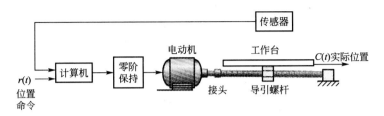

图1 执行机构和工作台

7.1 离散控制系统的基本概念

近年来，随着脉冲技术、数字式元器件、数字计算机、微处理器的迅速发展和广泛应用，数字控制器在许多场合取代了模拟控制器。由于数字控制器接收、处理和传送的是数字信号，如果在控制系统中有一处或几处信号不是时间 t 的连续函数，而是以离散的脉冲序列或数字脉冲序列形式出现，这样的系统称为离散控制系统。通常，将系统中的离散信号是脉冲序列形式的离散系统，称为采样控制系统或脉冲控制系统；将系统中的离散信号是数字序列形式的离散系统，称为数字控制系统或计算机控制系统。

7.1.1 采样控制系统

一种典型的采样控制系统如图 7.1 所示。

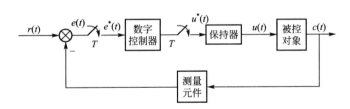

图 7.1 采样控制系统

从图 7.1 中可以看出，在采样系统中，不仅有模拟部件，还有脉冲部件。其中被控对象属于连续子系统，控制信号 $u(t)$ 与输出信号 $c(t)$ 都是模拟信号。测量元件与一般连续系统中所用相同。控制器是脉冲形式的，其输入量 $e^*(t)$ 与输出量 $u^*(t)$ 均为脉冲信号。采样开关 T 对误差信号 $e(t)$ 进行采样；保持器则把控制脉冲信号 $u^*(t)$ 转换为相应的模拟控制信号 $u(t)$。

7.1.2 计算机控制系统

典型的计算机控制系统如图 7.2 所示。

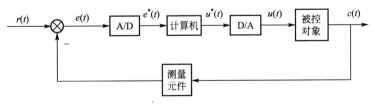

图 7.2 计算机控制系统

在计算机控制系统中，通常是数字-模拟混合结构，因此需要设置数字量和模拟量相互转换的环节。图中，给定信号 $r(t)$、输出信号 $c(t)$ 和误差信号 $e(t)$ 都是连续的模拟量，A/D 转换器对连续误差信号 $e(t)$ 进行定时采样并转换为数字信号 $e^*(t)$ 送入计算机。计算机输出的控制信号 $u^*(t)$ 也是数字信号，通过 D/A 转换器将其恢复成连续的控制信号 $u(t)$，再去控制被控对象。图中 A/D，D/A 转换器作为计算机的输入输出接口设备。计算机用作数字控制器。

离散控制系统具有精度高、可靠性好、能有效抑制噪声等特点，而且用计算机实现的数字控制器具有很好的通用性，由软件实现的控制规律易于改变，控制灵活。还可用一台计算机分时控制若干个系统，提高了设备利用率，因此离散控制系统的应用日益广泛。

由于离散控制系统与连续控制系统之间存在着一些本质上的差别，如果仍然用连续系统中的拉氏变换方法来建立系统各个环节的传递函数，则在运算过程中会出现复变量 s 的超越函数。为了克服这个障碍，可通过 z 变换法来建立离散系统的数学模型，将连续系统中的一些概念和方法，推广应用于离散系统。

7.2　信号的采样和复现

把连续信号变为脉冲或数字序列的过程称为采样，实现采样过程的装置称为采样器，又名采样开关。反之，把采样后的离散信号恢复成连续信号的过程称为信号的复现。

7.2.1　采样过程

图 7.3 为采样过程示意图。连续输入信号 $e(t)$ 经采样开关 S 采样后变为离散信号 $e_s^*(t)$ 为宽度等于 τ 的离散脉冲序列，在采样瞬时 $kT(k=0,1,2\cdots)$ 时出现。图中采样的间隔时间 T 称为采样周期，闭合持续的时间为 τ。由于采样器的闭合时间 τ 一般都很小，远小于采样间隔时间 T，也远小于受控系统中的所有时间常数，这样，可以令采样闭合时间 $\tau=0$。采样器就可以用一个理想采样器代替，即把实际的窄脉冲信号视为理想脉冲。这样，图 7.3(c) 所示的实际脉冲序列 $e_s^*(t)$ 变为图 7.3(d) 所示的理想脉冲序列 $e^*(t)$。

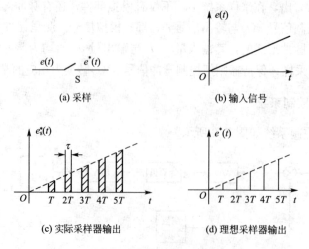

图 7.3　采样过程示意图

从图 7.3 可见，采样输出信号 $e^*(t)$ 为脉冲序列 $e\{nT\}$ ($n=0$，1，2…)。当将采样器 S 视为理想采样器时，$e^*(t)$ 可表示如下

$$e^* = \sum_{n=0}^{\infty} e(nT)\delta(t-nT) \tag{7-1}$$

若记理想单位脉冲序列 $\delta_T(t)$ 为

$$\delta_T(t) = \sum_{n=0}^{\infty} \delta(t-nT) \tag{7-2}$$

则式(7-1)又可表示为

$$e^*(t) = e(t)\delta_T(t) \tag{7-3}$$

式(7-3)即为 $e^*(t)$ 与 $e(t)$ 之间的关系表达式。

为了分析采样过程，对式(7-1)表示的 $e^*(t)$ 取拉氏变换，得

$$E^*(s) = L[e^*(t)] = L\left[\sum_{n=0}^{\infty} e(nT)\delta(t-nT)\right]$$

所以，采样信号 $e^*(t)$ 的拉氏变换 $E^*(s)$ 为

$$E^*(s) = \sum_{n=0}^{\infty} e(nT)e^{-nTs} \tag{7-4}$$

由式(7-4)可见，只要已知连续信号 $e(t)$ 采样后的脉冲序列 $e(nT)$ 的值，相应采样信号 $e^*(t)$ 的拉氏变换 $E^*(s)$ 即可求。

7.2.2 采样定理

由式 $\delta_T(t) = \sum_{n=0}^{\infty} \delta(t-nT)$ 表明 $\delta_T(t)$ 是一个周期函数，故可以将其展开为傅氏级数如下

$$\delta_T(t) = \sum_{n=0}^{\infty} C_n e_t^{jn\omega_s t} \tag{7-5}$$

式中，$\omega_s = \dfrac{2\pi}{T}$ 为采样角频率；T 为采样周期；C_n 为傅氏系数

$$C_n = \frac{1}{T}\int_{-\frac{T}{2}}^{\frac{T}{2}} \delta_T(t)e^{-jn\omega_s t}\,dt$$

由于在 $\left[-\dfrac{T}{2}, \dfrac{T}{2}\right]$ 之内，$\delta_T(t)$ 仅在 $t=0$ 时有值，其余处都等于零，所以

$$C_n = \frac{1}{T}\int_{-\frac{T}{2}}^{\frac{T}{2}} \delta_T(t)\,dt = \frac{1}{T} \tag{7-6}$$

将式(7-6)代入式(7-5)中得

$$\delta_T(t) = \frac{1}{T}\sum_{n=-\infty}^{\infty} e^{jn\omega_s t} \tag{7-7}$$

将式(7-7)进一步代入式(7-3)中得

$$e^*(t) = \frac{1}{T}\sum_{n=-\infty}^{\infty} e(t)e^{jn\omega_s t} \tag{7-8}$$

对式 7-8 取拉氏变换，且由拉氏变换的复数位移定理，得

$$E^*(s) = \frac{1}{T}\sum_{n=-\infty}^{\infty} E(s+jn\omega_s) \qquad (7-9)$$

如果 $E^*(s)$ 在右半 s 平面没有极点，则可令 $s=j\omega$，得到采样器的输出信号 $e^*(t)$ 的傅氏变换为

$$E^*(j\omega) = \frac{1}{T}\sum_{n=-\infty}^{\infty} E(j\omega+jn\omega_s) \qquad (7-10)$$

则 $|E(j\omega)|$ 为连续信号 $e(t)$ 的频谱，$|E^*(j\omega)|$ 为采样信号 $e^*(t)$ 的频谱。一般来说，连续信号 $e(t)$ 的频谱 $|E(j\omega)|$ 是单一的连续频谱，如图 7.4(a) 所示，其中 ω_h 为连续频谱 $|E(j\omega)|$ 中的最高角频率；而采样信号 $e^*(t)$ 的频谱 $|E^*(j\omega)|$，则是以采样频率 ω_s 为周期的无穷多个频谱之和。$n=0$ 的频谱称为采样频谱的主分量，它与连续频谱 $|E(j\omega)|$ 形状一致，仅在幅值上变化了 $1/T$ 倍；其余频谱($n=\pm1,\pm2,\cdots$)都是由于采样而引起的高频频谱，称为采样频谱的补分量。图 7.4(b) 中所示为采样角频率 ω_s 大于两倍 ω_h 的情况。如果加大采样周期 T，采样角频率 ω_s 相应减小，当 $\omega_s<2\omega_h$ 时，采样频谱中的补分量相互重叠，致使输出信号发生畸变，如图 7.4(c) 所示。

假定一个理想滤波器的频率特性如图 7.5(a) 所示，显然，如果 $\omega_s>2\omega_h$ 时，滤波器的输出信号 $\hat{e}(t)$ 可以不失真地复现采样前的连续信号 $e(t)$，如图 7.5(b) 所示。但如果 $\omega_s<2\omega_h$，即使是这样的滤波器也不能完全复现输入信号。因此，一个输入信号要被完全恢复，则对 ω_s 应有一定的要求，这一要求是香农最早发现的，在此基础上即形成了香农采样定理。

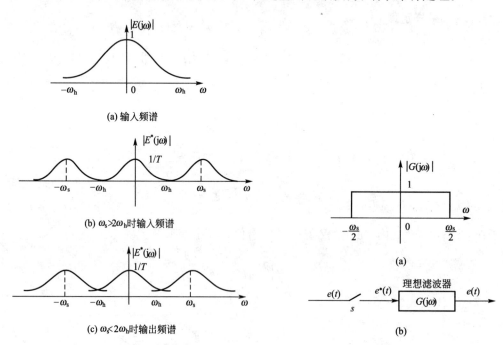

图 7.4 采样器输入及输出频谱　　图 7.5 用一个理想滤波器恢复输入信号

香农采样定理的内容如下：如果采样器的输入信号具有有限带宽，并且有直到 ω_h 的频率分量，则当且仅当采样角频率满足 $\omega_s\geqslant2\omega_h$ 时，信号 $e(t)$ 可以完全地从采样信号 $e^*(t)$ 中恢复过来。

香农采样定理是必须严格遵守的一条准则，它指明了从采样信号中不失真地复现原连续信号所必需的理论上的最小采样周期 T。但是，在实际工程中常根据具体问题和实际条件通过实验方法确定采样角频率，一般情况总是尽量使采样角频率 ω_s 比信号频谱的最高频率 $2\omega_h$ 大很多。

7.2.3 零阶保持器

由上可知，将满足采样定理的离散信号 $e^*(t)$ 送入理想滤波器中，就可以将离散信号 $e^*(t)$ 恢复成原来的连续信号。但这种滤波器在物理上是无法实现的，工程上通常用接近理想滤波器特性的保持器来代替。

保持器是一种时域的外推装置，即按过去或现在时刻的采样值进行外推。保持器又分为零阶保持器、一阶和二阶保持器，结构最简单、应用最广泛的是零阶保持器。

数据恢复最简单的形式是保持采样信号的幅值从一个采样状态持续到下一个采样状态，即

$$e(t) = e(nT) \quad (nT \leqslant t < (n+1)T) \tag{7-11}$$

这样的保持器称为零阶保持器，零阶保持器的输入输出信号如图7.6所示。

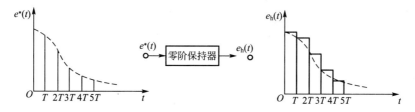

图7.6 零阶保持器的信号复现

由图7.6可以发现，对应于一理想单位脉冲 $\delta(t)$，其输出响应是幅值为1、持续时间为 T 的矩形脉冲，其表达式为

$$g_h(t) = u(t) - u(t-T) \tag{7-12}$$

对式(7-12)两边取拉氏变换，可得零阶保持器的传递函数为

$$G_h(s) = \frac{1}{s} - \frac{1}{s}e^{-Ts} = \frac{1-e^{-Ts}}{s} \tag{7-13}$$

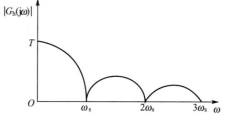

在式(7-13)中，令 $s = j\omega$，可以得到零阶保持器的频率特性为

$$G_h(j\omega) = \frac{1-e^{-j\omega T}}{j\omega} = \frac{e^{-\frac{1}{2}j\omega T}(e^{\frac{1}{2}j\omega T}-e^{-\frac{1}{2}j\omega T})}{j\omega}$$

$$= T \cdot \frac{\sin(\omega T/2)}{\omega T/2} \cdot e^{-j\omega T/2} \tag{7-14}$$

因采样频率 $\omega_s = \frac{2\pi}{T}$，则式(7-14)可以表示为

$$G_h(j\omega) = \frac{2\pi}{\omega_s} \cdot \frac{\sin(\pi\omega/\omega_s)}{\pi\omega/\omega_s} \cdot e^{-j\pi(\omega/\omega_s)}$$

$$\tag{7-15}$$

其频率特性如图7.7所示。

显然，零阶保持器只是一种近似的低通滤

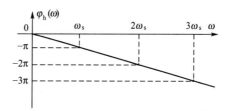

图7.7 零阶保持器的频率特性

波器，高频分量仍能通过一部分，所以零阶保持器的输出信号与原信号相比有一定的畸变，虽然这种畸变对输出的影响并不太大。另外，信号通过零阶保持器将产生滞后相移，且随 ω 的增加而增大，在 $\omega=\omega_s$ 处，相移达 $-180°$，这对闭环系统的稳定性将产生不利的影响。零阶保持器比较简单，容易实现，相位滞后比一阶保持器小得多，因此被广泛采用。步进电动机、无源网络、D/A 转换器等都是零阶保持器的实例。

7.3 z 变换理论

在分析线性连续系统的动态及稳态特性时，可以用拉氏变换的方法进行分析，与此相似，在分析线性离散系统的性能时，可使用 z 变换的方法来获得。z 变换是从拉氏变换引申出来的一种变换方法，实际是离散时间信号拉氏变换的一种变形，可由拉氏变换导出，因此也称为离散拉氏变换。

7.3.1 z 变换定义

已知连续时间信号 $e(t)$，其采样信号为 $e^*(t)$。当为理想采样时，即采样脉冲的宽度 τ 为无穷小的时候，采样信号 $e^*(t)$ 可表示为

$$e^*(t) = \sum_{k=0}^{\infty} e(kT)\delta(t-kT) \qquad (7-16)$$

对式(7-16)两边作拉氏变换，有

$$E^*(s) = \sum_{k=0}^{\infty} e(kT)e^{-kTs} \qquad (7-17)$$

式(7-17)中含有指数函数因子 e^{Ts}，是一个超越函数，为此引入新的变量 z，令

$$z=e^{Ts} \qquad (7-18)$$

相应地有

$$s=\frac{1}{T}\ln z \qquad (7-19)$$

式中，由于 s 为复自变量，所以 z 也为复自变量；T 为采样周期。将其代入式(7-17)，得到采样信号 $e^*(t)$ 的 z 变换定义为

$$E(z) = \sum_{k=0}^{\infty} e(kT)z^{-k} \qquad (7-20)$$

记作

$$E(z)=z\left[e^*(t)\right] \qquad (7-21)$$

由 z 变换的定义：

$$E(z) = \sum_{0}^{\infty} e(kT)z^{-k} = e(0) + e(T)z^{-1} + e(2T)z^{-2} + e(3T)z^{-3} + \cdots \quad (7-22)$$

由式(7-22)可以看出采样信号 $e^*(t)$ 的 z 变换 $E(z)$ 与采样点上的采样值有关，所以当知道 $E(z)$ 时，就可以求得时间序列 $e(kT)$；或者，当知道时间序列 $e(kT)$ ($k=0$, 1, 2, $\cdots$)时，就可以求得 $E(z)$。这是求 z 变换的一种方法。

7.3.2 z 变换方法

求离散信号 z 变换的方法有很多，简便常用的有以下几种。

1. 级数求和法

级数求和法是由 z 变换的定义而来的，将式(7-20)展开可得

$$E(z) = e(0) + e(T)z^{-1} + e(2T)z^{-2} + \cdots \qquad (7-23)$$

这样，就可根据采样开关输入连续信号 $e(t)$ 及采样周期 T，由式(7-23)得到 z 变换的级数展开式，这是一个无穷多项的级数，是开放式的。通常，对于一些常用的函数 z 变换的级数形式可以写成闭式。

例7-1　求指数函数 e^{-at} 的 z 变换。

解：按照 z 变换的定义，有

$$E(z) = \sum_{k=0}^{\infty} e^{-akT} z^{-k} = 1 + e^{-aT} z^{-1} + e^{-2aT} z^{-2} + \cdots$$

若 $|e^{-aT} z^{-1}| < 1$，则该级数收敛，可得其闭合形式为

$$E(z) = \frac{1}{1 - e^{-aT} z^{-1}} = \frac{z}{z - e^{-aT}}$$

2. 部分分式法

部分分式法是基于这样的思路得到的：如果已知连续函数的拉氏变换式 $E(s)$，通过部分分式法可以展开成一些简单函数的拉氏变换式之和，它们的时间函数 $e(t)$ 可求得，则 $e^*(t)$ 及 $E(z)$ 均可相应求得，所以可方便地求出 $E(s)$ 对应的 z 变换 $E(z)$。

例7-2　已知连续函数的拉氏变换为

$$E(s) = \frac{a}{s(s+a)}$$

试求相应的 z 变换 $E(z)$。

解：将 $E(s)$ 展为部分分式如下

$$E(s) = \frac{a}{s(s+a)} = \frac{1}{s} - \frac{1}{s+a}$$

对上式取拉氏反变换得
$$e(t) = 1 - e^{-at}$$

分别求两部分的 z 变换

$$Z[1(t)] = \frac{z}{z-1} \quad Z[e^{-at}] = \frac{z}{z - e^{-aT}}$$

则
$$E(z) = \frac{z}{z-1} - \frac{z}{z - e^{-aT}} = \frac{z(1 - e^{-aT})}{z^2 - (1 + e^{-aT})z + e^{-aT}}$$

3. 留数计算法

若已知连续信号 $e(t)$ 的拉氏变换 $E(s)$ 和它的全部极点 $s_i(i=1, 2, \cdots, n)$，可用下列的留数计算公式求 $e(t)$ 采样序列 $e^*(t)$ 的 z 变换 $E(z)$，即

$$E(z) = \sum_{i=1}^{n} \text{Res}\left[E(s) \frac{z}{z - e^{sT}} \right]_{s=s_i} \qquad (7-24)$$

当 $E(s)$ 具有非重极点 s_i 时

$$\text{Res}\left[E(s) \frac{z}{z - e^{sT}} \right]_{s=s_i} = \lim_{s \to s_i}\left[E(s) \frac{z}{z - e^{sT}}(s - s_i) \right] \qquad (7-25)$$

当 $E(s)$ 在 s_i 处具有 r 重极点时

$$\text{Res}\left[E(s)\frac{z}{z-\mathrm{e}^{sT}}\right]_{s=s_i}=\frac{1}{(r-1)!}\lim_{s\to s_i}\frac{\mathrm{d}^{r-1}}{\mathrm{d}s^{r-1}}\left[E(s)\frac{z}{z-\mathrm{e}^{sT}}(s-s_i)^r\right] \quad (7-26)$$

例 7-3 试求 $E(s)=\dfrac{s+3}{(s+1)(s+2)}$ 的 z 变换。

解：$E(s)$ 的极点为 $s_1=-1$，$s_2=-2$，则

$$E(z)=\lim_{s\to-1}\left[\frac{(s+3)}{(s+1)(s+2)}\frac{z}{z-\mathrm{e}^{sT}}(s+1)\right]+$$
$$\lim_{s\to-2}\left[\frac{(s+3)}{(s+1)(s+2)}\frac{z}{z-\mathrm{e}^{sT}}(s+2)\right]$$
$$=\frac{2z}{z-\mathrm{e}^{-T}}-\frac{z}{z-\mathrm{e}^{-2T}}$$

7.3.3　z 变换性质

z 变换也有和拉氏变换相类似的一些性质，可使 z 变换的应用变得简单和方便。

1. 线性定理

若已知 $e_1(t)$ 和 $e_2(t)$ 的 z 变换分别为 $E_1(z)$ 和 $E_2(z)$，且 a_1 和 a_2 为常数，则有

$$Z[a_1e_1(t)\pm a_2e_2(t)]=a_1E_1(z)\pm a_2E_2(z) \quad (7-27)$$

z 变换的线性定理可由定义直接证明。

2. 平移定理

平移定理又称实数位移定理。其含义是指整个采样序列在时间轴上左右平移若干采样周期，其中左平移为超前，右平移为滞后。定理如下

若 $e(t)$ 的 z 变换为 $E(z)$，则有

$$Z[e(t-kT)]=z^{-k}E(z) \quad (7-28)$$

$$Z[e(t+kT)]=z^k\left[E(z)-\sum_{n=0}^{k-1}e(nT)z^{-n}\right] \quad (7-29)$$

式中，k 为正整数。

按照移动的方式，式(7-28)称为滞后定理，式(7-29)称为超前定理。其中，算子 z 有明确的物理意义，z^{-k} 代表时域中的滞后环节，也称为滞后算子，它将采样信号滞后 n 个采样周期；z^k 代表超前环节，也称超前算子，它将采样信号超前 n 个采样周期。但 z^k 仅用于运算，在实际物理系统中并不存在，因为它不满足因果关系。平移定理是一个重要的定理，其作用相当于拉氏变换中的微分和积分定理，可将描述离散系统的差分方程转换为 z 域的代数方程。

3. 复数位移定理

若已知 $e(t)$ 的 z 变换为 $E(z)$，则有

$$Z[e(t)\mathrm{e}^{\mp at}]=E(z\mathrm{e}^{\pm at}) \quad (7-30)$$

式中，a 为常数。

复数位移定理可以由 z 变换的定义直接证明。

4. 初值定理

已知 $e(t)$ 的 z 变换为 $E(z)$，且有极限 $\lim\limits_{z\to\infty}E(z)$ 存在，则

$$e(0) = \lim_{t \to 0} e^*(t) = \lim_{z \to \infty} E(z) \qquad (7-31)$$

5. 终值定理

若时间连续信号 $e(t)$ 的 z 变换为 $E(z)$，且 $(z-1)E(z)$ 的极点全部在 z 平面的单位圆内，即极限存在且原系统是稳定的，则有

$$e(\infty) = \lim_{t \to \infty} e^*(t) = \lim_{k \to \infty} e(kT) = \lim_{z \to 1}(z-1)E(z) \qquad (7-32)$$

6. 卷积定理

设 $e_1(nT)$ 和 $e_2(nT)$ 为两个离散信号，其 z 变换分别为 $E_1(z)$ 和 $E_2(z)$，其离散卷积

$$e_1(nT) * e_2(nT) = \sum_{k=0}^{\infty} e_1(kT) e_2[(n-k)T] \qquad (7-33)$$

则卷积定理：如果 $g(nT) = e_1(nT) * e_2(nT)$，则有

$$G(z) = E_1(z)E_2(z) \qquad (7-34)$$

证明从略。

7.3.4 z 反变换

与连续系统的拉氏变换和拉氏反变换类似，采样控制系统通常在 z 域计算处理后，需要通过 z 反变换确定时域解。

所谓 z 反变换，是从 z 域函数 $E(z)$，求相应的离散序列 $e(nT)$ 的过程，记作

$$Z^{-1}[E(z)] = e(kT) \qquad (7-35)$$

需要强调的是，由 z 反变换可得到离散信号在 $t=0$，T，$2T$，$\cdots$ 离散时刻的信息，但它并没有给出这些时刻之间的信息。

通常有以下几种方法求 z 反变换。

1. 部分分式法

采用部分分式法求 z 反变换，其方法与求拉氏反变换的部分分式法类似。由于 $E(z)$ 在分子中通常都含有 z，因此先将 $E(z)$ 除以 z 然后再展开为部分分式，再查表来求得部分分式的 z 反变换。

例7-4 设 $E(z) = \dfrac{z}{(z-1)(z-2)}$，求其 z 的反变换。

解：按部分分式法，展开 $\dfrac{E(z)}{z}$ 如下

$$\frac{E(z)}{z} = \frac{1}{z-2} - \frac{1}{z-1}$$

两边同乘以 z，得

$$E(z) = \frac{z}{z-2} - \frac{z}{z-1}$$

查 z 变换表，其反变换为

$$e(nT) = 2^n - 1^n = 2^n - 1 \quad (n=0, 1, 2, \cdots)$$

2. 长除法

用 $E(z)$ 的分母去除分子，可以求出 z^{-k} 降幂次排列的级数展开式，然后用 z 反变换求

出相应的离散函数的脉冲序列。

$E(z)$的一般表达式为

$$E(z)=\frac{b_m z^m+b_{m-1}z^{m-1}+\cdots+b_0}{a_n z^n+a_{n-1}z^{n-1}+\cdots+a_0}\quad(n\geqslant m)\qquad(7-36)$$

用分母多项式去除分子多项式，并将商按z^{-1}的升幂排列，可得

$$E(z)=c_0+c_1 z^{-1}+c_2 z^{-2}+\cdots=\sum_{k=0}^{\infty}c_k z^{-k}\qquad(7-37)$$

对式(7-37)取z反变换，有

$$e^*(t)=c_0\delta(t)+c_1\delta(t-T)+c_2\delta(t-2T)+\cdots+c_k\delta(t-kT)+\cdots\qquad(7-38)$$

式(7-38)中的系数$c_k(k=0,1,2,\cdots)$即为$e(t)$在采样时刻$t=kT$时的值$e(kT)$。用长除法可以求得采样序列的前若干项的具体数值，但要求得采样序列的数学解析式通常较为困难，因而不便于对系统进行分析和研究。

例7-5 设$E(z)=\dfrac{z^2+z}{z^2-2z+1}$，试用长除法求$E(z)$的$z$反变换。

解： 把$E(z)$写成z^{-1}的升幂形式，即

$$E(z)=\frac{1+z^{-1}}{1-2z^{-1}+z^{-2}}$$

用$E(z)$的分子除以分母，得

$$E(z)=1+3z^{-1}+5z^{-2}+7z^{-3}+\cdots$$

故其反变换为

$$e^*(t)=\delta(t)+3\delta(t-T)+5\delta(t-2T)+7\delta(t-3T)+\cdots$$

3. 留数计算法

用留数计算法求取$E(z)$的z反变换，首先求取$e(kT)(k=0,1,2,\cdots)$，即

$$e(kT)=\sum\text{Res}[E(z)z^{k-1}]$$

其中，留数和$\sum\text{Res}[E(z)z^{k-1}]$可写为

$$\sum\text{Res}[E(z)z^{k-1}]=\sum_{i=1}^{l}\frac{1}{(r_i-1)!}\frac{d^{r_i-1}}{dz^{r_i-1}}\big[(z-z_i)^{r_i}E(z)z^{k-1}\big]\big|_{z=z_i}$$

式中，$z_i(i=1,2,\cdots,l)$为$E(z)$彼此不相等的极点，彼此不相等的极点数为l；r_i为重极点z_i的个数。

由求得的$e(kT)$可写出与已知象函数$E(z)$对应的原函数——脉冲序列

$$e^*(t)=\sum_{k=0}^{\infty}e(kT)\delta(t-kT)$$

例7-6 求$E(z)=\dfrac{z}{(z-a)(z-1)^2}$的$z$反变换。

解： $E(z)$中彼此不相同的极点为$z_1=a$及$z_2=1$，其中z_1为单极点，即$r_1=1$，z_2为二重极点，即$r_2=2$，不相等的极点数为$l=2$。则

$$e(kT)=(z-a)\frac{z}{(z-a)(z-1)^2}z^{k-1}\Big|_{z=a}+$$

$$\frac{1}{(2-1)!}\frac{d}{dz}\Big[(z-1)^2\frac{z}{(z-a)(z-1)^2}z^{k-1}\Big]\Big|_{z=1}$$

$$= \frac{a^k}{(a-1)^2} + \frac{k}{1-a} - \frac{1}{(1-a)^2} \quad (k=0,\ 1,\ 2\cdots)$$

最后，求得 $E(z)$ 的 z 反变换为

$$e^*(kT) = \sum_{k=0}^{\infty} \left[\frac{a^k}{(a-1)^2} + \frac{k}{1-a} - \frac{1}{(1-a)^2} \right] \delta(t-kT)$$

上面列举了求取 z 反变换的三种常用方法。其中，长除法最简单，但由长除法得到的 z 反变换为开式而非闭式。部分分式法和留数计算法得到的均为闭式。

7.4 离散系统的数学模型

为了研究离散系统的性能，需要建立离散系统的数学模型。与连续系统的数学模型类似，线性离散系统的数学模型有差分方程、脉冲传递函数和离散状态空间表达式三种。本节主要介绍差分方程及其解法、脉冲传递函数的基本概念，以及开环脉冲传递函数和闭环脉冲传递函数的建立方法。

7.4.1 差分方程及其求解

1. 差分的概念

差分与连续系统的微分相对应。不同的是差分方程有前向差分和后向差分之别。设连续函数为 $e(t)$，其采样后为 $e(kt)$，常写为 $e(k)$。

一阶前向差分的定义为

$$\Delta e(k) = e(k+1) - e(k) \tag{7-39}$$

二阶前向差分的定义为

$$\Delta^2 e(k) = \Delta[\Delta e(k)] = \Delta[e(k+1) - e(k)]$$
$$= e(k+2) - 2e(k+1) + e(k) \tag{7-40}$$

n 阶前向差分的定义为

$$\Delta^n e(k) = \Delta^{n-1} e(k+1) - \Delta^{n-1} e(k) \tag{7-41}$$

同理，一阶后向差分的定义为

$$\nabla e(k) = e(k) - e(k-1) \tag{7-42}$$

二阶后向差分的定义为

$$\nabla^2 e(k) = \nabla[\nabla e(k)] = \nabla[e(k) - e(k-1)]$$
$$= e(k) - 2e(k-1) + e(k-2) \tag{7-43}$$

n 阶后向差分的定义为

$$\nabla^n e(k) = \nabla^{n-1} e(k) - \nabla^{n-1} e(k-1) \tag{7-44}$$

2. 差分方程

对于一般的线性定常离散系统，k 时刻的输出 $c(k)$，不但与 k 时刻的输入 $r(k)$ 有关，而且与 k 时刻以前的输入 $r(k-1)$，$r(k-2)$，$\cdots$ 有关，同时还与 k 时刻以前的输出 $c(k-1)$，$c(k-2)$，$\cdots$ 有关。这种关系一般可用下列 n 阶后向差分方程来描述：

$$\sum_{i=0}^{n} a_i c(k-i) = \sum_{j=0}^{m} b_j r(k-j) \tag{7-45}$$

也可用前向差分方程表示，其一般表达式为

$$\sum_{i=0}^{n} a_i c(k+i) = \sum_{j=0}^{m} b_j r(k+j) \tag{7-46}$$

前向差分方程和后向差分方程并无本质区别，前向差分方程多用于描述非零初始条件的离散系统，后向差分方程多用于描述零初始条件的离散系统。若不考虑初始条件，就系统输入、输出关系而言，两者完全等价。

3. 差分方程求解

差分方程的求解通常采用迭代法和 z 变换法。

1) 迭代法

迭代法是一种递推方法，适合于计算机递推运算求解。若已知差分方程式(7-45)或式(7-46)，并且给定输入序列以及输出序列的初始值，就可以利用递推关系，逐步迭代计算出输出序列。

例 7-7 已知差分方程

$$c(k+2)=6c(k+1)-8c(k)+1(k)$$

初始条件 $c(k)=0(k\leq0)$，用迭代法求输出序列 $c(k)$。

解：根据初始条件及递推关系，得

$$k=-1, \quad c(1)=6c(0)-8c(-1)+1(-1)=0$$
$$k=0, \quad c(2)=6c(1)-8c(0)+1(0)=1$$
$$k=1, \quad c(3)=6c(2)-8c(1)+1(1)=7$$
$$k=2, \quad c(4)=6c(3)-8c(2)+1(2)=39$$
$$\cdots\cdots$$

2) z 变换法

设差分方程如式(7-46)所示，对差分方程两端进行 z 变换，并利用 z 变换的实数位移定理，将时域差分方程化为 z 域的代数方程，求其解，再将 z 域的代数方程经 z 反变换求得差分方程的时域解。

例 7-8 已知差分方程和初始条件为

$$c(k+2)-2c(k+1)+c(k)=0, \quad 和 \quad c(0)=0, c(1)=1$$

试用 z 变换方法求差分方程。

解：对差分方程的每一项进行 z 变换，根据实数位移定理得

$$z[c(k+2)]=z^2C(z)-z^2C(0)-zC(1)=z^2C(z)-z$$
$$Z[-2c(k+1)]=-2zC(z)+2zc(0)=-2zC(z)$$
$$Z[c(k)]=C(z)$$

于是，差分方程变换为关于 z 的代数方程

$$(z^2-2z+1)C(z)=z$$

解出

$$C(z)=\frac{z}{z^2-2z+1}=\frac{z}{(z-1)^2}$$

查 z 变换表，求出 z 反变换

$$c^*(t)=\sum_{n=0}^{\infty} n\delta(t-n)$$

7.4.2　脉冲传递函数

1. 脉冲传递函数定义

连续系统的传递函数定义为在零初始条件下，输出量的拉氏变换与输入量的拉氏变换之比，对于离散系统，脉冲传递函数的定义与连续系统的传递函数定义类似。

以图 7.8 为例，如果系统的初始条件为零，输入信号为 $r(t)$，采样后 $r^*(t)$ 的 z 变换函数为 $R(z)$，系统连续部分的输出为 $c(t)$，采样后 $c^*(t)$ 的 z 变换为 $C(z)$，则线性定常离散系统的脉冲传递函数定义为系统输入采样信号的 z 变换与输出采样信号的 z 变换之比，记作

$$G(z) = \frac{C(z)}{R(z)} \tag{7-47}$$

此外，零初始条件指 $t<0$ 时，输入脉冲序列各采样值 $r(-T)$，$r(-2T)$，…及输出脉冲序列各采样值 $c(-T)$，$c(-2T)$，…均为零。

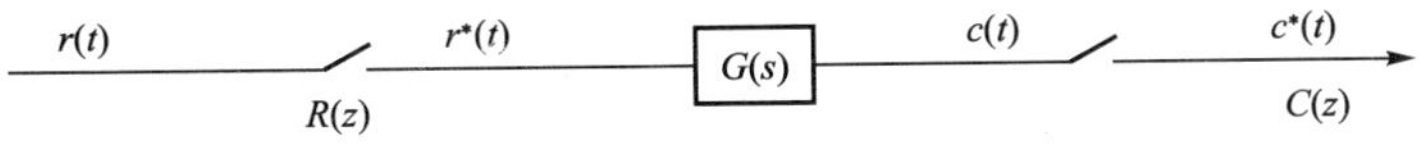

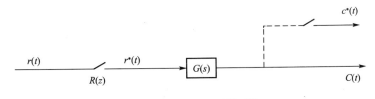

图 7.8　开环采样系统

由式(7-47)可知，如果已知系统的脉冲传递函数 $G(z)$ 及输入信号的 z 变换 $R(z)$，那么输出的采样信号为

$$c^*(t) = z^{-1}[C(z)] = z^{-1}[G(z)R(z)] \tag{7-48}$$

实际上，许多采样系统的输出信号是连续信号 $c(t)$，而不是离散信号 $c^*(t)$，如图 7.9 所示。在这种情况下，为了应用脉冲传递函数的概念，可以在系统的输出端虚设一个理想采样开关，如图 7.9 中虚线所示，该虚设采样开关的采样周期与输入端采样开关的采样周期相同。如果系统的实际输出 $c(t)$ 比较平滑，且采样频率较高，则可以用 $c^*(t)$ 近似描述 $c(t)$。必须指出，虚设的采样开关是不存在的，它只表明了脉冲传递函数所能描述的，只是输出连续信号 $c(t)$ 在采样时刻上的离散值 $c^*(t)$。

图 7.9　实际开环采样系统

2. 脉冲传递函数求解

连续系统或元件的脉冲传递函数 $G(z)$，可以通过其传递函数 $G(s)$ 来求取。具体步骤如下：

(1) 对连续传递函数 $G(s)$ 进行拉氏反变换，求得脉冲响应 $g(t)$ 为

$$g(t) = L^{-1}G(s) \tag{7-49}$$

（2）对 $g(t)$ 进行采样，求得离散脉冲响应 $g^*(t)$

$$g^*(t) = \sum_{k=0}^{\infty} g(kT)\delta(t-kT) \tag{7-50}$$

（3）对 $g^*(t)$ 进行 z 变换，即可得到该系统的脉冲传递函数 $G(z)$

$$G(z) = Z[g^*(t)] = \sum_{k=0}^{\infty} g(kT)z^{-k} \tag{7-51}$$

脉冲传递函数也可由给定连续系统的传递函数，经部分分式法，通过查表求得。

例 7-9 连续系统传递函数为

$$G(s) = \frac{1}{s(0.1s+1)}$$

求其对应的脉冲传递函数 $G(z)$。

解： 先将 $G(s)$ 展成部分分式形式

$$G(s) = \frac{10}{s(s+10)} = \frac{1}{s} - \frac{1}{s+10}$$

由拉氏变换表和 z 变换可求得

$$G(z) = \frac{z}{z-1} - \frac{z}{z-e^{-10T}} = \frac{z(1-e^{-10T})}{(z-1)(z-e^{-10T})}$$

7.4.3 开环系统脉冲传递函数

1. 有串联环节时的开环脉冲传递函数

离散系统中有多个环节相串联时，串联环节间有无同步采样开关，串联环节等效的脉冲传递函数是不相同的。

1）串联环节间有采样开关

两个环节间有采样开关，如图 7.10 所示。在两个串联环节 $G_1(s)$ 和 $G_2(s)$ 之间，有理想采样开关隔开。由于每个环节的输入变量与输出变量的离散关系独立存在，因此，其脉冲传递函数等于两个环节自身脉冲传递函数的乘积为

$$G(z) = G_1(z)G_2(z) \tag{7-52}$$

该结论可推广到有采样开关隔开的 n 个环节串联的情况。

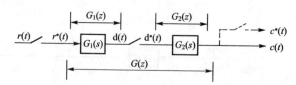

图 7.10 串联环节之间有采样开关的开环离散系统

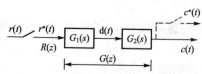

图 7.11 串联环节之间无采样开关的开环离散系统

2）串联环节之间无采样开关

两个环节之间没有采样开关，如图 7.11 所示。在两个串联连续环节 $G_1(s)$ 和 $G_2(s)$ 之间，无理想采样开关。

由图可见　　$D(s) = R^*(s)G_1(s)$

　　　　　　　$C(s) = D(s)G_2(s)$

$$C(s) = R^*(s)G_1(s)G_2(s)$$

对 $C(s)$ 离散化，并由采样拉氏变换的性质

$$C^*(s) = R^*(s)[G_1G_2(s)]^*$$

取 z 变换，得

$$C(z) = R(z)G_1G_2(z)$$

即

$$G(z) = G_1G_2(z) \qquad (7-53)$$

式（7-53）表明，两个串联环节之间没有采样开关隔开时，系统的脉冲传递函数等于两个环节传递函数乘积后的相应 z 变换。该结论可推广到 n 个环节串联而没有采样开关隔开的情况。

例 7-10　试求图 7.12(a) 和图 7.12 (b) 所示的两个系统的脉冲传递函数。

解:（1）图 7.12(a) 中的系统，其脉冲传递函数为

$$G(z) = L[(G_1(s)G_2(s))] = L\left[\frac{1}{s(s+1)}\right]$$

$$= \frac{z(1-e^{-T})}{(z-1)(z-e^{-T})}$$

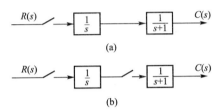

图 7.12　采样系统框图

（2）图 7.12(b) 中的两个环节之间有采样开关，因此，其脉冲传递函数为两个串联环节脉冲传递函数的乘积，即

$$G(z) = L[G_1(s)]L[G_2(s)] = Z\left[\frac{1}{s}\right]Z\left[\frac{1}{s+1}\right] = \frac{z}{z-1}\frac{z}{z-e^{-T}} = \frac{z^2}{(z-1)(z-e^{-T})}$$

2. 有零阶保持器的开环脉冲传递函数

具有零阶保持器的开环离散系统如图 7.13 所示。

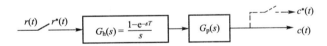

图 7.13　有零阶保持器的开环离散系统

图中 $G_h(s)$ 为零阶保持器的传递函数，$G_p(s)$ 为连续部分的传递函数。两个串联环节之间没有同步采样开关隔离。由于 $G_h(s)$ 不是 s 的有理分式，所以通常的由 $G(s)$ 求 $G(z)$ 的方法无法使用，应作一些变换。变换的方法如图 7.14 所示。

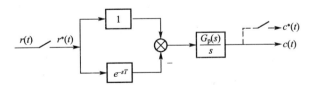

图 7.14　有零阶保持器的开环离散系统等效图

由图中可以看出，图 7.13 和图 7.14 是等效的。图 7.14 中，$c^*(t)$ 为两个分量之和。$c_1^*(t)$ 是 $r^*(t)$ 由 $\dfrac{G_p(s)}{s}$ 环节产生的响应分量，$c_2^*(t)$ 是 $r^*(t)$ 经 $-e^{-sT}\dfrac{G_p(s)}{s}$ 环节所产生的响

应分量，且由该图可设 $G_0(s)=\dfrac{G_P(s)}{s}$，则

$$C_1(s)=R^*(s)G_0(s)$$

由采样函数拉氏变换的性质

$$C_1^*(s)=R^*(s)G_0^*(s)$$

取 z 变换得

$$C_1(z)=R(z)G_0(z)$$

又

$$C_2(s)=-R^*(s)e^{-sT}G_0(s)$$

$$C_2^*(s)=-R^*(s)[e^{-sT}G_0(s)]^*$$

式中，e^{-sT} 可视为延迟一个采样周期的延迟环节，由拉氏变换的位移定理及 z 变换的实数位移定理 $Z[e^{-sT}G_0(s)]=z^{-1}G_0(z)$，所以

$$C_2(z)=-R(z)G_0(z)z^{-1}$$

$$C(z)=C_1(z)+C_2(z)=(1-z^{-1})G_0(z)R(z)$$

则相应的系统脉冲传递函数为

$$G(z)=(1-z^{-1})G_0(z)=(1-z^{-1})Z\left[\frac{G_P(s)}{s}\right] \qquad (7-54)$$

例 7 - 11 设如图 7.13 所示离散系统，其中 $G_P(s)=\dfrac{a}{s(s+a)}$，求系统的脉冲传递函数 $G(z)$。

解：
$$Z\left(\frac{G_P(s)}{s}\right)=Z\left[\frac{a}{(s+a)s^2}\right]=Z\left[\frac{1}{s^2}-\frac{1}{a}\left(\frac{1}{s}-\frac{1}{s+a}\right)\right]$$

$$=Z\left[\frac{1}{s^2}\right]-\frac{1}{a}Z\left[\frac{1}{s}\right]+\frac{1}{a}Z\left[\frac{1}{s+a}\right]$$

$$=\frac{Tz}{(z-1)^2}-\frac{1}{a}\left(\frac{z}{z-1}-\frac{z}{z-e^{-at}}\right)$$

$$=\frac{\frac{1}{a}z\left[(e^{-aT}+aT-1)z+(1-aTe^{-aT}-e^{-aT})\right]}{(z-1)^2(z-e^{-aT})}$$

$$G(z)=(1-z^{-1})Z\left[\frac{G_P(s)}{s}\right]=\frac{\frac{1}{a}\left[(e^{-aT}+aT+1)z+(1-aTe^{-aT}-e^{-aT})\right]}{(z-1)(z-e^{-aT})}$$

7.4.4 闭环系统脉冲传递函数

在连续系统中，闭环传递函数与相应的开环传递函数之间存在确定的关系，因而可以用统一的框图来描述其闭环系统。但在采样系统中，由于采样器在闭环系统中可以有多种配置的可能性，因而对采样系统而言，会有多种闭环结构形式。这就使得闭环采样系统的脉冲传递函数没有一般的计算公式，只能根据系统的实际结构具体求取（表 7 - 1）。图 7.15 是一种比较常见的误差采样闭环离散系统结构图。

由图 7.15 可见，连续输出信号和误差信号拉氏变换的关系为

$$C(s)=G(s)E^*(s)$$

又

$$E(s)=R(s)-H(s)C(s)$$

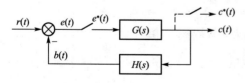

图 7.15　误差采样闭环离散系统

所以
$$E(s)=R(s)-H(s)G(s)E^*(s)$$

于是，误差采样信号 $e^*(t)$ 的拉氏变换

$$E^*(s)=R^*(s)-HG^*(s)E^*(s)$$

整理得
$$E^*(s)=\frac{R^*(s)}{1+HG^*(s)} \qquad (7-55)$$

由于
$$C^*(s)=[G(s)E^*(s)]^*=G^*(s)E^*(s)=\frac{G^*(s)}{1+HG^*(s)}R^*(s) \qquad (7-56)$$

所以对式(7-55)及式(7-56)取 z 变换，可得

$$E(z)=\frac{1}{1+HG(z)}R(z) \qquad (7-57)$$

$$C(z)=\frac{G(z)}{1+HG(z)}R(z) \qquad (7-58)$$

根据式(7-57)，定义

$$\Phi_e(z)=\frac{E(z)}{R(z)}=\frac{1}{1+HG(z)} \qquad (7-59)$$

根据式(7-58)，定义

$$\Phi(z)=\frac{C(z)}{R(z)}=\frac{G(z)}{1+HG(z)} \qquad (7-60)$$

$$D(z)=1+GH(z)=0 \qquad (7-61)$$

表 7-1　典型闭环离散系统及输出 z 变换函数

序号	系统结构图	$C(z)$ 计算式
1		$\dfrac{G(z)R(z)}{1+GH(z)}$
2		$\dfrac{RG_1(z)G_2(z)}{1+G_2HG_1(z)}$
3		$\dfrac{G(z)R(z)}{1+G(z)H(z)}$
4		$\dfrac{G_1(z)G_2(z)R(z)}{1+G_1(z)G_2(z)H(z)}$

(续)

序号	系统结构图	$C(z)$计算式
5	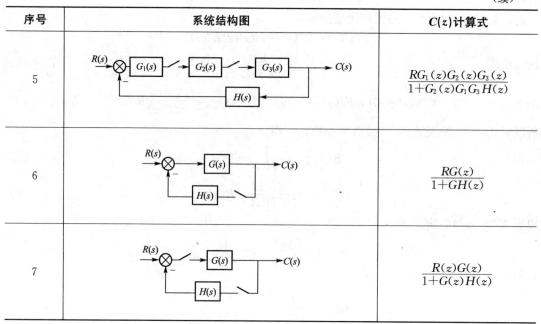	$\dfrac{RG_1(z)G_2(z)G_3(z)}{1+G_2(z)G_1G_3H(z)}$
6		$\dfrac{RG(z)}{1+GH(z)}$
7		$\dfrac{R(z)G(z)}{1+G(z)H(z)}$

例 7 - 12 试求图 7.16 所示线性离散系统的闭环脉冲传递函数。

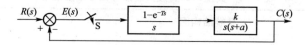

图 7.16 线性离散系统方框图

解： 系统开环脉冲传递函数为

$$G(z)=Z[G(z)]=(1-z^{-1})Z\left[\frac{1}{s}\frac{k}{s(s+a)}\right]$$

$$=\frac{k[(aT-1+\mathrm{e}^{-aT}]z+(1-\mathrm{e}^{-aT}-aT\mathrm{e}^{-aT})}{a^2(z-1)(z-\mathrm{e}^{-aT})}$$

偏差信号对控制信号和被控制信号对控制信号的闭环脉冲传递函数分别为

$$\frac{E(z)}{R(z)}=\frac{a^2(z-1)(z-\mathrm{e}^{-aT})}{a^2z^2+[k(aT-1+\mathrm{e}^{-aT})-a^2(1+\mathrm{e}^{-aT})]z+[k(1-\mathrm{e}^{-aT}-aT\mathrm{e}^{-aT})+a^2\mathrm{e}^{-aT}]}$$

$$\frac{C(z)}{R(z)}=\frac{k[(aT-1+\mathrm{e}^{-aT})z+(1-\mathrm{e}^{-aT}-aT\mathrm{e}^{-aT})]}{a^2z^2+[k(aT-1+\mathrm{e}^{-aT})-a^2(1+\mathrm{e}^{-aT})]z+[k(1-\mathrm{e}^{-aT}aT\mathrm{e}^{-aT})+a^2\mathrm{e}^{-aT}]}$$

例 7 - 13 线性离散系统如图 7.17 所示，试求参考输入 $R(s)$ 和扰动输入 $F(s)$ 同时作用时，系统被控制量的 z 变换 $C(z)$。

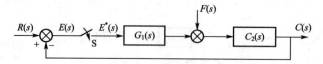

图 7.17 离散系统框图

解：设 $F(s)=0$，$R(s)$ 单独作用，则输出为

$$C_R(s)=G_1(s)G_2(s)E^*(s)$$

$$E(s)=R(s)-C_R(s)$$

对上两式取 z 变换，有

$$C_R(z)=G_1G_2(z)E(z)$$

$$E(z)=R(z)-C_R(z)$$

根据以上两式整理得

$$C_R(z)=\frac{G_1G_2(z)}{1+G_1G_2(z)}R(z)$$

设 $R(s)=0$，$F(s)$ 单独作用，则输出为

$$C_F(s)=G_2(s)F(s)+G_1(s)G_2(s)E^*(s)$$

$$E(s)=-C_F(s)$$

对上两式取 z 变换，有

$$C_F(z)=G_2F(z)+G_1G_2(z)E(z)$$

$$E(z)=-C_F(z)$$

根据以上两式整理，得到

$$C_F(z)=\frac{G_2F(z)}{1+G_1G_2(z)}$$

同时作用

$$C(z)=C_R(z)+C_F(z)=\frac{G_1G_2(z)R(z)}{1+G_1G_2(z)}+\frac{G_2F(z)}{1+G_1G_2(z)}$$

7.5 离散系统的性能分析

由于线性离散系统的数学模型是建立在 z 变换的基础上的，所以本节先从 s 平面和 z 平面之间的映射关系出发，介绍离散系统的稳定性及判定方法；然后介绍离散系统的稳态误差，最后介绍离散系统的动态性能分析。

7.5.1 离散系统的稳定性分析

1. s 平面和 z 平面的映射关系

在前面定义 z 变换时，定义了复变量 s 与复变量 z 之间的转换关系为

$$z=\mathrm{e}^{sT} \tag{7-62}$$

式中，T 为采样周期。

将 $s=\sigma+\mathrm{j}\omega$ 代入式(7-62)得到

$$z=\mathrm{e}^{(\sigma+\mathrm{j}\omega)T}=\mathrm{e}^{\sigma T}\mathrm{e}^{\mathrm{j}\omega T}=|z|\,\mathrm{e}^{\mathrm{j}\omega T}$$

从而得到 s 平面到 z 平面的基本映射关系式

$$|z|=\mathrm{e}^{\sigma T}, \quad \arg z=\omega T \tag{7-63}$$

因此，在 s 域中任意一点 $s=\sigma+\mathrm{j}\omega$ 应在 z 域上对应一点，其模为 $\mathrm{e}^{\sigma T}$，角度为 ωT。

式(7-63)表明，s 平面上的虚轴映射到 z 平面上为圆心在原点的单位圆，且当 ω 从

自动控制原理

$-\infty$变化到$+\infty$时，z平面上的轨迹已经沿着单位圆转过了无限多圈。因为当ω从$-\frac{1}{2}\omega_s$到$\frac{1}{2}\omega_s$时，对应于z的幅角由$-\pi$变化到$+\pi$，变化了一周。因此，s平面虚轴由$s=-\mathrm{j}\frac{1}{2}\omega_s$到$s=+\mathrm{j}\frac{1}{2}\omega_s$区段，映射到$z$平面为一个单位圆，如图7.18所示，以此类推。

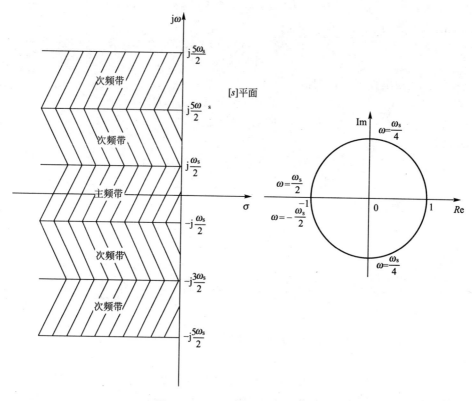

图7.18 s平面与z平面的映射

在s平面左半平面上的点，因为$\sigma<0$，所以$|z|=\mathrm{e}^{\sigma T}<1$，映射到$z$平面上是在以原点为圆心的单位圆内；反之，在$s$平面的右半平面上的点，因为$\sigma>0$，所以$|z|=\mathrm{e}^{\sigma T}>1$，映射到$z$平面上是在以原点为圆心的单位圆外。

由此可以看出，s平面上的稳定区域左半s平面在z平面上的映象是单位圆内部区域。这说明在z平面上，单位圆之内是稳定区域，单位圆外是不稳定区域。z平面上的单位圆是稳定区域和不稳定区域的分界线。

s平面左半部可以分成宽度为ω_s，频率范围为$\frac{2n-1}{2}\omega_s-\frac{2n+1}{2}\omega_s$（$n=0,\ \pm1,\ \pm2,\cdots$），平行于横轴的无数多带域，每一个带域都映射为$z$平面的单位圆内的圆域。其中，$-\frac{1}{2}\omega_s<\omega<\frac{1}{2}\omega_s$的带域称为主频带，其余称为次频带。

2. 离散系统稳定的充要条件

离散系统稳定性的概念与连续系统相同。如果一个线性定常离散系统的脉冲响应序列

198

趋于0，则系统是稳定的，否则系统不稳定。

假设离散控制系统输出的z变换可写为

$$C(z) = \frac{M(z)}{D(z)} R(z) \qquad (7-64)$$

式中，$M(z)$和$D(z)$分别表示系统的分子和分母多项式，该分式为真有理分式。在单位脉冲作用下，系统输出

$$C(z) = \Phi(z) = \frac{M(z)}{D(z)} = \sum_{i=1}^{n} \frac{c_i z}{z - z_i} \qquad (7-65)$$

式中，$z_i(i=1, 2, 3, \cdots, n)$为$\Phi(z)$的特征根。

对式(7-65)求z反变换，得

$$c(kT) = \sum_{i=1}^{n} c_i z_i^k \qquad (7-66)$$

若要系统稳定，即要使$\lim\limits_{k \to \infty} c(kT) = 0$，必须有$|z_i| < 1 (i=1, 2, 3, \cdots, n)$。这表明离散系统的全部特征根必须严格位于$z$平面的单位圆内。

此外，只要离散系统的全部特征根均位于z平面的单位圆之内，即$|z_i| < 1 (i=1, 2, \cdots, n)$，则一定有

$$\lim_{k \to \infty} c(kT) = \lim_{k \to \infty} \sum_{i=1}^{n} c_i z_i^k \to 0$$

说明系统稳定。

综上所述，线性离散系统稳定的充要条件是：当脉冲传递函数的特征方程的所有特征根z_i的模$|z_i| < 1 (i=1, 2, \cdots, n)$，即处于$z$平面的单位圆内时，该系统是稳定的。只要其中有一个特征根在单位圆外，该系统是不稳定的。

例 7-14　已知采样系统如图 7.19 所示，采样间隔为$T=1$ s，试讨论该系统的稳定性。

解：开环脉冲传递函数为

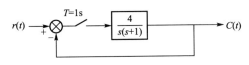

$$G(z) = Z\left[\frac{4}{s(s+1)}\right] = \frac{4(1-e^{-T})z}{z^2 - (1+e^{-T})z + e^{-T}}$$

图 7.19　系统的结构图

闭环脉冲传递函数为

$$\frac{C(z)}{R(z)} = \frac{G(z)}{1+G(z)} = \frac{4(1-e^{-T})z}{(z-1)(z-e^{-T}) + 4z(1-e^{-T})}$$

闭环特征方程为

$$(z-1)(z-e^{-T}) + 4z(1-e^{-T}) = 0$$

当采样间隔为$T=1$s时，有

$$z^2 + 1.16z + 0.368 = 0$$

该系统为二阶系统，有两个特征根为

$$z_1 = -0.58 + j0.178, \quad z_2 = -0.58 - j0.178$$

z_1、z_2均在单位圆内，所以系统是稳定的。

3. 劳斯稳定判据

在线性离散系统中，判断稳定性需要判别特征方程的根是否在z平面的单位圆之内，

因此不能直接将劳斯判据应用于以复变量 z 表示的特征方程。为了使稳定区域映射到新平面的左半部，采用 ω 变换，将 z 平面上的单位圆内部区域，映射为 ω 平面的左半部。为此令

$$z=\frac{\omega+1}{\omega-1} \qquad (7-67)$$

则有

$$\omega=\frac{z+1}{z-1} \qquad (7-68)$$

ω 变换是一种可逆的双线性变换。令复变量

$$z=x+\mathrm{j}y, \quad \omega=u+\mathrm{j}v$$

代入式(7-68)有

$$\omega=u+\mathrm{j}v=\frac{(x^2+y^2)-1}{(x-1)^2+y^2}-\mathrm{j}\,\frac{2y}{(x-1)^2+y^2} \qquad (7-69)$$

在式(7-69)中分母始终为正，因此 $u=0$ 等价于 $x^2+y^2=1$；$u<0$ 等价于 $x^2+y^2<1$；$u>0$ 等价于 $x^2+y^2>1$，可见经过变换，z 域单位圆映射为 ω 域的虚轴，z 域单位圆内映射为 ω 域的左半平面，z 域单位圆外映射为 ω 域的右半平面，如图 7.20 所示。

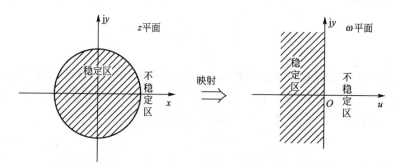

图 7.20 z 平面与 ω 平面的稳定区域

由 ω 变换可知，通过从 z 域到 ω 域的变换，线性定常离散系统 z 域的特征方程 $D(z)$ 转换为 ω 域特征方程 $D(\omega)$，则 z 域的稳定条件即所有特征根均处于单位圆内转换为 ω 域的稳定条件即特征方程的根严格位于左半平面。因此，经过 ω 变换之后，就可以用劳斯判据来判断线性离散系统的稳定性。

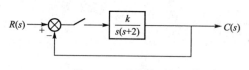

图 7.21 系统结构图

例 7-15 已知系统结构如图 7.21 所示，采样周期 $T=0.5\mathrm{s}$，试求系统稳定时 k 的取值范围。

解： 由结构图有

$$G(s)=\frac{k}{s(s+2)}=\frac{k}{2}\left[\frac{1}{s}-\frac{1}{s+2}\right]$$

相应的 z 变换可查表求得为

$$G(z)=\frac{k}{2}\left[\frac{z}{z-1}-\frac{z}{z-\mathrm{e}^{-2T}}\right]=\frac{k}{2}\frac{(1-\mathrm{e}^{-2T})z}{(z-1)(z-\mathrm{e}^{-2T})}$$

对应的闭环特征方程式为

$$1+G(z)=(z-1)(z-e^{-2T})+\frac{k}{2}(1-e^{-2T})z=0$$

作双线性变换，将 $z=\dfrac{\omega+1}{\omega-1}$ 和 $T=0.5\mathrm{s}$ 代入上式化简后得

$$0.316k\omega^2+1.264\omega+(2.736-0.316k)=0$$

则劳斯表为

ω^2	$0.316k$	$2.736-0.316k$
ω^1	1.264	0
ω^0	$2.736-0.316k$	0

由劳斯表，系统稳定时，k 值应满足

$$k>0 \quad 且 \quad 2.736-0.316k>0$$

故系统稳定的 k 值范围是 $0<k<0.866$。

如果去掉系统中的采样开关，使之变为连续控制系统，则不论 k 为任何正值，系统总是稳定的。而由例 7-15 的结论来看，加入采样开关，当 k 超过一定值时，将使系统不稳定，因此采样周期一定时，加大开环增益会使离散系统的稳定性变差。

另外，当开环增益一定时，如果加大采样周期，则会使系统的信息丢失增加，也可能使系统变得不稳定。

7.5.2　离散系统的稳态误差

设单位反馈误差采样系统的框图如图 7.22 所示。其中，$G(s)$ 为连续部分的传递函数，$e(t)$ 为系统连续误差信号，$e^*(t)$ 为系统采样误差信号。由闭环系统误差脉冲传递函数的定义可知

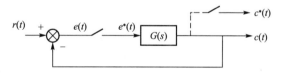

图 7.22　单位反馈误差采样系统

$$\Phi_e(z)=\frac{E(z)}{R(z)}=\frac{1}{1+G(z)}$$

如果 $\Phi_e(z)$ 极点全部严格位于 z 平面上的单位圆内，即系统稳定，则应用 z 变换的终值定理即可求出采样瞬时的终值误差。

$$e(\infty)=\lim_{t\to\infty}e^*(t)=\lim_{z\to1}(z-1)E(z)=\lim_{z\to1}\frac{(z-1)R(z)}{1+G(z)} \tag{7-70}$$

式(7-70)表明，离散系统的稳态误差取决于系统的开环脉冲传递函数 $G(z)$ 和输入信号的形式。由于开环脉冲传递函数 $z=1$ 的极点与开环传递函数的 $s=0$ 的极点相对应，因而类似于连续系统，离散系统按其开环脉冲传递函数所含 $z=1$ 的极点数而分为 0 型、Ⅰ型、Ⅱ型和Ⅲ型系统。下面分别讨论在三种典型输入信号作用下的稳态误差。

1. 单位阶跃输入信号

输入信号为单位阶跃信号，即 $r(t)=1(t)$，因为 $R(z)=\dfrac{z}{z-1}$ 将其代入式(7-70)得

$$e(\infty)=\lim_{z\to1}\frac{(z-1)R(z)}{[1+G(z)]}=\lim_{z\to1}\frac{1}{1+G(z)}=\frac{1}{K_p} \tag{7-71}$$

定义：$K_p=\lim\limits_{z\to1}[1+G(z)]$ 为采样系统的静态位置误差系数。

当采样系统为 I 型系统，即 $G(s)$ 中包含一个积分环节，$G(z)$ 具有一个 $z=1$ 的极点时，$K_p=\infty$，系统的稳态误差为 $e(\infty)=0$。

2. 单位斜坡输入信号

输入信号为单位斜坡信号，即 $r(t)=t$，因为 $R(z)=\dfrac{Tz}{(z-1)^2}$ 将其代入式(7-70)得

$$e(\infty)=\lim_{z\to1}\frac{(z-1)R(z)}{[1+G(z)]}=\lim_{z\to1}\frac{T}{(z-1)G(z)}=\frac{T}{K_v} \tag{7-72}$$

定义：$K_v=\lim\limits_{z\to1}(z-1)G(z)$ 为采样系统的静态速度误差系数。

当采样系统为 II 型系统，即 $G(s)$ 中包含两个积分环节，$G(z)$ 具有两个 $z=1$ 的极点时，$K_v=\infty$，系统的稳态误差为 $e(\infty)=0$。

3. 单位加速度输入信号

输入信号为单位加速度信号，即 $r(t)=\dfrac{t^2}{2}$，因为 $R(z)=\dfrac{T^2z(z+1)}{2(z-1)^3}$ 将其代入式(7-70)得

$$e(\infty)=\lim_{z\to1}\frac{(z-1)R(z)}{[1+G(z)]}=\lim_{z\to1}\frac{T^2(z+1)}{2(z-1)^2[1+G(z)]}=\frac{T^2}{K_a} \tag{7-73}$$

定义：$K_a=\lim\limits_{z\to1}(z-1)^2G(z)$ 为采样系统的静态加速度误差系数。

当采样系统为 III 型系统，即 $G(s)$ 中包含三个积分环节，$G(z)$ 具有三个 $z=1$ 的极点时，$K_a=\infty$，系统的稳态误差为 $e(\infty)=0$。

上面讨论了采样系统在三种典型输入信号作用下的稳态误差的终值，系统的型号和稳态误差的关系如表 7-2 所示。

表 7-2　单位反馈误差采样系统的稳态误差

系统型别	$r(t)=1(t)$	$r(t)=t$	$r(t)=\dfrac{t^2}{2}$
0 型	$\dfrac{1}{K_p}$	∞	∞
I 型	0	$\dfrac{T}{K_v}$	∞
II 型	0	0	$\dfrac{T^2}{K_a}$
III 型	0	0	0

例 7-16 已知采样系统的框图如图 7.23 所示。采样周期 $T=0.1\text{s}$，试用稳态误差系数法，求该系统在输入信号 $r(t)=1+t$ 作用下的稳态误差。

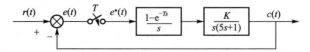

图 7.23　采样系统框图

解： 系统的开环脉冲传递函数为

$$G(z)=\frac{z-1}{z}Z\left[\frac{K}{s^2(5s+1)}\right]=\frac{z-1}{z}KZ\left[\frac{1}{s^2}-\frac{5}{s}+\frac{5}{s+0.2}\right]$$

$$=\frac{z-1}{z}K\left[\frac{Tz}{(z-1)^2}-\frac{5z}{z-1}+\frac{5z}{z-e^{-0.2T}}\right]$$

将采样周期 $T=0.1$s 代入上式并化简：

$$G(z)=\frac{KT}{z-1} \tag{7-74}$$

根据式(7-70)，计算该系统的位置、速度和加速度误差系数分别为

$$K_p=\lim_{z\to 1}\left[1+G(z)\right]=\frac{z+kT-1}{z-1}=\infty$$

$$K_v=\lim_{z\to 1}(z-1)G(z)=KT$$

$$K_a=\lim_{z\to 1}(z-1)^2G(z)=0$$

因此，系统在输入信号 $r(t)=1+t$ 作用下的稳态误差为 $e(\infty)=\frac{1}{K_p}+\frac{T}{K_v}=\frac{1}{K}$。

7.5.3　离散系统的动态性能

在线性离散系统中，闭环脉冲传递函数的极点在 z 平面上的位置决定了系统时域响应中瞬态响应各分量的类型。系统输入信号不同时，仅会对瞬态响应中各分量的初值有影响，而不会改变其类型。

设闭环脉冲传递函数

$$\Phi(z)=\frac{M(z)}{D(z)}=\frac{b_0z^m+b_1z^{m-1}+\cdots+b_n}{a_0z^n+a_1z^{m-1}+\cdots+a_n}=\frac{b_0\prod\limits_{j=1}^{m}(z-z_j)}{a_0\prod\limits_{j=1}^{m}(z-p_i)}\quad(m\leq n)$$

式中，$z_j(j=1,2,\cdots,m)$ 表示 $\Phi(z)$ 的零点，$P_i(i=1,2,\cdots,n)$ 表示 $\Phi(z)$ 的极点，它们既可以是实数，也可以是共轭复数。如果离散系统稳定，则所有闭环极点应严格位于 z 平面上的单位圆内，即 $|p_i|<1(i=1,2,\cdots,n)$，为便于讨论，假定 $\Phi(z)$ 无重极点，且系统的输入为单位阶跃信号。此时设 $r(t)=1(t)$，$R(z)=\frac{z}{z-1}$，系统输出的 z 变换为

$$C(z)=\Phi(z)R(z)=\frac{M(z)}{D(z)}\frac{z}{z-1}$$

将 $\frac{C(z)}{z}$ 展成部分分式，则有

$$\frac{C(z)}{z}=\frac{M(1)}{D(1)}\frac{1}{z-1}+\sum_{i=1}^{n}\frac{C_i}{z-p_i}$$

式中，C_i 为 $C(z)$ 在各极点处的留数，由上式

$$C(z)=\frac{M(1)}{D(1)}\frac{z}{z-1}+\sum_{i=1}^{n}\frac{C_iz}{z-p_i}$$

对上式取 z 反变换，可得系统的输出脉冲序列为

$$c(k)=\frac{M(1)}{D(1)}1(t)+\sum_{i=1}^{n}C_i(p_i)^k \tag{7-75}$$

式中，等号右边第一项为输出脉冲序列的稳态分量，第二项为暂态分量，根据 p_i 在 z 平面上分布的不同，其对应的动态性能也不相同，下面分几种情况讨论。

1）实数极点

当闭环脉冲传递函数的极点位于实轴上，则在瞬态响应中将含有一个相应的分量

$$c_i(k) = c_i p_i^k \tag{7-76}$$

（1）若 $0 < p_i < 1$，极点在单位圆内正实轴上，其对应的瞬态响应序列单调地衰减。

（2）若 $p_i = 1$，相应的瞬态响应是不变号的等幅序列。

（3）若 $p_i > 1$，极点在单位圆外正实轴上，对应的瞬态响应序列单调地发散。

（4）若 $-1 < p_i < 0$，极点在单位圆内负实轴上，对应的瞬态响应是正、负交替变化的衰减振荡序列，振荡的角频率为 $\frac{\pi}{T}$。

（5）若 $p_i = -1$，对应的瞬态响应是正、负交替变化的等幅序列，振荡的角频率为 $\frac{\pi}{T}$。

（6）若 $p_i < -1$，极点在单位圆外负实轴上，相应的瞬态响应序列是正、负交替变化的发散序列，振荡的角频率为 $\frac{\pi}{T}$。

实数极点对应的瞬态响应序列如图 7.24 所示。

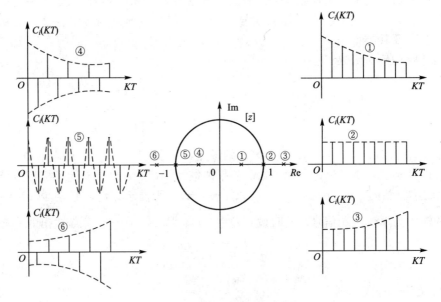

图 7.24 实数极点的瞬态响应

2）共轭复数极点

如果闭环脉冲传递函数有共轭复数极点 $p_{i,i+1} = a \pm jb$，可以证明，这一对共轭复数极点所对应的瞬态响应分量为

$$c_i(kT) = A_i \lambda_i^k \cos(k\theta_i + \phi_i) \tag{7-77}$$

式中　A_i、ϕ_i 为由部分分式展开式的系数所决定的常数。

$$\lambda_i = \sqrt{a^2 + b^2} = |p_i|$$

$$\theta_i = \arctan \frac{b}{a}$$

（1）若 $\lambda_i = |p_i| < 1$，极点在单位圆之内，这对共轭复数极点所对应的瞬态响应是收敛振荡的脉冲序列，振荡的角频率为 $\frac{\theta_i}{T}$。

（2）若 $\lambda_i = |p_i| = 1$，则这对共轭复数极点在单位圆上，其瞬态响应是等幅振荡的脉冲序列，振荡的角频率为 $\frac{\theta_i}{T}$。

（3）若 $\lambda_i = |p_i| > 1$，极点在单位圆之外，这对共轭复数极点所对应的瞬态响应是振荡发散的脉冲序列，振荡的角频率为 $\frac{\theta_i}{T}$。

复数极点的瞬态响应如图 7.25 所示。

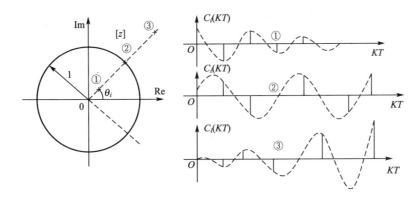

图 7.25　复数极点的瞬态响应

综上所述，采样系统瞬态响应的基本特性取决于极点在 z 平面上的分布，极点越靠近原点，瞬态响应衰减得越快；极点的相角越趋于零，瞬态响应振荡的频率就越低，因此为使系统具有较为满意的瞬态性能，其闭环极点最好分布在单位圆的右半部，且尽量靠近原点。

7.6　MATLAB 在离散系统分析中的应用

通过解析法对离散系统进行分析与设计，这是一件颇费时间的工作，特别是对高阶离散系统稳定性的判别与性能的估计，更是不易。而用 MATLAB 对离散系统进行分析与设计，可直接求出闭环系统特征方程式的根，或在 z 平面上直接画出闭环极点。下面通过实例，说明 MATLAB 在离散系统中的具体应用。

例 7 - 17　已知一离散控制系统如图 7.26 所示。若令 $K = 1$，$T = 1\mathrm{s}$，$r(t) = 1(t)$，求系统的输出响应。

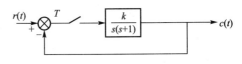

解： 由传递函数 $G(s)$ 的 z 变换 $G(z)$，求得该系统的闭环脉冲传递函数

图 7.26　离散控制系统

$$\frac{C(z)}{R(z)} = \frac{G(z)}{z + G(z)} = \frac{0.632z}{z^2 - 0.736z + 0.368}$$

MATLAB 程序如下：

```
num=[0.632,0];
den=[1,-0.736,0.368];
u=ones(1,51);k=0:50;
y=filter(num,den,u);
plot(k,y),grid;
xlabel('k');ylabel('y(k)');
```

运行结果如图 7.27 所示。

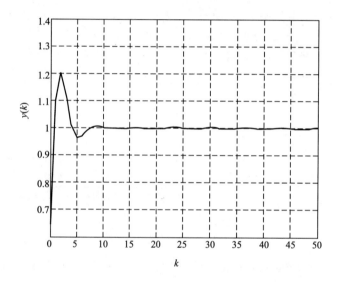

图 7.27　离散控制系统的单位阶跃响应

例 7-18　一具有零阶保持器的离散控制系统如图 7.28 所示，令 $r(t) = 1(t)$，采样周期 $T = 1s$，求该系统的输出响应。

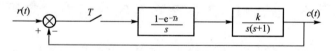

图 7.28　离散控制系统

解：令输入 $u = ones(1, 51)$
MATLAB 程序如下：

```
g=tf([1],[1 1 0]);
d=c2d(g,1);
cd=d/(1+d);
cd1=minreal(cd);
[num,den]=tfdata(cd1,'v');
u=ones(1,51);k=0:50;
```

```
y=filter(num,den,u);
plot(k,y);grid;
xlabel('k');ylabel('y(k)');
```

运行结果如图 7.29 所示。

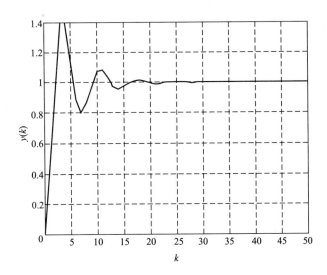

图 7.29　离散控制系统的单位阶跃响应

例 7 - 19 设某单位反馈离散控制系统的开环脉冲传递函数为

$$G(z)=\frac{0.264}{z^2-1.368z+0.368}$$

试求：（1）系统的闭环极点；

（2）系统的单位阶跃响应。

解：MATLAB 程序如下：

```
numq=[0.264];denq=[1-1.368 0.368];
numf=[1]; denf=[1];
[numb,denb]=feedback(numq,denq,numf,denf);
dstep(numb,denb);
title('discrete step response');
figure(2);
[z,p,k]=tf2zp(numb,denb);
zplane(z,p);
title('discrete pole-zero map');
[z,p,k]=tf2zp(numb,denb)
```

运行得闭环极点

```
p=
  0.6840+ 0.4051i
  0.6840- 0.4051i
```

运行结果图分别如图 7.30 和图 7.31 所示。由图 7.30 可知，该系统在单位圆内有一对共轭极点，因而该系统是稳定的。由图 7.31 所示的单位阶跃响应曲线，可求得峰值时间 $t_p=6s$，超调量 $\delta_p\%=25\%$。

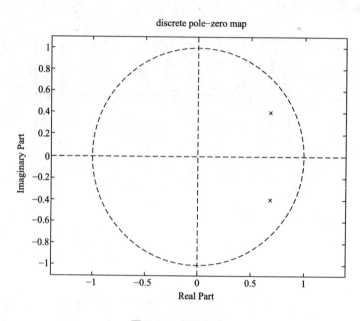

图 7.30 闭环极点

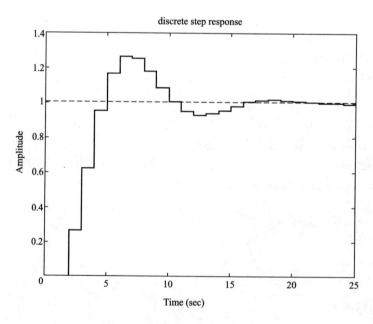

图 7.31 离散系统的单位阶跃响应

习 题

7-1 已知时间信号 $e(t)$ 如下，试求下列函数的 z 变换。

(1) $e(t)=A\cos\omega t$

(2) $e(t)=2t\mathrm{e}^{-2t}$

(3) $e(t)=t^2$

(4) $e(t)=1-\mathrm{e}^{-5t}$

7-2 求下列函数的 z 反变换。

(1) $E(z)=\dfrac{z}{(z-1)(z-2)}$

(2) $E(z)=\dfrac{z}{(z-\mathrm{e}^{-T})(z-\mathrm{e}^{-2T})}$

7-3 试确定下列函数的终值。

(1) $E(z)=\dfrac{Tz^{-1}}{(1-z^{-1})^2}$

(2) $E(z)=\dfrac{z^2}{(z-0.8)(z-0.1)^2}$

7-4 已知差分方程为 $2c(k)-3c(k+1)+c(k+2)=u(k)$，初始条件：$c(0)=0$，$c(1)=0$。输入信号：$u(k)=1(k)$，试用迭代法求输出序列 $c(k)(k=0，1，2，3，4)$。

7-5 试用 z 变换法求解下列差分方程。

(1) $c(k+2)+3c(k+1)+2c(k)=0$
    $c(0)=0，c(1)=1$

(2) $c(k+2)+2c(k+1)+c(k)=r(k)$ $c(0)=c(T)=0$ $r(n)=n(n=0，1，2，\cdots)$

(3) $c(k+3)+6c(k+2)+11c(k+1)+6c(k)=0$
    $c(0)=c(1)=1，c(2)=0$

7-6 设开环离散系统分别如题 7.6 图(a)、(b)、(c)所示，试求开环脉冲传递函数 $G(z)$。

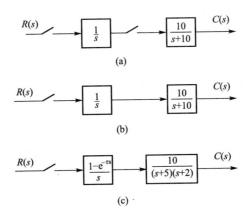

题 7.6 图 开环离散系统

7-7 试求题7.7图所示闭环离散系统的脉冲传递函数 $\Phi(z)$ 或输出 z 变换 $C(z)$。

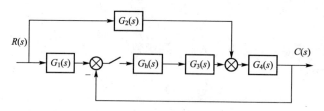

题 7.7 图 闭环离散系统

7-8 设有单位反馈误差采样的离散系统，连续部分传递函数为

$$G(s) = \frac{1}{s^2(s+5)}$$

输入 $r(t)=1(t)$，采样周期 $T=1s$。试求：

(1) 输出 z 变换 $C(z)$；

(2) 采样瞬时的输出响应 $c^*(t)$；

(3) 输出响应的终值 $c^*(\infty)$。

7-9 已知系统的闭环特征方程如下，试判断采样系统的稳定性。

(1) $(z+1)(z+0.2)(z+2)=0$

(2) $z^3-1.5z^2-0.25z+0.4=0$

7-10 已知系统结构图如题7.10图所示，试确定系统的稳定条件。

7-11 一闭环控制系统如题7.11图所示，已知 $T=0.5s$。试求：

(1) 判别系统的稳定性；

(2) 求 $r(t)=t$ 时系统的稳态误差；

(3) 求单位阶跃响应序列 $c(k)$。

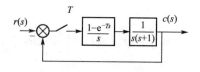

题 7.10 图 离散系统

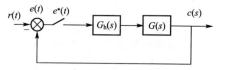

题 7.11 图 闭环控制系统

7-12 如题7.12图所示的采样控制系统，要求在 $r(t)=t$ 作用下的稳态误差 $e_{ss}=0.25T$，试确定放大系数 K 及系统稳定时 T 的取值范围。

7-13 设离散系统如题7.13图所示，其中 $T=0.1s$，$K=1$，试求静态误差系数 K_p、K_v；并求系统在 $r(t)=t$ 作用下的稳态误差 $e(\infty)$。

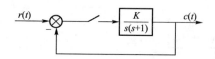

题 7.12 图 采样控制系统

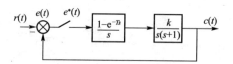

题 7.13 图 闭环离散系统

习 题 答 案

第 1 章

1-1 略

1-2

(1) ①测量元件。一般称为传感器，过程控制中又称为变送器。其功能是将一种量检测出来，并且按着某种规律转换成容易处理和使用的另一种量。测量元件的精度直接影响控制系统的精度，因此，应尽可能采用精度高的测量元件和合理的测量线路。②比较元件。对被控制量与参考输入进行比较，并产生偏差信号。比较元件在多数控制系统中是和测量元件或放大元件结合在一起的。③放大元件。对比较微弱的偏差信号进行变换放大，使其具有足够的幅值和功率。④执行元件。接受偏差信号的控制并产生动作，去改变被控制量，使被控制量按照期望的规律变化。⑤校正元件。实践证明，按反馈原理由上述基本元件简单组合起来的控制系统往往是不能完成既定任务的。系统在控制过程中还有可能产生振荡，甚至会使系统的正常工作遭到破坏。因此，为了使系统正常工作，需要在系统中加进能消除或减弱上述振荡以及提高系统性能的一些元件，我们把这类元件称为校正元件。校正元件可以加在由偏差信号至被控制信号间的前向通道内，也可以加在由被控制信号至反馈信号间的局部反馈通道内。前者称为串联校正，后者称为反馈校正。在有些情况下，为了更有效地提高系统的控制性能，可以同时应用串联校正和反馈校正。

(2) 在闭环控制系统中，需要对被控制信号不断地进行测量、变换并反馈到系统的控制端与参考输入信号进行比较，产生偏差信号，实现按偏差控制。由于闭环控制系统采用了负反馈，使系统的被控制信号对外界干扰和系统内部参数的变化都不敏感，即闭环控制抗干扰能力强。这样就有可能采用成本低的元部件，构成精确的控制系统，而开环控制系统则做不到这一点。

稳定性对于开环控制系统来说，容易解决，因而不是十分重要的问题。但对闭环控制系统来说，稳定性始终是一个重要问题。因为闭环控制系统可能引起系统振荡，甚至使得系统不稳定。

开环控制系统结构简单，容易建造，成本低廉，工作稳定。一般来说，当系统控制量的变化规律能预先知道，并且对系统中可能出现的干扰可以有办法抑制时，采用开环控制系统是有优越性的，特别是被控制量很难进行测量时更是如此。目前，用于国民经济各部门的一些自动化装置，如自动售货机、自动洗衣机、产品生产自动线及自动车床等，一般都是开环控制系统。用于加工模具的线切割机也是开环控制的一个很好的实例。只有当系统的控制量和干扰量均无法事先预知的情况下，采用闭环控制才有明显的优越性。

(3) 在随动系统中，闭环控制系统中参考输入信号为一任意时间函数，其变化规律无法预先予以确定。而与其相反，恒值系统中反馈控制系统的参考输入信号为恒定的，即常量。

(4) 略

1-3　略

1-4　略

1-5　略

1-6　(1)非线性；(2)线性；(3)非线性；(4)线性。

第2章

2-1　(1)线性定常系统；(2)线性时变系统；(3)非线性定常系统；(4)线性定常系统。

2-2　解：(1) $x(t)=\mathrm{e}^{t-1}$

(2) 原式 $=\dfrac{-1}{2(s+2)^3}+\dfrac{1}{4(s+2)^2}-\dfrac{3}{8(s+2)}+\dfrac{1}{24s}+\dfrac{1}{3(s+3)}$

所以 $x(t)=\dfrac{-t^2}{4}\mathrm{e}^{-2t}+\dfrac{t}{4}\mathrm{e}^{-2t}-\dfrac{3}{8}\mathrm{e}^{-2t}+\dfrac{1}{3}\mathrm{e}^{-3t}+\dfrac{1}{24}$

(3) 原式 $=\dfrac{1}{2s}-\dfrac{\frac{1}{2}s}{s^2+2s+2}=\dfrac{1}{2s}-\dfrac{1}{2}\cdot\dfrac{s+1}{(s+1)^2+1}+\dfrac{1}{2}\cdot\dfrac{1}{(s+1)^2+1}$

所以 $x(t)=\dfrac{1}{2}+\dfrac{1}{2}\mathrm{e}^{-t}(\sin t-\cos t)$

2-3　解：系统的微分方程为

$$\frac{\mathrm{d}^2c(t)}{\mathrm{d}t^2}+3\frac{\mathrm{d}c(t)}{\mathrm{d}t}+2c(t)=2r(t) \tag{1}$$

考虑初始条件，对式(1)进行拉氏变换，得

$$s^2C(s)+s+3sC(s)+3+2C(s)=\frac{2}{s} \tag{2}$$

$$C(s)=\frac{s^2+3s-2}{s(s^2+3s+2)}=\frac{1}{s}-\frac{4}{s+1}+\frac{2}{s+2}$$

所以 $c(t)=1-4\mathrm{e}^{-t}+2\mathrm{e}^{-2t}$

2-4　解：(1) 建立电路的动态微分方程。

根据 KCL 定律有

$$\frac{u_\mathrm{i}(t)-u_\mathrm{o}(t)}{R_1}+C\frac{\mathrm{d}[u_\mathrm{i}(t)-u_\mathrm{o}(t)]}{\mathrm{d}t}=\frac{u_\mathrm{o}(t)}{R_2}$$

即

$$R_1R_2C\frac{\mathrm{d}u_\mathrm{o}(t)}{\mathrm{d}t}+(R_1+R_2)u_\mathrm{o}(t)=R_1R_2C\frac{\mathrm{d}u_\mathrm{i}(t)}{\mathrm{d}t}+R_2u_\mathrm{i}(t)$$

(2) 求传递函数。

对微分方程进行拉氏变换得

$$R_1R_2CsU_\mathrm{o}(s)+(R_1+R_2)U_\mathrm{o}(s)=R_1R_2CsU_\mathrm{i}(s)+R_2U_\mathrm{i}(s)$$

得

$$G(s)=\frac{U_\mathrm{o}(s)}{U_\mathrm{i}(s)}=\frac{R_1R_2Cs+R_2}{R_1R_2Cs+R_1+R_2}$$

2-5 解：利用理想运算放大器及其复阻抗的特性求解。

(a) $\dfrac{U_c(s)}{R_2+\dfrac{1}{C_2 s}}=-\dfrac{U_r(s)}{R_1 \Big/\!\!\Big/ \dfrac{1}{C_1 s}}\Rightarrow\dfrac{U_c(s)}{U_r(s)}=-\left(\dfrac{R_2}{R_1}+\dfrac{C_1}{C_2}+R_2C_1s+\dfrac{1}{R_1C_2s}\right)$

(b) $\dfrac{U_c(s)}{R_2 \Big/\!\!\Big/ \dfrac{1}{Cs}}=-\dfrac{U_r(s)}{R_1}\Rightarrow\dfrac{U_c(s)}{U_r(s)}=-\dfrac{R_2}{R_1}\cdot\dfrac{1}{R_2Cs+1}$

2-6 解：（a）图的求解。

(1) 该图有 1 个回路

$$l_1=\frac{30}{s(s+1)}\Rightarrow\Delta=1-\frac{30}{s(s+1)}$$

(2) 该图有 4 条前向通路

$$P_1=\frac{10}{s(s+1)}\quad P_2=\frac{1}{s}\quad P_3=\frac{10}{s+1}\quad P_4=\frac{30}{s(s+1)}$$

所有前向通路均与 l_1 回路相接触，故 $\Delta_1=\Delta_2=\Delta_3=\Delta_4=1$。

（3）系统的传递函数为

$$G(s)=\frac{C(s)}{R(s)}=\frac{1}{\Delta}(P_1\Delta_1+P_2\Delta_2+P_3\Delta_3+P_4\Delta_4)=\frac{11s+41}{s^2+s-30}$$

（b）图的求解。

(1) 为简化计算，先求局部传递函数 $G'(s)=\dfrac{C(s)}{E(s)}$。该局部没有回路，即 $\Delta=1$，有 4

条前向通路：$P_1\Delta_1=G_1G_2\quad P_2\Delta_2=-1\quad P_3\Delta_3=-G_1G_2G_3G_4\quad P_4\Delta_4=G_3G_4$
所以 $G'(s)=G_1G_2+G_3G_4-G_1G_2G_3G_4-1$

（2）

$$G(s)=\frac{C(s)}{R(s)}=\frac{G'(s)}{1+G'(s)}=\frac{G_1G_2+G_3G_4-G_1G_2G_3G_4-1}{G_1G_2+G_3G_4-G_1G_2G_3G_4}$$

2-7 解：（1）系统信号流图如下图所示。

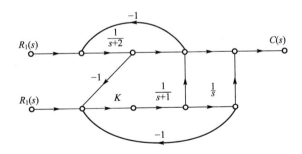

（2）求传递函数 $\dfrac{C(s)}{R_1(s)}$。令 $R_2(s)=0$。

有 3 个回路：$l_1=-\dfrac{1}{s+2}\quad l_2=\dfrac{K}{(s+1)(s+2)}\quad l_3=\dfrac{-K}{s(s+1)}$

l_1 和 l_3 互不接触：$l_1l_3=\dfrac{K}{s(s+1)(s+2)}$

因此 $\Delta = 1 + \dfrac{1}{s+2} - \dfrac{K}{(s+1)(s+2)} + \dfrac{K}{s(s+1)} + \dfrac{K}{s(s+1)(s+2)}$

有 3 条前向通路：$P_1 = \dfrac{1}{s+1}$　$\Delta_1 = 1 + \dfrac{K}{s(s+1)}$　$P_2 = -\dfrac{K}{s(s+1)(s+2)}$　$\Delta_2 = 1$

$$P_3 = -\dfrac{K}{(s+1)(s+2)}\quad \Delta_3 = 1$$

$$\frac{C(s)}{R_1(s)} = \frac{s^2 + s(1-K)}{s^3 + 4s^2 + 3s + 3K}$$

(3) 求传递函数 $\dfrac{C(s)}{R_2(s)}$。令 $R_1(s) = 0$。

求解过程同(2)，Δ 不变。$P_1 = \dfrac{K}{s(s+1)}$　$\Delta_1 = 1 + \dfrac{1}{s+2}$　$P_2 = \dfrac{K}{s+1}$　$\Delta_2 = 1$

$$\frac{C(s)}{R_2(s)} = \frac{K(s^2 + 3s + 3)}{s^3 + 4s^2 + 3s + 3K}$$

2-8　解：

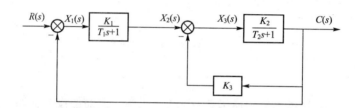

$$\frac{C(s)}{R(S)} = \frac{\dfrac{K_1 K_2}{(T_1 S + 1)(T_2 S + 1)}}{1 + \dfrac{K_2 K_3}{T_2 S + 1} + \dfrac{K_1 K_2}{(T_1 S + 1)(T_2 S + 1)}}$$

$$= \frac{K_1 K_2}{(T_1 S + 1)(T_2 S + 1) + K_2 K_3 (T_1 S + 1) + K_1 K_2}$$

2-9　解：

(a) $\dfrac{C(s)}{R(s)} = \dfrac{G_1 G_2 G_3 G_4}{1 + G_1 G_2 + G_3 G_4 + G_2 G_3 + G_1 G_2 G_3 G_4}$

(b) $\dfrac{C(s)}{R(s)} = \dfrac{G_1 - G_2}{1 - G_2 H}$

(c) $\dfrac{C(s)}{R(s)} = \dfrac{G_1 G_2 G_3}{1 + G_1 G_2 + G_2 G_3 + G_1 G_2 G_3}$

(d) $\dfrac{C(s)}{R(s)} = \dfrac{G_1 G_2 G_3 + G_1 G_4}{1 + G_1 G_2 H_1 + G_2 G_3 H_2 + G_1 G_2 G_3 + G_1 G_4 + G_4 H_2}$

(e) $\dfrac{C(s)}{R(s)} = G_4 + \dfrac{G_1 G_2 G_3}{1 + G_1 G_2 H_1 + G_2 H_1 + G_2 G_3 H_2}$

2-10　解：(a) 令 $N(s) = 0$，求 $\dfrac{C(s)}{R(s)}$。图中有 2 条前向通路，3 个回路，有 1 对互不接触回路。

$$P_1 = G_1 G_2, \quad \Delta_1 = 1, \quad P_2 = G_1 G_3, \quad \Delta_2 = 1 - L_1 = 1 + G_2 H$$
$$L_1 = -G_2 H, \quad L_2 = -G_1 G_2, \quad L_3 = -G_1 G_3$$

$$\Delta = 1 - (L_1 + L_2 + L_3) + L_1 L_3$$

则有

$$\frac{C(s)}{R(s)} = \frac{P_1 \Delta_1 + P_2 \Delta_2}{\Delta} = \frac{G_1 G_2 + G_1 G_3 (1 + G_2 H)}{1 + G_2 H + G_1 G_2 + G_1 G_3 + G_1 G_2 G_3 H}$$

令 $R(s) = 0$，求 $\dfrac{C(s)}{N(s)}$。有 3 条前向通路，回路不变。

$$P_1 = -1, \quad \Delta_1 = 1 - L_1, \quad P_2 = G_4 G_1 G_2, \quad \Delta_2 = 1$$
$$P_3 = G_4 G_1 G_3, \quad \Delta_3 = 1 - L_1$$
$$\Delta = 1 - (L_1 + L_2 + L_3) + L_1 L_3$$

则有

$$\frac{C(s)}{N(s)} = \frac{P_1 \Delta_1 + P_2 \Delta_2 + P_3 \Delta_3}{\Delta} = \frac{-1 - G_2 H + G_4 G_1 G_2 + G_4 G_1 G_3 (1 + G_2 H)}{1 + G_2 H + G_1 G_2 + G_1 G_3 + G_1 G_2 G_3 H}$$

(b) 令 $N_1(s) = 0$，$N_2(s) = 0$，求 $\dfrac{C(s)}{R(s)}$。图中有 1 条前向通路，1 个回路。

$$P_1 = \frac{Ks}{s+2}, \quad \Delta_1 = 1, \quad L_1 = -\frac{2K(s+1)}{s+2}, \quad \Delta = 1 - L_1$$

则有

$$\frac{C(s)}{R(s)} = \frac{P_1 \Delta_1}{\Delta} = \frac{Ks}{(2K+1)s + 2(K+1)}$$

令 $R(s) = 0$，$N_2(s) = 0$，求 $\dfrac{C(s)}{N_1(s)}$。图中有 1 条前向通路，回路不变。

$$P_1 = s, \quad \Delta_1 = 1$$

则有

$$\frac{C(s)}{N_1(s)} = \frac{P_1 \Delta_1}{\Delta} = \frac{s(s+2)}{(2K+1)s + 2(K+1)}$$

令 $R(s) = 0$，$N_1(s) = 0$，求 $\dfrac{C(s)}{N_2(s)}$。图中有 1 条前向通路，回路不变。

$$P_1 = -\frac{2K}{s+2}, \quad \Delta_1 = 1$$

则有

$$\frac{C(s)}{N_2(s)} = \frac{P_1 \Delta_1}{\Delta} = \frac{-2K}{(2K+1)s + 2(K+1)}$$

(c) 令 $N(s) = 0$，求 $\dfrac{C(s)}{R(s)}$。图中有 3 条前向通路，2 个回路。

$$P_1 = G_2 G_4, \quad \Delta_1 = 1, \quad P_2 = G_3 G_4, \quad \Delta_2 = 1, \quad P_3 = G_1 G_2 G_4, \quad \Delta_3 = 1$$
$$L_1 = -G_2 G_4, \quad L_2 = -G_3 G_4, \quad \Delta = 1 - (L_1 + L_2)$$

则有

$$\frac{C(s)}{R(s)} = \frac{P_1 \Delta_1 + P_2 \Delta_2 + P_3 \Delta_3}{\Delta} = \frac{G_2 G_4 + G_3 G_4 + G_1 G_2 G_4}{1 + G_2 G_4 + G_3 G_4}$$

令 $R(s) = 0$，求 $\dfrac{C(s)}{N(s)}$。有 1 条前向通路，回路不变。

$$P_1 = G_4, \quad \Delta_1 = 1$$

则有

$$\frac{C(s)}{N(s)} = \frac{P_1 \Delta_1}{\Delta} = \frac{G_4}{1 + G_2 G_4 + G_3 G_4}$$

第3章

3-1 解：因为 $\varPhi(s) = \dfrac{25}{s^2 + 6s + 25}$

所以 $\omega^2 = 25$，$2\zeta\omega_n = 6$

得 $\omega_n = 5s^{-1}$，$\zeta = 0.6$，$\omega_d = \omega_n\sqrt{1 - \zeta^2} = 4s^{-1}$

$\beta = \cos^{-1}\zeta = 53.1° = 0.93\text{rad}$

性能指标：$t_r = \dfrac{\pi - \beta}{\omega_d} = 0.55\text{s}$

$t_p = \dfrac{\pi}{\omega_d} = 0.785\text{s}$，$t_s = \dfrac{4}{\zeta\omega_n} = 1.33\text{s}(\Delta = 2\%)$

$\delta\% = e^{-\frac{\zeta\pi}{\sqrt{1 - \zeta^2}}} \cdot 100\% = 9.5\%$

3-2 略

3-3 解：因为 $G(s) = \dfrac{10}{s(s+4)} = \dfrac{2.5}{s(0.25s + 1)}$，而 $v = 1$，$k = 2.5$

则 $K_p = \infty$，$K_v = 2.5$，$K_a = 0$

所以 $e_{ss} = \dfrac{4}{1 + K_p} + \dfrac{6}{K_v} + \dfrac{3}{K_a} = \infty$

3-4 解：(1) $\varPhi(s) = \dfrac{0.0125}{s + 1.25}$

(2) $k(t) = 5t + 10\sin4t\cos45° + 10\cos4t\sin45°$

$\varPhi(s) = \dfrac{5}{s^2} + 5\sqrt{2}\dfrac{4}{s^2 + 16} + 5\sqrt{2}\dfrac{s}{s^2 + 16} = \dfrac{5}{s^2} + 5\sqrt{2}\dfrac{s + 4}{s^2 + 16}$

(3) $\varPhi(s) = \dfrac{0.1}{s} - \dfrac{0.1}{s + 1/3}$

3-5 略

3-6 解：系统的闭环传递函数 $G_B(s)$ 为

$$G_B(s) = \frac{K}{s\left(\dfrac{s}{3} + 1\right)\left(\dfrac{s}{6} + 1\right) + K}$$

系统的闭环特征方程为

$$D(s) = s\left(\dfrac{s}{3} + 1\right)\left(\dfrac{s}{6} + 1\right) + K$$
$$= s^3 + 9s^2 + 18s + 18K = 0$$

① 要求 $\text{Re}(s_i) < -1$，求 K 取值范围，令 $s = Z - 1$ 代入特征方程
$$(Z-1)^3 + 9(Z-1)^2 + 18(Z-1) + 18K = 0$$
$$Z^3 + 6Z^2 + 3Z + 18K - 10 = 0$$

显然，若新的特征方程的实部小于 0，则特征方程的实部小于 -1。

劳斯表为

Z^3	1	3
Z^2	6	$18K-10$
Z	$\dfrac{28-18K}{6}$	
Z^0	$18K-10$	

要求 $\text{Re}(s_i) < -1$，根据劳斯判据，令劳斯表的第一列为正数，则有

$18K-10 > 0$ 所以 $K > \dfrac{5}{9}$

$\dfrac{28-18K}{6} > 0$ 所以 $K < \dfrac{14}{9}$

故 $\dfrac{5}{9} < K < \dfrac{14}{9}$。

② 要求 $\text{Re}(s_i) < -2$，令 $s = Z-2$ 代入特征方程

$$(Z-2)^3 + 9(Z-2)^2 + 18(Z-2) + 18K = 0$$

$$Z^3 + 3Z^2 - 6Z + 18K - 8 = 0$$

劳斯表为

Z^3	1	-6
Z^2	3	$18K-8$
Z	$\dfrac{-18K-10}{3}$	
Z^0	$18K-8$	

所以 $K > \dfrac{8}{18}$，有两个根在新虚轴 -2 的右边，即稳定裕度不到 2。

3-7 解：由结构图可得系统的开、闭环传递函数为

$$G_k(s) = \frac{10K_1}{s(s+1+10\tau)} = \frac{\dfrac{10K_1}{1+10\tau}}{s\left[\dfrac{s}{1+10\tau}+1\right]}$$

$$\Phi(s) = \frac{G_k(s)}{1+G_k(s)} = \frac{10K_1}{s^2+(1+10\tau)s+10K_1} = \frac{\omega_n^2}{s^2+2\zeta\omega_n s+\omega_n^2}$$

可见它是一个二阶规范系统，系统的开环增益为 $K = K_v = \dfrac{10K_1}{1+10\tau}$。

(1) 当 $K_1 = 0$ 和 $\tau = 0$（即局部反馈回路断开）时，可得这时系统的闭环传递函数为

$$\Phi_1(s) = \frac{\omega_{n1}^2}{s^2+2\zeta_1\omega_{n1}s+\omega_{n1}^2}$$

式中，$\omega_{n1} = \sqrt{10} = 3.16\text{rad/s}$，$\zeta_1 = 1/(2\omega_{n1}) = 0.16$。于是由二阶系统性能指标表达式可求得系统的性能为

$$\delta_{p1} = e^{-\pi\zeta_1/\sqrt{1-\zeta_1^2}} \times 100\% = 60.1\%, \quad t_{s1} = \frac{3}{\omega_{n1}\zeta_1} = 6s, \quad e_{ss1} = \frac{1}{K_v} = \frac{1}{10K_1} = 0.1$$

（2）当 $\delta_p\% = 16.3$ 和 $t_p = 1s$ 时，由二阶规范系统的暂态性能指标表达式可得

$$\begin{cases} \delta_p = e^{-\pi\zeta_2/\sqrt{1-\zeta_2^2}} = 0.163 \\ t_p = \dfrac{\pi}{\omega_{n2}\sqrt{1-\zeta_2^2}} = 1 \end{cases}$$

从而解得 $\begin{cases} \zeta_2 = \dfrac{\ln(1/\delta_p)}{\sqrt{\pi^2 + [\ln(1/\delta_p)]^2}} = 0.5 \\ \omega_{n2} = 3.628 \end{cases}$

得

$$10K_1 = \omega_{n2}^2 = 13.16, \quad 1+10\tau = 2\zeta_2\omega_{n2} = 3.628$$

从而可得系统的参数为 $K_1 = 1.316, \tau = 0.263$。

系统跟踪单位斜坡输入信号的稳态误差为 $e_{ssr2} = 1/K_v = 1/K = (1+10\tau)/(10K_1) = 0.28$

（3）当 $\delta_p\% = 16.3$ 和 $e_{ssr3} = 0.1$ 时，由超调量 $\delta_p\% = 16.3$ 可求得对应的阻尼比为 $\zeta_3 = 0.5$，根据题意 $r(t) = 1.5t$。于是可得

$$\begin{array}{l} \omega_{n3}^2 = 10K_1 \\ 2\zeta_3\omega_{n3} = 1+10\tau \end{array} \Rightarrow \begin{cases} 1+10\tau = \omega_{n3} = \sqrt{10K_1} \\ 1.5(1+10\tau) = K_1 \end{cases}$$

$$e_{ssr3} = 1.5/K_v = 1.5(1+10\tau)/(10K_1) = 0.1$$

联立求解，则可求得这时参数的值为 $K_1 = 22.5, \tau = 1.4$。

3-8 解：$\dfrac{E(s)}{N(s)} = \dfrac{-10}{(0.1s+1)(0.2s+1)(0.5s+1)+10K_1}$

若 $N(s) = 1/s$，则由终值定理知：若系统稳定，则稳态误差终值为

$$e_{ssn} = \lim_{s \to 0} sE(s) = \lim_{s \to 0} s \frac{-10}{(0.1s+1)(0.2s+1)(0.5s+1)+10K_1}$$

设 $e_{ssn} = -0.099$，可得 $K_1 = 10$。

系统的特征方程式为

$$s^3 + 17s^2 + 80s + 100 + 1000K_1 = 0$$

劳斯表为

s^3	1	80
s^2	17	$100+1000K_1$
s^1	$\dfrac{1360-100-1000K_1}{17}$	
s^0	$100+1000K_1$	

系统稳定的条件是 $-0.1 < K_1 < 1.26$。

当 $K_1 = 10$ 时，系统不稳定，可见仅改变 K_1 值，不能使误差终值为 -0.099。

第4章

部分习题答案

4-4 $K < 11$

4-5　不是

4-6　(1) 分离点：−2　(2) 汇合点：−4

4-8　$0<K\leqslant0.69$　$K\geqslant23.31$

4-10　实轴 $[-\infty,\ -10]$，$\varphi_{p_1}=78.7°$

4-11　$K^*=2.05$ 产生重根，$K^*>2.05$ 产生纯虚根

4-12　(1) 略

(2) $\xi=\dfrac{3}{\sqrt{10}}$

(3) 略

(4) 当 $K_h=0,\ 0.5,\ 4$ 时，$\delta\%$ 分别为 16.3%，2.8% 和过阻尼(无 t_s)，t_s 分别为 6s 和 4s

4-13　$0<K<\sqrt{1+\pi^2}$

第5章

5-1 解：

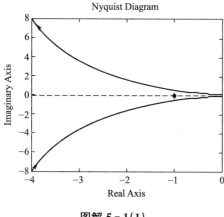

图解 5-1(1)

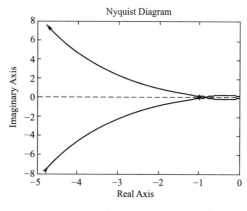

图解 5-1(2)

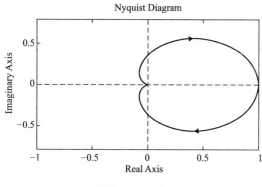

图解 5-1(3)

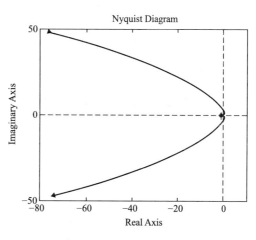

图解 5-1(4)

$5-2$　解：$C(s)=\dfrac{1}{s}-\dfrac{1.8}{s+4}+\dfrac{0.8}{s+9}=\dfrac{36}{s(s+4)(s+9)}$，　$R(s)=\dfrac{1}{s}$

则

$$\frac{C(s)}{R(s)}=\Phi(s)=\frac{36}{(s+4)(s+9)}$$

频率特性为

$$\Phi(j\omega)=\frac{36}{(j\omega+4)(j\omega+9)}$$

$5-3$ 解：(1) $G(j)=\dfrac{K}{j\omega}=\dfrac{K}{\omega}e^{-j(+\frac{\pi}{2})}$

$$\omega=0,\quad |G(j0)|\rightarrow\infty$$
$$\omega\rightarrow\infty,\quad |G(j\infty)|=0$$
$$\varphi(\omega)=-\frac{\pi}{2}$$

幅频特性如图解 $5-3(a)$ 所示。

(2) $G(j\omega)=\dfrac{K}{(j\omega)^2}=\dfrac{K}{\omega^2}e^{-j(\pi)}$

$$\omega=0,\quad |G(j0)|\rightarrow\infty$$
$$\omega\rightarrow\infty,\quad |G(j\infty)|=0$$
$$\varphi(\omega)=-\pi$$

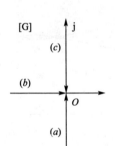

幅频特性如图解 $5-3(b)$ 所示。

(3) $G(j\omega)=\dfrac{K}{(j\omega)^3}=\dfrac{K}{\omega^3}e^{-j(\frac{3\pi}{2})}$

$$\omega=0,\quad |G(j0)|\rightarrow\infty$$
$$\omega\rightarrow\infty,\quad |G(j\infty)|=0$$
$$\varphi(\omega)=\frac{-3\pi}{2}$$

图解 5-3　　幅频特性如图解 $5-3(c)$ 所示。

$5-4$　解：输入 MATLAB 程序：

```
num=10;
den=conv([1  0],conv([5,1],[10,1]));
G=tf(num,den);
bode(G,{0.001,100})
margin(G)
[Gm,Pm,Wcg,Wcp]=margin(G)
title('Bode Diagram of G(s)=10/[s(5s+1)(10s+1)]
figure(2)
nyquist(G,{0.1,100})
title('Nyquist Diagram of  G(s)=10/[s(5s+1)(10s+1)]')
```

程序执行结果(见图解 $5-4(a)$、(b))：

Gm=　　　　　　　　　　　　% 幅值裕度

0.0300

Pm=   %相角裕度

－60.7504

Wcg=

0.1414

Wcp=   %截止频率

0.5707

5－5　解：(1) $G(s) = \dfrac{2}{(2s+1)(8s+1)}$

(2) $G(s) = \dfrac{200}{s^2(s+1)(10s+1)}$

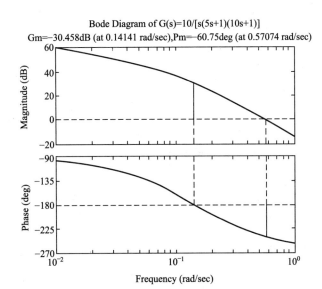

Bode Diagram of G(s)=10/[s(5s+1)(10s+1)]

Gm=－30.458dB (at 0.14141 rad/sec),Pm=－60.75deg (at 0.57074 rad/sec)

(a) 开环系统Bode图及频率响应参数

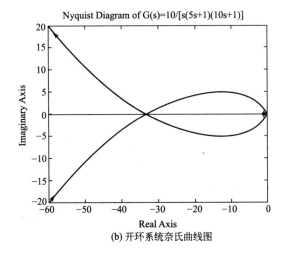

Nyquist Diagram of G(s)=10/[s(5s+1)(10s+1)]

(b) 开环系统奈氏曲线图

图解 5－4

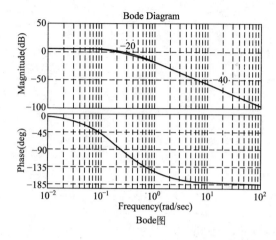

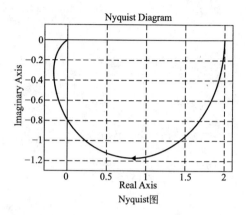

图解 5 - 5(1)

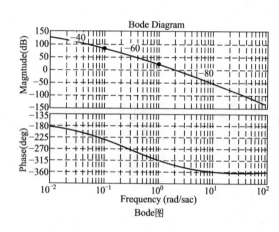

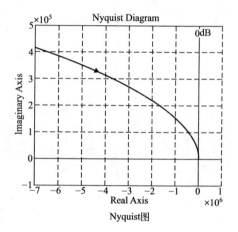

图解 5 - 5(2)

5 - 6 解：

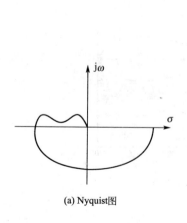

(a) Nyquist图

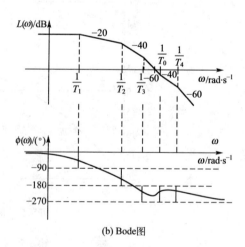

(b) Bode图

图解 5 - 6

5-7　解：(1) 传递函数：$G_0(s) = \dfrac{k(T_1 s + 1)}{s^2(T_2 s + 1)}$

(2) 时间常数：$T_1 = \dfrac{1}{\omega_1} = \dfrac{1}{2} = 0.5$，$T_2 = \dfrac{1}{\omega_2} = \dfrac{1}{10} = 0.1$

(3) 求 k：$\omega = 1$，$20 \lg k = 20$，$k = 10$

5-8　解：(1) 由题 5.8 图可以写出系统开环传递函数如下：

$$G(s) = \dfrac{10}{s\left(\dfrac{s}{0.1} + 1\right)\left(\dfrac{s}{5} + 1\right)}$$

(2) 系统的开环相频特性为

$$\varphi(\omega) = -90° - \arctan \dfrac{\omega}{0.1} - \arctan \dfrac{\omega}{5}$$

截止频率 $\qquad\qquad\qquad\qquad \omega_c = 1$

相角裕度 $\qquad\qquad\qquad\qquad \gamma = 180° + \varphi(\omega_c) = 2.85°$

故系统稳定。

5-9　解：由系统框图求得内环传递函数为

$$\dfrac{G(s)}{1 + G(s)H(s)} = \dfrac{(s+1)^2}{s^5 + 4s^4 + 7s^3 + 4s^2 + s} \qquad\qquad\qquad (3\ 分)$$

内环的特征方程：$s^5 + 4s^4 + 7s^3 + 4s^2 + s = 0$

由 Routh 稳定判据：

$$
\begin{array}{llll}
s^4 : & 1 & 7 & 1 \\
s^3 : & 4 & 4 & 0 \\
s^2 : & 6 & 1 & \\
s^1 : & \dfrac{10}{3} & 0 & \\
s^0 : & 1 & 0 &
\end{array}
$$

　　由此可知，本系统开环传递函数在 s 平面的右半部无开环极点，即 $P = 0$。由 Nyquist 图可知 $N = 2$，故整个闭环系统不稳定，闭环特征方程实部为正的根的个数为 $Z = N + P = 2$。

5-10 解：

题号	开环传递函数	P	N	$Z = P - 2N$	闭环稳定性	备注
(1)	$G(s) = \dfrac{K}{(T_1 s + 1)(T_2 s + 1)(T_3 s + 1)}$	0	-1	2	不稳定	
(2)	$G(s) = \dfrac{K(T_1 s + 1)(T_2 s + 1)}{s^3}$	0	0	0	稳定	
(3)	$G(s) = \dfrac{K(T_5 s + 1)(T_6 s + 1)}{s(T_1 s + 1)(T_2 s + 1)(T_3 s + 1)(T_4 s + 1)}$	0	0	0	稳定	

第 6 章

6 - 1　$G_C(s) = \dfrac{1+0.06s}{1+0.02s}$;

6 - 2　$G_C(s) = \dfrac{\frac{s}{2}+1}{\frac{s}{28.125}+1}$

6 - 3　$G_C(s) = \dfrac{0.18s+1}{0.074s+1}$

6 - 4　$K = \dfrac{1}{T_1\sqrt{T_1 T_2}}$;

6 - 5　$G_C(s) = \dfrac{1+0.2s}{1+0.5s}$;

6 - 6　$G_C(s) = \dfrac{\frac{s}{0.06}+1}{\frac{s}{0.0072}+1}$

6 - 7　$G_C(s) = \dfrac{(0.5s+1)(0.087s+1)}{(2.78s+1)(0.029s+1)}$

6 - 8　(1) 超前校正后截止频率 ω_c'' 大于原系统 $\omega_c = 14.14$,而原系统在 $\omega = 16$ 之后相角下降很快,用一级超前网络无法满足要求。

(2) $G_C(s) = \dfrac{\frac{s}{0.28}+1}{\frac{s}{0.0028}+1} = \dfrac{3.57s+1}{357s+1}$

6 - 9　$G_C(s) = s_2 + K_1 K_2 s$　$K_2 = \sqrt{\dfrac{2}{K_1}}$

6 - 10　(1) $K = 0.25$;

(2) $G_R(s) = 0.25s^2 + 0.5s$。

第 7 章

7 - 1　(1) $E(z) = \dfrac{Az(z-\cos\omega T)}{z^2 - 2\cos\omega T \cdot z + 1}$

(2) $E(z) = \dfrac{2e^{-2T}z}{(z-e^{-2T})^2}$

(3) $E(z) = \dfrac{T^2(z+1)}{(z-1)^3}$

(4) $E(z) = \dfrac{(1-e^{-5T})}{(z-1)(z-e^{-5T})}$

7 - 2　(1) $e(k) = -1 + 2^k$　(2) $e(k) = \dfrac{1}{e^{-1}-e^{-2}}(e^{-k} - e^{-2k})$

7 - 3　(1) $e_{ss} = \lim\limits_{z\to 1}(1-z^{-1})\dfrac{Tz^{-1}}{(1-z^{-1})^2} = \infty$

(2) $e_{ss} = \lim\limits_{z \to 1}(z-1)E(z) = \lim\limits_{z \to 1}\dfrac{0.792z^2}{z^2 - 0.416z + 0.208} = \dfrac{0.792}{1 - 0.416 + 0.208} = 1$

7-4 $c(k) = -1 + 2^n$

7-5 (1) $c(k) = (-1)^k - (-2)^k (k = 0, 1, 2, \cdots)$

(2) $c(nT) = \dfrac{n-1}{4}\left[1 + (-1)^{n-1}\right]$

$c^*(t) = \sum\limits_{n=0}^{\infty}\left\{\dfrac{n-1}{4}\left[1 + (-1)^{n-1}\right]\right\}\delta(t - nT)$

(3) $c(n) = \dfrac{11}{2}(-1)^n - 7(-2)^n + \dfrac{5}{2}(-3)^n = (-1)^n\left[\dfrac{11}{2} - 7 \cdot 2^n + \dfrac{5}{2} \cdot 3^n\right]$

7-6 (a) $G(z) = \dfrac{10z^2}{z^2 - (1 + e^{-10T})z + e^{-10T}}$

(b) $G(z) = \dfrac{(1 - e^{-10T})z}{z^2 - (1 + e^{-10T})z + e^{-10T}}$

(c) $G(z) = \dfrac{\left(1 - \dfrac{5}{3}e^{-2T} + \dfrac{2}{3}e^{-5T}\right)z + \dfrac{2}{3}e^{-2T} + \dfrac{5}{3}e^{-5T} + e^{-7T}}{(z - e^{-2T})(z - e^{-5T})}$

7-7 $C(z) = \dfrac{RG_2G_4(z) + G_hG_3G_4(z)RG_1(z)}{1 + G_hG_3G_4(z)}$

7-8 (1) $C(z) = \dfrac{0.163z^3 + 0.0384z^2}{z^4 - 2.847z^3 + 2.899z^2 - 1.0586z + 0.006736}$

(2) $c^*(t) = 0.16\delta(t-T) + 0.4938\delta(t-2T) + 0.94\delta(t-3T) + 1.415\delta(t-4T) + \cdots$

(3) 闭环系统不稳定，求终值无意义。

7-9 (1) 不稳定 (2) 不稳定

7-10 $\begin{cases} 0 < T < 3.92 \\ k > -1 \\ k < \dfrac{1 + e^{-T}}{1 - e^{-T}} \end{cases}$

7-11 (1)稳定   (2)$e_{ss} = 1$ (3)略

7-12 $K = 4$。

$0 < T < \ln 3$ 时，该系统是稳定的。

7-13 $K_p = \infty$; $K_v = 0.1$; $e(\infty) = \dfrac{T}{K_v} = 1$

参 考 文 献

[1] 胡寿松. 自动控制原理 [M]. 5 版. 北京：科学出版社，2007.

[2] 孟华. 自动控制原理 [M]. 北京：国防工业出版社，2011.

[3] 李友善. 自动控制原理 [M]. 北京：高等教育出版社，2002.

[4] 高坚. 自动控制原理及其应用 [M]. 北京：高等教育出版社，2003.

[5] 李国勇. 自动控制原理 [M]. 北京：电子工业出版社，2010.

[6] 陈立胜，王凤杰. 自动控制原理 [M]. 北京：国防工业出版社，2011.

[7] 孙晓波，李双全，王海英. 自动控制原理 [M]. 北京：科学出版社，2011.

[8] 周武能. 自动控制原理 [M]. 北京：机械工业出版社，2011.

[9] 高飞，袁运能，杨晨阳. 自动控制原理 [M]. 北京：北京航空航天大学出版社，2009.

[10] 郑恩让，聂诗良. 控制系统仿真 [M]. 北京：中国林业出版社，2006.

[11] 叶明超. 自动控制原理与系统 [M]. 北京：北京理工大学出版社，2008.

[12] 苏鹏声. 自动控制原理 [M]. 2 版. 北京：电子工业出版社，2011.

[13] 任彦硕. 自动控制原理 [M]. 北京：机械工业出版社，2007.

[14] 胡寿松. 自动控制原理(简明教程) [M]. 北京：科学出版社，2008.

[15] (美)Gene F. Franklin, J. David Powell, Abbas Emami-Naeini. 自动控制原理与设计(英文影印版) [M]. 5 版. 北京：人民邮电出版社，2007.

[16] 王划一，杨西侠，林家恒，等. 自动控制原理 [M]. 北京：国防工业出版社，2001.

[17] 胥布工. 自动控制原理 [M]. 北京：电子工业出版社，2011.

[18] 李红星. 自动控制原理 [M]. 北京：电子工业出版社，2011.

北京大学出版社本科电气信息系列实用规划教材

序号	书名	书号	编著者	定价	出版年份	教辅及获奖情况
	物联网工程					
1	物联网概论	7-301-23473-0	王 平	38	2014	电子课件/答案,有"多媒体移动交互式教材"
2	物联网概论	7-301-21439-8	王金甫	42	2012	电子课件/答案
3	现代通信网络	7-301-24557-6	胡珺珺	38	2014	电子课件/答案
4	物联网安全	7-301-24153-0	王金甫	43	2014	电子课件/答案
5	通信网络基础	7-301-23983-4	王昊	32	2014	
6	无线通信原理	7-301-23705-2	许晓丽	42	2014	电子课件/答案
7	家居物联网技术开发与实践	7-301-22385-7	付 蔚	39	2013	电子课件/答案
8	物联网技术案例教程	7-301-22436-6	崔逊学	40	2013	电子课件
9	传感器技术及应用电路项目化教程	7-301-22110-5	钱裕禄	30	2013	电子课件/视频素材,宁波市教学成果奖
10	网络工程与管理	7-301-20763-5	谢 慧	39	2012	电子课件/答案
11	电磁场与电磁波(第2版)	7-301-20508-2	邬春明	32	2012	电子课件/答案
12	现代交换技术(第2版)	7-301-18889-7	姚 军	36	2013	电子课件/习题答案
13	传感器基础(第2版)	7-301-19174-3	赵玉刚	32	2013	
14	物联网基础与应用	7-301-16598-0	李蔚田	44	2012	电子课件
15	通信技术实用教程	7-301-25386-1	谢 慧	35	2015	
	单片机与嵌入式					
1	嵌入式ARM系统原理与实例开发(第2版)	7-301-16870-7	杨宗德	32	2011	电子课件/素材
2	ARM嵌入式系统基础与开发教程	7-301-17318-3	丁文龙 李志军	36	2010	电子课件/习题答案
3	嵌入式系统设计及应用	7-301-19451-5	邢吉生	44	2011	电子课件/实验程序素材
4	嵌入式系统开发基础-----基于八位单片机的C语言程序设计	7-301-17468-5	侯殿有	49	2012	电子课件/答案/素材
5	嵌入式系统基础实践教程	7-301-22447-2	韩 磊	35	2013	电子课件
6	单片机原理与接口技术	7-301-19175-0	李 升	46	2011	电子课件/习题答案
7	单片机系统设计与实例开发(MSP430)	7-301-21672-9	顾 涛	44	2013	电子课件/答案
8	单片机原理与应用技术	7-301-10760-7	魏立峰 王宝兴	25	2009	电子课件
9	单片机原理及应用教程(第2版)	7-301-22437-3	范立南	43	2013	电子课件/习题答案,辽宁"十二五"教材
10	单片机原理与应用及C51程序设计	7-301-13676-8	唐 颖	30	2011	电子课件
11	单片机原理与应用及其实验指导书	7-301-21058-1	邵发森	44	2012	电子课件/答案/素材
12	MCS-51单片机原理及应用	7-301-22882-1	黄翠翠	34	2013	电子课件/程序代码
	物理、能源、微电子					
1	物理光学理论与应用	7-301-16914-8	宋贵才	32	2010	电子课件/习题答案,"十二五"普通高等教育本科国家级规划教材
2	现代光学	7-301-23639-0	宋贵才	36	2014	电子课件/答案
3	平板显示技术基础	7-301-22111-2	王丽娟	52	2013	电子课件/答案
4	集成电路版图设计	7-301-21235-6	陆学斌	32	2012	电子课件/习题答案
5	新能源与分布式发电技术	7-301-17677-1	朱永强	32	2010	电子课件/习题答案,北京市精品教材,北京市"十二五"教材
6	太阳能电池原理与应用	7-301-18672-5	靳瑞敏	25	2011	电子课件

序号	书名	书号	编著者	定价	出版年份	教辅及获奖情况
7	MATLAB 基础及其应用教程	7-301-11442-1	周开利 邓春晖	24	2011	电子课件
8	计算机网络	7-301-11508-4	郭银景 孙红雨	31	2009	电子课件
9	通信原理	7-301-12178-8	隋晓红 钟晓玲	32	2007	电子课件
10	数字图像处理	7-301-12176-4	曹茂永	23	2007	电子课件,"十二五"普通高等教育本科国家级规划教材
11	移动通信	7-301-11502-2	郭俊强 李 成	22	2010	电子课件
12	生物医学数据分析及其 MATLAB 实现	7-301-14472-5	尚志刚 张建华	25	2009	电子课件/习题答案/素材
13	信号处理 MATLAB 实验教程	7-301-15168-6	李 杰 张 猛	20	2009	实验素材
14	通信网的信令系统	7-301-15786-2	张云麟	24	2009	电子课件
15	数字信号处理	7-301-16076-3	王震宇 张培珍	32	2010	电子课件/答案/素材
16	光纤通信	7-301-12379-9	卢志茂 冯进玫	28	2010	电子课件/习题答案
17	离散信息论基础	7-301-17382-4	范九伦 谢 勰	25	2010	电子课件/习题答案,"十二五"普通高等教育本科国家级规划教材
18	光纤通信	7-301-17683-2	李丽君 徐文云	26	2010	电子课件/习题答案
19	数字信号处理	7-301-17986-4	王玉德	32	2010	电子课件/答案/素材
20	电子线路 CAD	7-301-18285-7	周荣富 曾 技	41	2011	电子课件
21	MATLAB 基础及应用	7-301-16739-7	李国朝	39	2011	电子课件/答案/素材
22	信息论与编码	7-301-18352-5	隋晓红 王艳营	24	2011	电子课件/习题答案
23	现代电子系统设计教程	7-301-18496-7	宋晓梅	36	2011	电子课件/习题答案
24	移动通信	7-301-19320-4	刘维超 时 颖	39	2011	电子课件/习题答案
25	电子信息类专业 MATLAB 实验教程	7-301-19452-2	李明明	42	2011	电子课件/习题答案
26	信号与系统	7-301-20340-8	李云红	29	2012	电子课件
27	数字图像处理	7-301-20339-2	李云红	36	2012	电子课件
28	编码调制技术	7-301-20506-8	黄 平	26	2012	电子课件
29	Mathcad 在信号与系统中的应用	7-301-20918-9	郭仁春	30	2012	
30	MATLAB 基础与应用教程	7-301-21247-9	王月明	32	2013	电子课件/答案
31	电子信息与通信工程专业英语	7-301-21688-0	孙桂芝	36	2012	电子课件
32	微波技术基础及其应用	7-301-21849-5	李泽民	49	2013	电子课件/习题答案/补充材料等
33	图像处理算法及应用	7-301-21607-1	李文书	48	2012	电子课件
34	网络系统分析与设计	7-301-20644-7	严承华	39	2012	电子课件
35	DSP 技术及应用	7-301-22109-9	董 胜	39	2013	电子课件/答案
36	通信原理实验与课程设计	7-301-22528-8	邬春明	34	2015	电子课件
37	信号与系统	7-301-22582-0	许丽佳	38	2013	电子课件/答案
38	信号与线性系统	7-301-22776-3	朱明旱	33	2013	电子课件/答案
39	信号分析与处理	7-301-22919-4	李会容	39	2013	电子课件/答案
40	MATLAB 基础及实验教程	7-301-23022-0	杨成慧	36	2013	电子课件/答案
41	DSP 技术与应用基础(第 2 版)	7-301-24777-8	俞一彪	45	2015	
42	EDA 技术及数字系统的应用	7-301-23877-6	包 明	55	2015	
43	算法设计、分析与应用教程	7-301-24352-7	李文书	49	2014	
44	Android 开发工程师案例教程	7-301-24469-2	倪红军	48	2014	
45	ERP 原理及应用	7-301-23735-9	朱宝慧	43	2014	电子课件/答案
46	综合电子系统设计与实践	7-301-25509-4	武林	32(估)	2015	
47	高频电子技术	7-301-25508-7	赵玉刚	29	2015	电子课件
48	信息与通信专业英语	7-301-25506-3	刘小佳	29	2015	电子课件

序号	书名	书号	编著者	定价	出版年份	教辅及获奖情况
7	新能源照明技术	7-301-23123-4	李姿景	33	2013	电子课件/答案
基 础 课						
1	电工与电子技术(上册)(第2版)	7-301-19183-5	吴舒辞	30	2011	电子课件/习题答案,湖南省"十二五"教材
2	电工与电子技术(下册)(第2版)	7-301-19229-0	徐卓农　李士军	32	2011	电子课件/习题答案,湖南省"十二五"教材
3	电路分析	7-301-12179-5	王艳红　蒋学华	38	2010	电子课件,山东省第二届优秀教材奖
4	模拟电子技术实验教程	7-301-13121-3	谭海曙	24	2010	电子课件
5	运筹学(第2版)	7-301-18860-6	吴亚丽　张俊敏	28	2011	电子课件/习题答案
6	电路与模拟电子技术	7-301-04595-4	张绪光　刘在娥	35	2009	电子课件/习题答案
7	微机原理及接口技术	7-301-16931-5	肖洪兵	32	2010	电子课件/习题答案
8	数字电子技术	7-301-16932-2	刘金华	30	2010	电子课件/习题答案
9	微机原理及接口技术实验指导书	7-301-17614-6	李干林　李升	22	2010	课件(实验报告)
10	模拟电子技术	7-301-17700-6	张绪光　刘在娥	36	2010	电子课件/习题答案
11	电工技术	7-301-18493-6	张莉　张绪光	26	2011	电子课件/习题答案,山东省"十二五"教材
12	电路分析基础	7-301-20505-1	吴舒辞	38	2012	电子课件/习题答案
13	模拟电子线路	7-301-20725-3	宋树祥	38	2012	电子课件/习题答案
14	电工学实验教程	7-301-20327-9	王士军	34	2012	
15	数字电子技术	7-301-21304-9	秦长海　张天鹏	49	2013	电子课件/答案,河南省"十二五"教材
16	模拟电子与数字逻辑	7-301-21450-3	邬春明	39	2012	电子课件
17	电路与模拟电子技术实验指导书	7-301-20351-4	唐颖	26	2012	部分课件
18	电子电路基础实验与课程设计	7-301-22474-8	武林	36	2013	部分课件
19	电文化——电气信息学科概论	7-301-22484-7	高心	30	2013	
20	实用数字电子技术	7-301-22598-1	钱裕禄	30	2013	电子课件/答案/其他素材
21	模拟电子技术学习指导及习题精选	7-301-23124-1	姚娅川	30	2013	电子课件
22	电工电子基础实验及综合设计指导	7-301-23221-7	盛桂珍	32	2013	
23	电子技术实验教程	7-301-23736-6	司朝良	33	2014	
24	电工技术	7-301-24181-3	赵莹	46	2014	电子课件/习题答案
25	电子技术实验教程	7-301-24449-4	马秋明	26	2014	
26	微控制器原理及应用	7-301-24812-6	丁筱玲	42	2014	
27	模拟电子技术基础学习指导与习题分析	7-301-25507-0	李大军　唐颖	32	2015	电子课件/习题答案
28	电工学实验教程（第2版）	7-301-25343-4	王士军　张绪光	27	2015	
电子、通信						
1	DSP技术及应用	7-301-10759-1	吴冬梅　张玉杰	26	2011	电子课件,中国大学出版社图书奖首届优秀教材奖一等奖
2	电子工艺实习	7-301-10699-0	周春阳	19	2010	电子课件
3	电子工艺学教程	7-301-10744-7	张立毅　王华奎	32	2010	电子课件,中国大学出版社图书奖首届优秀教材奖一等奖
4	信号与系统	7-301-10761-4	华容　隋晓红	33	2011	电子课件
5	信息与通信工程专业英语(第2版)	7-301-19318-1	韩定定　李明明	32	2012	电子课件/参考译文,中国电子教育学会2012年全国电子信息类优秀教材
6	高频电子线路(第2版)	7-301-16520-1	宋树祥　周冬梅	35	2009	电子课件/习题答案

序号	书名	书号	编著者	定价	出版年份	教辅及获奖情况
	自动化、电气					
1	自动控制原理	7-301-22386-4	佟威	30	2013	电子课件/答案
2	自动控制原理	7-301-22936-1	邢春芳	39	2013	
3	自动控制原理	7-301-22448-9	谭功全	44	2013	
4	自动控制原理	7-301-22112-9	许丽佳	30	2015	
5	自动控制原理	7-301-16933-9	丁红 李学军	32	2010	电子课件/答案/素材
6	自动控制原理	7-301-10757-7	袁德成 王玉德	29	2007	电子课件,辽宁省"十二五"教材
7	现代控制理论基础	7-301-10512-2	侯媛彬等	20	2010	电子课件/素材,国家级"十一五"规划教材
8	计算机控制系统(第2版)	7-301-23271-2	徐文尚	48	2013	电子课件/答案
9	电力系统继电保护(第2版)	7-301-21366-7	马永翔	42	2013	电子课件/习题答案
10	电气控制技术(第2版)	7-301-24933-8	韩顺杰 吕树清	28	2014	电子课件
11	自动化专业英语(第2版)	7-301-25091-4	李国厚 王春阳	46	2014	电子课件/参考译文
12	电力电子技术及应用	7-301-13577-8	张润和	38	2008	电子课件
13	高电压技术	7-301-14461-9	马永翔	28	2009	电子课件/习题答案
14	电力系统分析	7-301-14460-2	曹娜	35	2009	
15	综合布线系统基础教程	7-301-14994-2	吴达金	24	2009	电子课件
16	PLC原理及应用	7-301-17797-6	缪志农 郭新年	26	2010	电子课件
17	集散控制系统	7-301-18131-7	周荣富 陶文英	36	2011	电子课件/习题答案
18	控制电机与特种电机及其控制系统	7-301-18260-4	孙冠群 于少娟	42	2011	电子课件/习题答案
19	电气信息类专业英语	7-301-19447-8	缪志农	40	2011	电子课件/习题答案
20	综合布线系统管理教程	7-301-16598-0	吴达金	39	2012	电子课件
21	供配电技术	7-301-16367-2	王玉华	49	2012	电子课件/习题答案
22	PLC技术与应用(西门子版)	7-301-22529-5	丁金婷	32	2013	电子课件
23	电机、拖动与控制	7-301-22872-2	万芳瑛	34	2013	电子课件/答案
24	电气信息工程专业英语	7-301-22920-0	余兴波	26	2013	电子课件/译文
25	集散控制系统(第2版)	7-301-23081-7	刘翠玲	36	2013	电子课件,2014年中国电子教育学会"全国电子信息类优秀教材"一等奖
26	工控组态软件及应用	7-301-23754-0	何坚强	49	2014	电子课件/答案
27	发电厂变电所电气部分(第2版)	7-301-23674-1	马永翔	48	2014	电子课件/答案
28	自动控制原理实验教程	7-301-25471-4	丁红 贾玉瑛	29	2015	
29	自动控制原理(第2版)	7-301-25510-0	袁德成	35	2015	

相关教学资源如电子课件、电子教材、习题答案等可以登录 www.pup6.cn 下载或在线阅读。

扑六知识网(www.pup6.com)有海量的相关教学资源和电子教材供阅读及下载(包括北京大学出版社第六事业部的相关资源),同时欢迎您将教学课件、视频、教案、素材、习题、试卷、辅导材料、课改成果、设计作品、论文等教学资源上传到 pup6.com,与全国高校师生分享您的教学成就与经验,并可自由设定价格,知识也能创造财富。具体情况请登录网站查询。

如您需要免费纸质样书用于教学,欢迎登陆第六事业部门户网(www.pup6.com.cn)填表申请,并欢迎在线登记选题以到北京大学出版社来出版您的大作,也可下载相关表格填写后发到我们的邮箱,我们将及时与您取得联系并做好全方位的服务。

扑六知识网将打造成全国最大的教育资源共享平台,欢迎您的加入——让知识有价值,让教学无界限,让学习更轻松。

联系方式:010-62750667,pup6_czq@163.com,szheng_pup6@163.com,欢迎来电来信咨询。